"十二五"普通高等教育本科国家级规划教材

国家级精品课程配套教材

普通高校本科计算机专业特色教材精选·计算机基础

计算机学科概论（第2版）

胡明 王红梅 编著

清华大学出版社

北京

内容简介

本书是计算机及相关专业第一门专业基础课的教材，在整个课程体系中处于入门的引导地位，分为认识篇、系统篇、职业道德篇。认识篇从专业的角度认知计算机和计算机学科，为学习计算机学科提供正确的方法指导；系统篇以自底向上的方式介绍计算机系统，由内到外地讨论计算机可以做什么以及是如何做的，使学生了解学科富有智慧的核心思想；职业道德篇通过典型案例、道德选择、法律法规使学生了解计算机专业人员的行为规范和道德指引。

本书内容丰富，知识面宽，涉及计算机专业一级学科的几乎所有主题，有相当的深度和广度，可作为计算机及相关专业的入门教材，也可作为非计算机专业了解计算机学科的参考书。

图书在版编目(CIP)数据

计算机学科概论 / 胡明，王红梅编著. —2 版. —北京：清华大学出版社，2011.7(2022.8重印)
(普通高校本科计算机专业特色教材精选·计算机基础)
ISBN 978-7-302-25360-0

Ⅰ. ①计…　Ⅱ. ①胡…　②王…　Ⅲ. ①电子计算机－高等学校－教材　Ⅳ. ①TP3

中国版本图书馆 CIP 数据核字(2011)第 070681 号

责任编辑：袁勤勇
责任校对：李建庄
责任印制：宋　林

出版发行：清华大学出版社
网　　址：http://www.tup.com.cn，http://www.wqbook.com
地　　址：北京清华大学学研大厦 A 座　　**邮　　编**：100084
社 总 机：010-83470000　　**邮　　购**：010-62786544
投稿与读者服务：010-62776969，c-service@tup.tsinghua.edu.cn
质 量 反 馈：010-62772015，zhiliang@tup.tsinghua.edu.cn
印 装 者：三河市君旺印务有限公司
经　　销：全国新华书店
开　　本：185mm×260mm　　**印　　张**：15.25　　**字　　数**：378 千字
版　　次：2011 年 7 月第 2 版　　**印　　次**：2022 年 8 月第 18 次印刷
定　　价：45.00元

产品编号：038150-05

出版说明

INTRODUCTION

在我国高等教育逐步实现大众化后，越来越多的高等学校将会面向国民经济发展的第一线，为行业、企业培养各级各类高级应用型专门人才。为此，教育部已经启动了“高等学校教学质量和教学改革工程”，强调要以信息技术为手段，深化教学改革和人才培养模式改革。如何根据社会的实际需要，根据各行各业的具体人才需求，培养具有特色显著的人才，是我们共同面临的重大问题。具体地说，培养具有一定专业特色的和特定能力强的计算机专业应用型人才是计算机教育要解决的问题。

为了适应21世纪人才培养的需要，培养具有特色的计算机人才，急需一批适合各种人才培养特点的计算机专业教材。目前，一些高校在计算机专业教学和教材改革方面已经做了大量工作，许多教师在计算机专业教学和科研方面已经积累了许多宝贵经验。将他们的教研成果转化为教材的形式，向全国其他学校推广，对于深化我国高等学校的教学改革是一件十分有意义的事情。

清华大学出版社在经过大量调查研究的基础上，决定组织出版一套“普通高校本科计算机专业特色教材精选”。本套教材是针对当前高等教育改革的新形势，以社会对人才的需求为导向，主要以培养应用型计算机人才为目标，立足课程改革和教材创新，广泛吸纳全国各地的高等院校计算机优秀教师参与编写，从中精选出版确实反映计算机专业教学方向的特色教材，供普通高等院校计算机专业学生使用。

本套教材具有以下特点：

1. 编写目的明确

本套教材是在深入研究各地各学校办学特色的基础上，面向普通高校的计算机专业学生编写的。学生通过本套教材，主要学习计算机科学与技术专业的基本理论和基本知识，接受利用计算机解决实际问题的基本训练，培养研究和开发计算机系统，特别是应用系统的基本能力。

2. 理论知识与实践训练相结合

根据计算学科的三个学科形态及其关系，本套教材力求突出学科的理论与实践紧密结合的特征，结合实例讲解理论，使理论来源于实践，又进一步指导实践。学生通过实践深化对理论的理解，更重要的是使学生学会理论方法的实际运用。在编写教材时突出实用性，并做到通俗易懂，易教易学，使学生不仅知其然，知其所以然，还要会其如何然。

3. 注意培养学生的动手能力

每种教材都增加了能力训练部分的内容，学生通过学习和练习，能比较熟练地应用计算机知识解决实际问题。既注重培养学生分析问题的能力，也注重培养学生解决问题的能力，以适应新经济时代对人才的需要，满足就业要求。

4. 注重教材的立体化配套

大多数教材都将陆续配套教师用课件、习题及其解答提示，学生上机实验指导等辅助教学资源，有些教材还提供能用于网上下载的文件，以方便教学。

由于各地区各学校的培养目标、教学要求和办学特色均有所不同，所以对特色教学的理解也不尽一致，我们恳切希望大家在使用教材的过程中，及时地给我们提出批评和改进意见，以便我们做好教材的修订改版工作，使其日趋完善。

我们相信经过大家的共同努力，这套教材一定能成为特色鲜明、质量上乘的优秀教材。同时，我们也希望通过本套教材的编写出版，为“高等学校教学质量和教学改革工程”做出贡献。

清华大学出版社

前言

PREFACE

在本书第 1 版的使用过程中，课程组不断总结经验，从教学思想、课程结构、教材内容、教材体例、表述方式等方面进一步探索和实践，从大一学生的认知规律出发进一步研究如何实现课程的教学目标，形成了本书第 2 版。

第 2 版采用模块化结构，如图 0.1 所示，理清了教学主线，合理规划课程结构。模块一从专业的角度认知计算机和计算机学科，为学习计算机学科提供正确的方法指导；模块二以自底向上的方式介绍计算机系统，由内到外地讨论计算机可以做什么以及是如何做的，使学生了解学科富有智慧的核心思想；模块三通过典型案例、道德选择、法律法规使学生了解计算机专业人员的行为规范和道德指引。

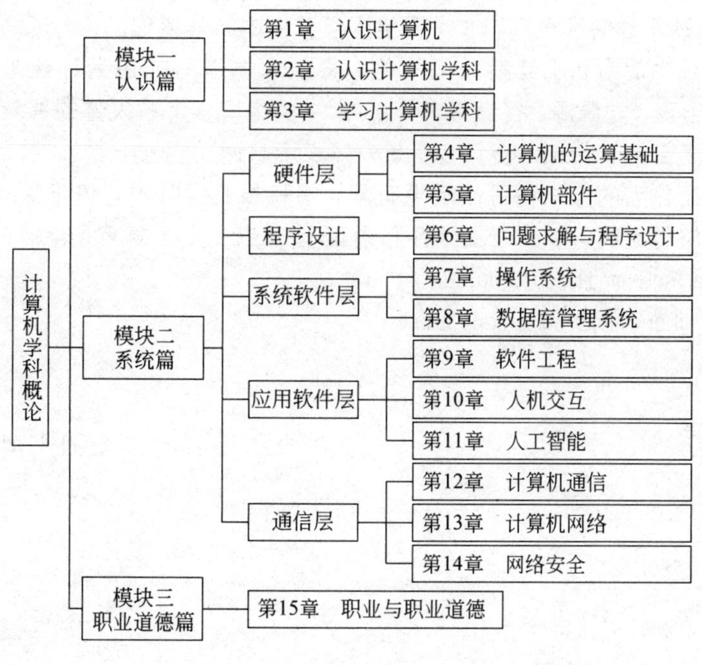

图 0.1 本书的组织结构

提出并实施了“专业视角，认知学科；计算思维，抽象分层；始于问题，应用驱动；领会思想，引发思考”的教学思想。

- **专业视角，认知学科**：认识篇从专业的角度认知计算机和计算机学科，认知计算机的工作原理和计算机系统，认知计算机学科的根本问题和思维方式，了解计算机学科的基本知识框架和基本能力要求，为如何学习计算机学科提供正确的方法指导。
- **计算思维，抽象分层**：梳理好基本的知识架构，再去学习日新月异的计算机技术，就会事半功倍，最终做到融会贯通。系统篇采用自底向上的方式带领读者游历计算机世界，由内到外地讨论计算机可以做什么以及如何去做，在每一部分的首页都会提醒读者现在处于计算机系统的哪一层。抽象分层是计算思维的直接运用，在计算机系统的每一个分层都渗透了计算思维在解决科学问题中的运用，培养学生面向学科的思维能力。
- **始于问题，应用驱动**：人类对客观世界的认识过程是一个不断提出问题和解决问题的过程，知识不是一摊泥，而是由问题串起来的一串糖葫芦。本书的每一章首先在一个较高的抽象层次上、从应用的角度提出本专题要讨论的顶层问题，然后由情景问题引出本专题的具体内容，每一小节后面附有若干思考题，思考题旨在启迪思维、引发思考，很多问题没有标准答案甚至没有答案。
- **领会思想，引发思考**：在认知计算机学科的基础上，通过介绍计算机系统的每一个分层领会解决科学问题的智慧思想，了解学科的本质和思维方式，热爱计算机专业，尊重计算机专业。学完本书，学生可以“知其然，但不知其所以然”，学生应该了解计算机学科的各个主题并充满了兴趣和好奇，同时又产生了太多的不理解和疑问，非常渴望探索其中的科学道理。

本书由胡明和王红梅共同执笔，参加本书编写的还有许建潮、王涛、逄焕利、刘钢、陈志雨、党源源、谷钰等老师。本书的编写参考了大量的书籍和文章，并从互联网上参考了部分有价值的资料，在此一并表示感谢。

由于作者的知识和写作水平有限，书稿虽几经修改，仍难免有缺点和错误。衷心希望能够得到同行和读者的批评和指正。作者的电子邮箱是：

huming@ mail.ccut.edu.cn

wanghongmei@ mail.ccut.edu.cn

编者

2011 年 5 月于长春

目录

CONTENTS

第1部分 认识篇

第 3 部分 程序设计

第4部分　系统软件层

第6部分 通 信 层

第7部分 职业道德篇

第 1 部分　认　识　篇

现在我们所说的计算机，其全称是**通用电子数字计算机**，“通用”是指计算机可服务于多种用途，“电子”是指计算机是一种电子设备，“数字”是指在计算机内部一切信息均用0和 1 的编码来表示。本书第一部分从专业的角度引领读者认识计算机、认识计算机学科，然后讨论计算机学科都要学习什么，其知识单元的拓扑结构如下图所示。

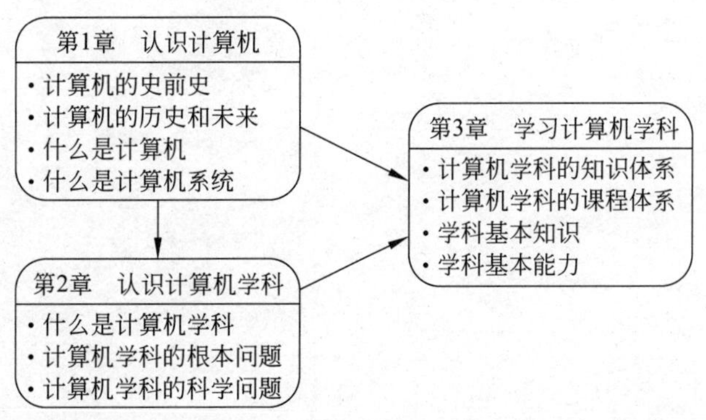

第 1 章概述计算工具的发展简史、计算机的发展简史和发展趋势，使读者能够从整体上把握计算机的发展脉络；介绍计算机的体系结构和工作原理，使读者能够从计算机内部认识计算机，介绍计算机的分类和特点，使读者能够对计算机家族有一个整体的认识；介绍系统思维和分层方法以及计算机系统的分层结构，使读者能够对计算机系统建立一个全局的概念。

第 2 章介绍计算机学科的命名背景，给出计算机学科的定义、基本形态以及核心概念；详细说明计算机学科的根本问题，通过图灵模型解释什么是计算，如何界定问题是可计算的，如何界定问题是容易解决的，哪类问题是非常难解决的；通过一些经典实例解释计算机学科的科学问题。

第 3 章介绍 CC2004 对计算机学科专业方向的划分，以计算机科学专业方向为例介绍计算机学科的知识体系和课程体系；给出计算机学科的公共核心知识体系，指明计算机学科应该掌握的基本知识和基本能力。

第1章 认识计算机

CHAPTER

熟练使用计算机≠计算机专业人士，计算机专业人士必须全面认识计算机，包括计算机的历史和未来、计算机的内部构成和计算机的所有种类、计算机的工作原理和运行机制，等等。本章讨论的主要问题是：

① 计算机是一种计算工具吗？计算机出现之前人类用什么作为计算工具？

② 计算机从诞生到现在经历了怎样的发展变化？未来的计算机可能是什么样的？

③ 我们大多数人接触过微型计算机，常识告诉我们微型计算机只是计算机家族的一员，还有哪些种类的计算机？

④ 计算机内部是什么样的？计算机是如何进行工作的？从文字处理到卫星导航，计算机神通广大的原因是什么？

⑤ 计算机系统是极其复杂的，如此复杂的系统是怎么设计出来的？如何认识、学习计算机系统？

【情景问题】 无处不在的计算机

早上。当太阳升上地平线时，手机的闹钟准时响了，今天要去A公司洽谈一个项目，可不能迟到。起来边洗漱边打开数字电视，看看早新闻和天气预报，反正耳朵闲着也是闲着，21世纪什么都需要并行。三十分钟后，开车出了门，在GPS卫星定位系统选中A公司，系统自动规划好路径，开车的只管握好方向盘、踩好脚踏板就OK了。

上午。项目洽谈得很顺利，商讨、签合同、握手、备份、Byebye，但是对方需要预付一笔资金，交代财务部马上办理此事。回到办公室签收了前两天在网上订购的图书，21世纪持续学习的能力应该是一个成功者必备的基本能力之一。

中午。辛苦了好几天终于尘埃落地，怎么也得庆祝一下吧，邀请相关人等来到一个不大不小的馆子，点菜、喝酒、吃饭、刷卡买单，现在真正的有钱人不能看兜里钱多不多而是看卡里钱多不多。

下午。怎么肚子疼？正值青春年华可要爱惜身体，赶紧去医院，挂号、看病、划价、取药，唉，什么也比不上有一个好身体啊！

故事还可以再继续，但包含的信息已经够多了，你能感受到生活对计算机的依赖吗？你能找出故事中涉及的计算机吗？能想象出它们是如何工作的吗？

1.1 计算机的史前史——计算工具的发展简史

计算机最早只是作为计算工具出现的，自古以来，人类就在不断地发明和改进计算工具，从古老的“结绳记事”，到算盘、计算尺、差分机，直到1946年第一台电子计算机诞生，计算工具经历了从简单到复杂、从低级到高级、从手动到自动的发展过程。回顾计算工具的发展历史，从中可以得到许多有益的启示。

1.1.1 手动式计算工具

人类最初是用手指进行计算。人有两只手，十个手指头，所以，自然而然地习惯用手指记数并采用十进制记数法。用手指进行计算虽然很方便，但计算范围有限，计算结果也无法存储。于是人们用绳子、石子等作为工具来延长手指的计算能力，如中国古书中记载的“上古结绳而治”，拉丁文中Calculus的本意是用于计算的小石子。

> 巴比伦人采用六十进制，一直到16世纪，在欧洲各国的天文学著作中，几乎全部采用六十进制。玛雅人采用二十进制，因为玛雅人生活在热带丛林中，常常赤着脚，露出脚趾头，所以就让脚趾也参与计算了。

最原始的人造计算工具是**算筹**，我国古代劳动人民最先创造和使用了这种简单的计算工具。算筹最早出现在何时，现在已经无法考证。但在春秋战国时期，算筹的使用已经非常普遍了。南北朝时期，祖冲之用算筹作为计算工具将圆周率精确到3.141 592 6和3.141 592 7之间，我国古代精密的天文历法也是借助算筹取得的。根据史书的记载，算筹是一根根同样长短和粗细的小棍子，一般长为13～14cm，径粗0.2～0.3cm，多用竹子制成，也有用木头、兽骨、象牙、金属等材料制成，如图1.1所示。算筹采用十进制记数法，有纵式和横式两种摆法，这两种摆法都可以表示数字1、2、3、4、5、6、7、8、9，数字0用空位表示，如图1.2所示。算筹的记数方法为：个位用纵式，十位用横式，百位用纵式，千位用横式……这样从右到左，纵横相间，就可以表示任意大的自然数了。

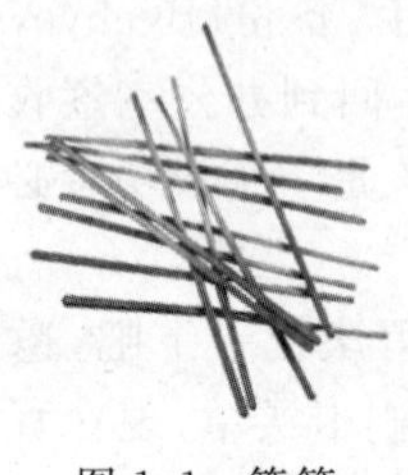

图1.1 算筹

	1	2	3	4	5	6	7	8	9
纵式：	𝍠	𝍡	𝍢	𝍣	𝍤	𝍥	𝍦	𝍧	𝍨
横式：	𝍩	𝍪	𝍫	𝍬	𝍭	𝍮	𝍯	𝍰	𝍱

图1.2 算筹的摆法

计算工具发展史上的第一次重大改革是**算盘**，也是我国古代劳动人民首先创造和使用的。算盘由算筹演变而来，并且和算筹并存竞争了一个时期，终于在元代后期取代了算筹。算盘轻巧灵活、携带方便、能够进行基本的算术运算，应用极为广泛，先后流传到日本、朝鲜和东南亚等国家，后来又传入西方。在中世纪时期的世界各民族中，像算盘这样普及并和人民的日常生活密切相关的计算工具是仅有的，如图 1.3 所示。

1617 年，英国数学家约翰·纳皮尔(John Napier)发明了 Napier 乘除器，也称 **Napier 算筹**，如图 1.4 所示。Napier 算筹由十根长条状的木棍组成，每根木棍的表面雕刻着一位数字的乘法表，右边第一根木棍是固定的，其余木棍可以根据计算的需要进行拼合和调换位置。Napier 算筹可以用加法和一位数乘法代替多位数乘法，也可以用除数为一位数的除法和减法代替多位数除法，从而大大简化了数值计算过程。

图 1.3　算盘

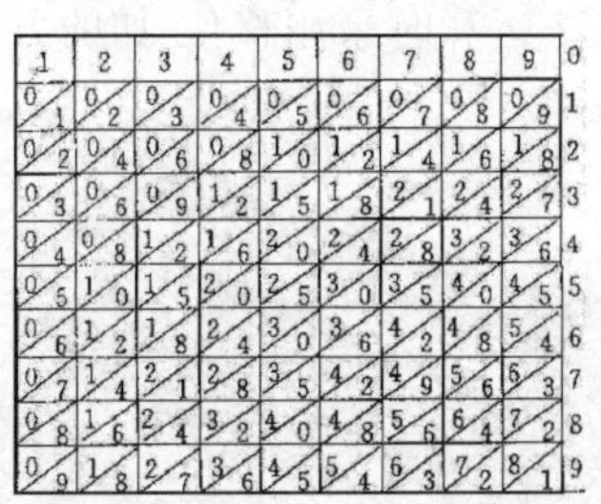

图 1.4　纳皮尔算筹

1621 年，英国数学家威廉·奥特雷德(William Oughtred)根据对数原理发明了**计算尺**。计算尺在两个圆盘的边缘标注对数刻度，然后让它们相对转动，就可以基于对数原理用加减运算来实现乘除运算。18 世纪末，对数计算尺改进为尺座和在尺座上移动的滑标。计算尺不仅能进行加、减、乘、除、乘方、开方运算，甚至可以计算三角函数、指数函数和对数函数，它一直使用到袖珍电子计算器面世。即使在 20 世纪 60 年代，熟练使用计算尺仍然是理工科大学生必须掌握的基本功，是工程师身份的一种象征。图 1.5 所示是 1968 年由上海计算尺厂生产的计算尺。

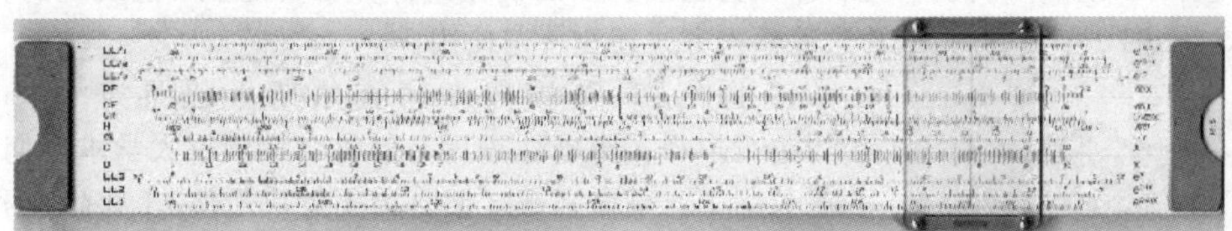

图 1.5　计算尺

1.1.2　机械式计算工具

17 世纪，欧洲出现了利用齿轮技术的计算工具。1642 年，法国数学家帕斯卡(Blaise Pascal)发明了**帕斯卡加法器**，这是人类历史上第一台机械式计算工具，其原理对后来的计算工具产生了持久的影响。如图 1.6 所示，帕斯卡加法器是由齿轮组成、以发条为动力、通过转动齿轮来实现加减运算、用连杆实现进位的计算装置。帕斯卡从加法器的成功中得出结论：人的某些思维过程与机械过程没有差别，因此可以设想用机械工具来模拟人的思维活动。

为了纪念帕斯卡在计算工具方面的贡献，1971 年瑞士计算机科学家尼科莱斯·沃斯(Niklaus Wirth)将自己发明的一种程序设计语言命名为 Pascal 语言，这是一种很好的结构化语言，在结构化程序设计时代曾得到广泛的学习和使用，被称为世界范围内的计算机专业教学语言，对计算机科学技术的发展产生了巨大影响。

1673 年，德国数学家莱布尼茨(G. W. Leibnitz)在帕斯卡加法器的基础上，研制了一台能进行四则运算的机械式计算器，称为**莱布尼兹四则运算器**，如图 1.7 所示。这台机器在进行乘法运算时采用移位-加的方法，后来演化为二进制，被现代计算机采用。

图 1.6　帕斯卡加法器

图 1.7　莱布尼茨四则运算器

莱布尼茨四则运算器在计算工具的发展史上是一个小高潮。此后的一百多年中，虽有不少类似的计算工具出现，但除了在灵活性和可靠性方面有所改进外，都没有突破手动机械的框架，使用齿轮、连杆组装起来的计算设备限制了它的功能、速度以及可靠性。

1804 年，法国机械师约瑟夫·雅各(Joseph Jacquard)发明了可编程织布机，通过读取穿孔卡片上的编码信息来自动控制织布机的编织图案，引起法国纺织工业革命。雅各织布机虽然不是计算工具，但是它第一次使用了**穿孔卡片**这种输入方式。如果找不到输入信息和控制操作的机械方法，那么真正意义上的机械式计算工具是不可能实现的。直到 20 世纪 70 年代，穿孔卡片这种输入方式还在普遍使用。

图 1.8　巴贝奇差分机

19 世纪初，英国数学家查尔斯·巴贝奇(Charles Babbage)取得了突破性进展。巴贝奇在剑桥大学求学期间，正是英国工业革命兴起之时。为了解决航海、工业生产和科学研究中的复杂计算，许多数学表(如对数表、函数表)应运而生。这些数学表虽然带来了一定的方便，但由于采用人工计算，不能进行实时计算而且错误很多。1822 年，在英国政府的支持下，巴贝奇开始研制**差分机**。差分机历时 10 年研制成功，这是最早采用寄存器来存储数据的计算工具，体现了早期程序设计思想的萌芽，使计算工具从手动机械跃入自动机械的新时代，如图 1.8 所示。

差分原理：任何连续函数都可以用多项式严格地逼近，例如

$$\sin(x) = x - x^3/3! + x^5/5! - x^7/7! + \cdots$$

1832 年，巴贝奇开始研究**分析机**。在分析机的设计中，巴贝奇采用了三个具有现代意义的装置：

(1) 存储装置：采用齿轮装置的寄存器保存数据，既能存储运算数据，又能存储运算结果。

(2) 运算装置：从寄存器取出数据进行加、减、乘、除运算，并且能根据运算结果的状态改变计算的进程，用现代术语来说，就是条件转移。

(3) 控制装置：使用指令自动控制操作顺序、选择所需处理的数据以及输出结果。

爱达(Ada Lovelace，1815—1852)是英国著名诗人拜伦的女儿，母亲是一位杰出的数学家。28 岁时，聆听了巴贝奇关于差分机的讲座，立刻理解了这种机器的工作原理并认识到它的价值，成为巴贝奇富有创意工作的解释者和促进者。爱达与巴贝奇一起工作，记录设计方案，为分析机开发程序。在为分析机开发程序的过程中，爱达发现了程序设计和编程的基本要素，例如，可以重复使用某些穿孔卡片，也就是现在的循环和子程序，爱达是历史上第一位程序员。1979 年，美国国防部设计了一种通用的高级语言，他们为这个新语言起了一个美丽的名字——Ada，用于纪念爱达。

巴贝奇的分析机是可编程计算机的设计蓝图，实际上，我们今天使用的每一台计算机都遵循着巴贝奇的基本设计方案。但是巴贝奇先进的设计思想超越了当时的客观现实，由于当时的机械加工技术还达不到所要求的精度，使得这部以齿轮为元件、以蒸汽为动力的分析机一直到巴贝奇去世也没有完成。

1.1.3　机电式计算机

1886 年，美国统计学家赫尔曼·霍勒瑞斯(Herman Hollerith)借鉴雅各织布机的穿孔卡原理，用穿孔卡片存储数据，采用机电技术取代了纯机械装置，制造了第一台可以自动进行四则运算、累计存档、制作报表的**制表机**。制表机参与了美国 1890 年的人口普查，使预计 10 年的统计工作仅用 1 年零 7 个月就完成了，是人类历史上第一次利用计算机进行大规模数据的自动处理，如图 1.9 所示。

1938 年，德国工程师朱斯(K. Zuse)研制出 **Z-1 计算机**，这是第一台采用二进制的机械式计算机，如图 1.10 所示。在接下来的 4 年中，朱斯先后研制出采用继电器的机电式

图 1.9　制表机用于美国人口普查

图 1.10　Z 系列计算机

计算机 Z-2、Z-3、Z-4。Z-3 是世界上第一台真正的通用程序控制计算机，不仅全部采用继电器，同时采用了浮点记数法、二进制运算、带存储地址的指令形式等。这些设计思想虽然在朱斯之前已经提出过，但朱斯第一次将这些设计思想具体实现。

1941 年，朱斯向德国政府申请基金，用来建造一台快速的计算机，用于破解敌人的密码。纳粹的军方组织没有批准他的申请，军方自信即使没有复杂的计算设备的帮助，他们也会很快赢得这场战争。

几乎在同一时期，英国政府组建了一个由数学家和工程师组成的绝密小组，其目的是破获纳粹的军事机密。1943 年，由图灵和其他人领导的小组建造了巨人计算机 Colossus（许多人认为巨人计算机是世界上第一台电子数字计算机），使英国军方的间谍机构在整个战争中能够窃取并破译德国最机密的军事情报。

1936 年，美国哈佛大学数学教授霍华德·艾肯（Howard Aiken）在读过巴贝奇和爱达的笔记后，提出用机电的方法来实现巴贝奇的分析机。在 IBM 公司的资助下，1944 年研制成功了机电式计算机 **Mark-I**，如图 1.11 所示。Mark-I 长 15.5m，高 2.4m，由 75 万个零部件组成，使用了大量的继电器作为开关元件，存储容量为 72 个 23 位十进制数，采用了穿孔纸带进行程序控制。Mark-I 只是部分使用了继电器，1947 年研制成功的计算机 Mark-Ⅱ全部使用继电器。

艾肯等人研制的机电式计算机，其典型部件是普通的继电器，**继电器**的开关速度是 1/100 秒，使得机电式计算机的运算速度受到限制。20 世纪 30 年代已经具备了制造电子计算机的技术能力，机电式计算机从一开始就注定要很快被电子计算机替代。事实上，电子计算机和机电式计算机的研制几乎是同时开始的。

图 1.11 Mark-I

图 1.12 ABC 计算机

1.1.4 电子计算机

1939 年，美国依阿华州大学数学物理学教授约翰·阿塔纳索夫（John Atanasoff）和他的研究生贝利（Clifford Berry）为了求解复杂的微分方程研制了一台称为 **ABC**（Atanasoff Berry Computer）的电子计算机，如图 1.12 所示。由于经费的限制，他们只研制了一个能够求解包含 30 个未知数的线性代数方程组的样机。在阿塔纳索夫的设计方案中，第一次提出采用电子技术来提高计算机的运算速度。

依阿华州大学没有为这个里程碑式的机器投入足够的科研经费，也没有申请专利。当阿塔纳索夫向IBM公司申请援助时，得到的答复是“IBM永远不会对一台电子计算机感兴趣”。

1943年，宾夕法尼亚大学物理学教授约翰·莫克利(John Mauchly)和研究生普雷斯帕·埃克特(Presper Eckert)受美国军械部的委托，为计算弹道和射击表启动了研制**ENIAC**(Electronic Numerical Integrator and Computer)的计划。1946年2月15日，这台标志人类计算工具历史性变革的巨型机器宣告竣工，如图1.13所示。ENIAC共使用了18 000多个电子管，占地167平方米，重达30吨。ENIAC的最大特点就是采用电子器件代替机械齿轮或电动机械来执行算术运算、逻辑运算和存储信息，因此，同以往的计算工具相比，ENIAC最突出的优点就是高速度。ENIAC每秒能完成5000次加法，300次乘法，比当时最快的计算工具快1000多倍。ENIAC是世界上第一台能真正运转的大型电子计算机，ENIAC的出现标志着电子计算机时代的到来。

图1.13 ENIAC计算机

现在我们所说的计算机是指电子计算机，英文是computer，在学术性较强的文献中翻译成计算机，在科普性读物中翻译成电脑。在1940年以前出版的英语词典中，computer是执行计算任务的人，即计算员，执行计算任务的机器称为计算器。直到电子计算机问世，人们才开始使用计算机这一术语并赋予它现代的含义。

思考题

1. 算筹、算盘以及加法器都是将人的计算活动变成某种机械过程，这说明了什么？
2. Napier算筹、莱布尼兹四则运算器和巴贝奇的差分机都是将复杂运算转换为简单运算，这对你有什么启示？
3. 如果没有战争作为催化剂，电子计算机还会如期而至吗？

1.2 计算机的历史和未来

1.2.1 计算机的发展简史

计算机的发展以用于构建计算机硬件的元器件为主要特征，而元器件的发展与电子技术的发展紧密相关，每当电子技术有突破性的进展，就会导致计算机的一次重大变革。因此，计算机发展史中的“代”通常以其所使用的主要器件，即电子管、晶体管、集成电路、大规模集成电路和超大规模集成电路来划分。

历史上的“代”，是以开国君主的登基日为基准日，但是在计算机的发展史上，新的技术是在前人的经验、知识不断积累的前提下，到了某个阶段被特定的人群激发出来，并在实践中获得了认可之后才得以广泛应用，因此，很难以准确的日期来标识“代”。准确地说，应该将计算机的发展史分成几个阶段，而且这几个阶段的分界线也不是泾渭分明的。但是，每个阶段都有自己鲜明的特色，每个阶段都有重大的、标志性的事件作为里程碑。

1. 第一代计算机(1946—1958年)

第一代计算机以1946年ENIAC的研制成功为标志。这个时期的计算机都是建立在**电子管**(如图1.14所示)基础上，笨重而且产生很多热量，容易损坏；存储设备使用延迟线和磁鼓，容量很小而且速度很慢；输入设备是读卡机，输出设备是穿孔卡片机和行式打印机。在这个时代将要结束时，出现了磁带驱动器，提高了输入输出的速度。这个时代有两个重大事件：①1951年问世的UNIVAC准确预测了1952年美国大选艾森豪威尔获胜，得到社会各阶层的认识和欢迎；②1953年IBM生产了第一批商业化计算机IBM701，使计算机向商业化迈进。

这个时期的计算机非常昂贵而且需要放在可控制温度的机房中，只有一些大的机构(如政府和银行)才买得起。虽然第一代计算机有笨重、速度慢等缺点，但还是很快就成为科学家、工程师和其他专家不可缺少的工具，显示了计算机的巨大潜力。

2. 第二代计算机(1959—1964年)

第二代计算机以1959年美国菲尔克公司研制成功的第一台晶体管计算机为标志。这个时期的计算机用**晶体管**取代了电子管，晶体管具有体积小、重量轻、发热少、耗电省、速度快、价格低、寿命长等一系列优点，使计算机的结构与性能发生了很大改变，如图1.15所示。20世纪50年代末，麻省理工学院研制成功了磁芯存储器，成为这个时期存储器的工业标准；辅助存储设备出现了磁盘；20世纪60年代初，出现了通道和中断装置，解决了主机和外设并行工作的问题。

图1.14　电子管

图1.15　晶体管

这个时期的计算机广泛应用在科学研究、大型商业和工程应用等领域，典型的计算机有IBM公司生产的IBM7094和CDC公司(Control Data Corporation，控制数据公司)生产的CDC1640等。

1948 年，美国贝尔实验室的三位物理学家肖克莱（William Shockley）、布拉坦（Walter Brattain）和巴丁（John Bardeen）发明了晶体管。由于这项影响深远的发明，他们获得了 1956 年度的诺贝尔奖，贝尔实验室也因此成为晶体管计算机的发源地。

3. 第三代计算机（1965—1970 年）

第三代计算机以 1965 年 IBM 公司研制成功的 360 系列计算机为标志。在第二代计算机中，晶体管和其他元件都是手工集成在印刷电路板上，第三代计算机的特征是集成电路。所谓**集成电路**是将大量的晶体管和电子线路组合在一块硅片上，故又称其为**芯片**，如图 1.16 所示。制造芯片的原材料相当便宜，硅是地壳里含量第二的常见元素，是海滩沙石的主要成分，因此采用硅材料的计算机芯片可以廉价地批量生产。这个时期的内存储器用半导体存储器淘汰了磁芯存储器，使存储容量和存取速度有了大幅度提高；输入设备出现了键盘，用户可以直接访问计算机；输出设备出现了显示器，可以向用户提供立即响应。

图 1.16　芯片

为了满足中小企业与政府机构日益增多的计算机应用，第三代计算机出现了**小型计算机**。1965 年，DEC 公司（Digital Equipment Corporation，数字设备公司）推出了第一台商业化的小型计算机 PDP-8。

硅谷位于美国加利福尼亚州的旧金山，20 世纪 50 年代初，斯坦福大学在硅谷建立了第一个研究所。1955 年，晶体管的发明者肖克莱在硅谷成立了第一个半导体公司，两年后，创立了仙童半导体公司。仙童公司发明了平面集成电路技术，标志着电子技术进入微电子时代。1968 年，诺伊斯和摩尔从仙童公司分出去，创办了 Intel 公司。

4. 第四代计算机（1971 至今）

第四代计算机以 Intel 公司研制的微处理器 Intel 4004 为标志，这个时期的计算机最为显著的特征是使用了**大规模和超大规模集成电路**。集成电路根据 1 平方毫米的硅片上所包含的门电路数量分为小规模、中规模、大规模和超大规模，如表 1.1 所示。

表 1.1　集成电路的分类

缩　　写	名　　称	门数量（个）	缩　　写	名　　称	门数量（个）
SSI	小规模集成电路	1～10	LSI	大规模集成电路	100～100 000
MSI	中规模集成电路	10～100	VLSI	超大规模集成电路	多于 100 000

1965 年，Intel 公司的主席戈登·摩尔预言：一个集成电路板上能够容纳的元件数量每 18 个月增长一倍。也就是说，人们可以期待以同样的价格，大约每 18 个月就可以买到比过去在功能上高过一倍的大规模集成电路芯片，这就是著名的摩尔定律。

1971 年，Intel 公司发明了具有划时代意义的微处理器。所谓**微处理器**是将运算器和控制器集成在一块芯片上，构成**中央处理单元**(Central Processing Unit，CPU)。微处理器的发明使计算机在外观、处理能力、价格以及实用性等方面发生了深刻的变化。图1.17所示的就是一个微处理器。

图1.17 微处理器

第四代计算机出现了三个里程碑事件：微型计算机、互联网和并行计算机。微型计算机的诞生是超大规模集成电路应用的直接结果，微型计算机的"微"主要体现在它的体积小、重量轻、功耗低、价格便宜。1977年苹果计算机公司成立，先后成功开发了APPLE-I型和APPLE-II型微型计算机。从1981年开始，IBM连续推出IBM PC、PC/XT、PC/AT等机型。时至今日，奔腾系列微处理器应运而生，使得现在的微型计算机体积越来越小、性能越来越强、可靠性越来越高、价格越来越低。

第一台计算机是一台又大又昂贵的完全独立的计算机，它一次只能执行一个任务。随着人们对计算需求的增加，科学家们不断寻求使计算机资源得到有效利用的方法。20世纪80年代，多用户大型机的概念被小型机器连接的网络所代替，这些小型机器通过连网共享打印机、软件和数据等资源。计算机网络技术使计算机应用从单机走向网络，并逐渐从独立网络走向互联网络。

20世纪80年代末，出现了并行计算机。**并行计算机**含有多个处理器，相应地，只有一个处理器的计算机称为**串行计算机**。虽然把多个处理器组织在一台计算机中存在巨大的潜能，但是为这种并行计算机进行程序设计的难度也相当高。

由于计算机仍然在使用电路板，仍然在使用微处理器，仍然没有突破冯·诺依曼体系结构，所以我们不能为这一代计算机划上休止符。但是，生物计算机、量子计算机等新型计算机已经出现，我们拭目以待第五代计算机的到来。

1.2.2 计算机的发展趋势

在短短的60多年里，计算机从像ENIAC这样笨重、昂贵、容易出错、仅用于科学计算的机器，发展成今天可信赖的、通用的计算工具，遍布现代社会的每一个角落。发明第一台计算机的人并没有预测到计算机技术会如此快速地发展。然而，计算机技术在过去60年里的发展与未来60年的变化相比将会相形见绌，将来我们会觉得今天最好的计算机很原始，就像我们今天看60年前的ENIAC一样。计算机的产生是人类追求智慧的心血和结晶，计算机的发展也必将随着人类对智慧的不懈追求而不断发展。

预测未来10～20年计算机的发展趋势，最好的办法就是观察目前实验室里的研究成果。虽然我们无法确定实验室里的哪些研究成果最终可以获得成功，也无法确定预测未来的结果是否正确，但是有一点是确定的，那就是创造未来完全靠我们自己。

预测未来是很难的，下面是几个错误的预言：

- 存在大概5台计算机的世界市场——Thomas Watson，IBM公司主席，1943年
- 未来计算机只有1000个真空管，重量只有1.5吨——Popular Mechanics，1949年
- 没理由人人都想在家摆一台计算机——Ken Olsen，DEC公司创始人，1977年

计算机的发展趋势可归结在如下几个方面：

① **超级计算机**。发展高速度、大容量、功能强大的超级计算机，用于处理庞大而复杂的问题，例如航天工程、石油勘探、人类遗传基因等现代科学技术和国防尖端技术都需要具有最高速度和最大容量的超级计算机。如同原子弹、航空母舰等高尖端科技，超级计算机的技术水平体现了一个国家的综合国力，因此，超级计算机的研制是各国在高技术领域竞争的热点。

超级计算 500 强排行榜由美国田纳西州立大学、美国劳伦斯伯克利国家实验室和德国曼海姆大学整理，每半年发布一次，发布网址：http://www.top500.org。由我国自行研制的曙光 4000A 进入 2004 年全球前 10 名，曙光 5000A 进入 2008 年全球前 10 名，曙光 6000A 进入 2010 年全球前 10 名，计算峰值名列全球之首。

② **微型计算机**。微型化是大规模集成电路出现后发展最迅速的技术之一，计算机的微型化能更好地促进计算机的广泛应用，微型计算机正逐步由办公设备变为电子消费产品。因此，发展体积小、功能强、价格低、可靠性高、适用范围广的微型计算机是计算机发展的一项重要内容。

③ **智能计算机**。到目前为止，计算机在处理过程化的计算工作方面已达到相当高的水平，是人力所不能及的，但在智能性工作方面，计算机还远远不如人脑。如何让计算机具有人脑的智能，模拟人的推理、联想、思维等功能，甚至研制出具有某些情感和智力的计算机，是计算机技术的一个重要的发展方向。

④ **普适计算机**。20 世纪 70 年代末，词汇表中出现了个人计算机，人类开始进入“个人计算机时代”。许多研究人员认为，我们已经进入了“后个人计算机时代”，计算机技术将融入各种工具中并完成其功能。当计算机在人类的日常生活中无处不在时，我们就进入了“普适计算机时代”，普适计算机将提供前所未有的便利和效率。

施乐 PARC 计算机研究中心负责人马克·韦泽这样解释普适计算：“最深刻的技术是那些已经消失的技术，它们存在于我们的日常生活中，直到它们已经不再出众。”计算机将隐藏于日常电器和日常用具的内部，以不可见的方式随时随地发挥作用，潜入平常生活之中，更大范围地影响人们的生活。

⑤ **新型计算机**。集成电路的发展正在接近理论极限，人们正在努力研究超越物理极限的新方法，新型计算机可能会打破计算机现有的体系结构。目前正在研制新型计算机：生物计算机——运用生物工程技术，用蛋白分子做芯片；光计算机——用光做为信息载体，通过对光的处理来完成对信息的处理；量子计算机——采用量子特性，使用两能级的量子体系来表示信息；等等。

集成电路是电子计算机的核心部分,要想提高计算机的运算速度和存储容量,关键是实现更高的集成度。但是,单位面积上容纳的元件数是有限的,在1平方毫米的硅片上最多不能超过25万个元件,并且它的散热、防漏电等因素也制约着集成电路的规模。现在的半导体芯片发展已经接近理论上的极限,于是,研制一种新芯片的课题就摆在各国专家面前。

⑥ **网络与网格**。由于互联网和万维网在世界各国已经得到不同程度的普及,已接近成熟,人们关心互联网和万维网之后是什么?是网格。有关专家作了初步论证:互联网实现了计算机硬件的连通,万维网实现了网页的连通,而网格试图实现互联网上所有资源(包括计算资源、软件资源、信息资源、知识资源等)的连通。

有人设想,将来所有的家用电器和设备都应该连接在网络上,这样在你下班之前就可以从办公室给自己居所的控制中心发几个指令,启动微波炉和电饭煲把晚饭烧好,启动供暖设备把房间加温到25℃,启动电热器为你烧好洗澡水。

思考题

1. 想象一下,普适计算机的输入输出设备应该是什么样?仍然是传统的键盘、鼠标、显示器、打印机之类的吗?

2. 现在的互联网已经很不安全了,每天都有黑客、木马等计算机病毒侵入我们的计算机,如果将所有的家用电器都连接在网上,那不是更不安全吗?

3. 集成电路的发展正在接近理论极限,以后的计算机也许不是电子计算机了,可是我们现在学习的还是电子计算机的理论、技术和工具,这样的学习还有用吗?

1.3 什么是计算机

1.3.1 冯·诺依曼体系结构

虽然ENIAC显示了电子元件在进行初等运算速度上的优越性,但没有最大限度地实现电子技术所提供的巨大潜力。ENIAC存在两个主要缺点:第一,存储容量小,至多存储20个10位十进制数;第二,程序是"外插型"的,为了进行几分钟的计算,接通各种开关和线路的准备工作就要用几个小时。由于缺乏关于电子计算机体系结构的全面分析和理论基础,在ENIAC上实现重大突破的希望很渺茫。1944年,美国军械部要求宾夕法尼亚大学在建造ENIAC的同时,重新设计更强有力的计算机。

当普林斯顿大学数学教授冯·诺依曼(Von Neumann)听说美国军械部正在研制ENIAC的时候,他正在参加第一颗原子弹的研制工作。在原子核裂变反应过程中涉及大量计算,为此,有成百上千名计算员夜以继日地进行工作,还是不能满足计算要求。于是,他马上意识到ENIAC的深远意义。1944年8月到1945年6月,冯·诺依曼与ENIAC小组合作,提出了一个全新的**EDVAC**(Electronic Discrete Variable Computer,离散变量自动电子计算机)方案,也称为冯·诺依曼计算机,时至今日,所有的计算机都没有突破冯·诺依曼计算机的基本结构。

冯·诺依曼(von Neumann)1903 年出生于匈牙利布达佩斯,中学时代受到严格的数学训练,19 岁就发表了有影响的数学论文。他掌握 7 种语言,成为从事科学研究强有力的工具,曾游学柏林大学,成为德国大数学家希尔伯特的得意门生。1933 年受聘于美国普林斯顿大学高等研究院,成为爱因斯坦最年轻的同事。冯·诺依曼在数学、应用数学、物理学、博弈论和数值分析等领域都有不凡的建树,为进行计算机的逻辑设计奠定了坚实的基础。

EDVAC 方案提出计算机应具有 5 个基本部件:运算器、控制器、存储器、输入设备和输出设备,并描述了这五大部件的功能和相互关系,如图 1.18 所示,各部件的主要功能如下。

- 运算器:是计算机对数据进行加工处理的部件,完成对二进制数的加、减、乘、除等基本算术运算和与、或、非等基本逻辑运算。
- 控制器:控制计算机的各部件协调工作。
- 存储器:存放程序和数据。
- 输入设备:从外界将程序和数据输入计算机,供计算机处理。
- 输出设备:将计算机的处理结果转换成外界能够识别的数字、文字、图形、声音、电压等形式的信息并呈现给用户。

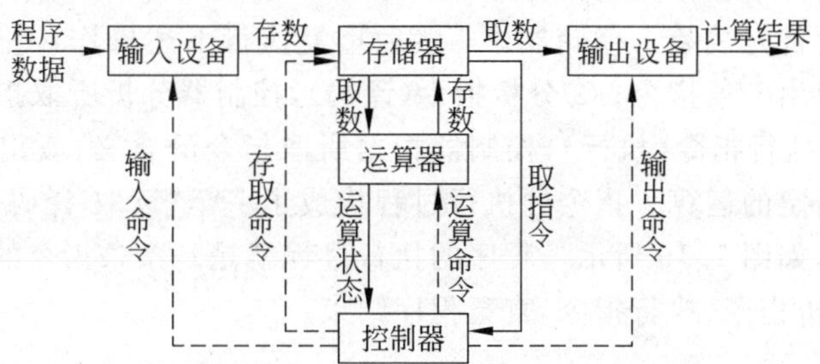

图 1.18 冯·诺依曼计算机(→数据流 ⇢控制流)

在冯·诺依曼体系结构下,计算机的定义是:**计算机是一种能够按照事先存储的程序,自动、高速地对数据进行输入、处理、输出和存储的系统**。更确切地说,计算机是一种数据处理机,计算机能够把输入的数据进行加工处理,并输出处理结果。

似曾相识的处理系统:人是一种天然的数据处理系统,以过马路为例,人在过马路前,首先站在马路边左右张望,这是用眼睛在收集数据,看到一辆车飞驰而来,这个信息马上被输入大脑,然后大脑开始紧张地加工运算:先检索出一条已经存储的知识,人要是让车碰到可不得了,然后赶快估计车的速度、方向,决定是站着不动还是快步走过,最后发出神经信号指挥肌肉执行决定。

1.3.2 计算机的工作原理

冯·诺依曼体系结构的主要特征是存储程序，如图1.18所示。所谓**存储程序**是指事先编制好程序（程序是指令的有限序列，这个指令序列告诉计算机需要做什么，按什么步骤去做），并将程序和数据通过输入设备存入计算机的存储器中，计算机在运行时就能自动、连续地从存储器中按照程序逐条取出指令并执行，执行的中间结果和最终结果都存入存储器中，最后再从存储器中取出处理结果通过输出设备呈现给用户，因此，**计算机的工作过程就是运行程序的过程，也就是执行指令的过程**。

人类进入机器时代后，总是从机器的外部对机器的运行过程和状态进行控制，例如对织布机、对蒸汽机的操作。最早期的计算机也是沿用了这个思想，例如ENIAC只有数据是存储在计算机的内部的，对数据处理过程的控制要通过计算机外部的开关或改变布线才能实现。人们很快认识到，这种从机器外部对机器施加控制的传统方法在计算机上是行不通的，因为将控制从外部提交给计算机的速度远远赶不上计算机执行操作的速度。存储程序是人类控制机器的一次革命性的突破，也是计算机实现真正自动化的根本原因之一。

指令是告诉计算机做什么以及如何做的命令，控制器根据指令来指挥和控制计算机各部分协调工作。一条指令是计算机硬件可以执行的一个非常低级的操作，如加、减、数据传送、移位等。记住这一点很重要：计算机所做的每一件事情都被分解为一系列极其简单又极其快速的算术运算或逻辑运算。

程序在执行时首先被装入存储器中，然后重复执行下述操作：①**取指令**（**读取**），控制器从存储器中取出一条指令；②**分析指令**（**译码**），控制器分析所取指令的操作码，确定执行什么操作；③**执行指令**（**执行**），控制器根据所取指令的含义，发出相应的操作命令，控制运算器进行指定的运算。指令的执行过程构成了一个"读取-译码-执行"指令执行周期，称为机器周期，如图1.19所示。程序的执行过程就是一条条指令的执行过程，控制器不断地取指令、分析指令、执行指令，直至程序结束。

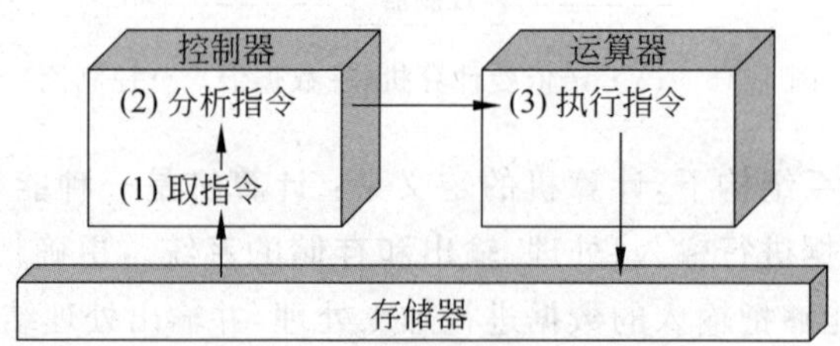

图1.19 指令的执行过程示意图

现代计算机的体系结构大多采用流水线技术，一条指令正在执行时可以读取下一条指令，这意味着在任何一个时刻，可以有多条指令在"流水线"上，每条指令处于不同的执行阶段，从而加快计算机的处理速度。

1.3.3　计算机的分类和特点

目前，世界上流行着多种计算机，不同的计算机具有不同的用途，虽然它们本质上都是基于同一种体系结构，但是还有很多明显的差别。按照计算机的规模以及性能指标（如运算速度等）可分为巨型计算机、大型计算机、小型计算机、服务器、工作站、微型计算机、网络计算机、便携式计算机、嵌入式计算机等。

1. 巨型计算机

巨型计算机（也称超级计算机、高性能计算机）是指性能最好、功能最强、速度最快的计算机。巨型计算机通常包含几百个处理器（如图 1.20 所示），运算速度每秒超过 1 亿次（这里 1 次的概念是指处理器执行最简单的操作，例如把一个数存储在计数器里，比较两个数等）。巨型计算机主要用在复杂的科学计算、军事、气象、石油探测等尖端科学领域。我国研制的“银河”、“曙光”和“神州”系列计算机就属于这种类型。

2. 大型计算机

自 1946 年 ENIAC 推出之后，大型计算机就成为计算机行业的基石，在微型计算机出现之前，大多数的信息处理是在大型计算机上完成的。大型计算机的运算速度每秒达到几百万次。今天，诸如银行、铁路、航空等大型机构仍然使用大型计算机作为计算机网络的主机来处理数据量很大的业务，当你预订飞机票或者向你的账户上存钱时，大型计算机就参与了这些处理。图 1.21 所示的就是一台大型计算机。

图 1.20　巨型计算机

图 1.21　大型计算机

3. 小型计算机

按照传统的定义，小型计算机的运算速度和存储容量略低于大型计算机，体积也比大型计算机略小，如图 1.22 所示。十几年前，人们还在使用小型计算机，然而，今天的大型计算机比原来的小型计算机还要小，而且今天的微型计算机的性能比原来的小型计算机还要好，对许多应用来说，小型计算机已经被服务器所取代。

图 1.22　小型计算机

4. 服务器

服务器是在网络上为其他计算机提供软件和其他资源的计算机。网络上的每一台计算机都可以作为服务器来使用，但是有些服务器是专用的。例如，邮件服务器可以让网络上的用户传送电子邮件，打印服务器可以使网络上的用户共享中央打印机，文件服务器可以让网络上的用户共享文件，等等。图1.23展示的是一台PC服务器。

5. 工作站

工作站是由高性能微型计算机、输入输出设备以及专用软件组成，通常能够完成某种特殊用途。例如，图形工作站包括高性能的主机、扫描仪、绘图仪、数字化仪、高精度的显示器、其他通用的输入输出设备以及图形处理软件，具有很强的图形处理能力，在工程设计等领域有广泛的应用。图1.24展示的是一台图形工作站。

6. 微型计算机

微型计算机通常指PC机(Personal Computer)，主要用于处理个人事务。大多数计算机用户并不需要一台用于科学研究的计算机来处理个人事务，微型计算机具有足够的能力来进行文字处理、上网以及其他日常应用。毫不夸张地说，今天的微型计算机比几十年前的大型计算机的性能还要好。

7. 网络计算机

网络计算机是一种在网络环境下使用的终端设备，如图1.25所示。研究人员认为，不久以后，我们使用计算机的主要目的是把它作为进入局域网或互联网的工具。网络计算机有两个特点：一是内存容量大、通信功能强，但本机中不一定配置外存和其他硬件设备，因此一般要比普通的PC机便宜；二是需要的很多软件都存储在服务器上，因此易于维护。

图1.23 PC服务器

图1.24 图形工作站

图1.25 网络计算机

8. 便携式计算机

便携式计算机具有体积小、功能强、便于携带等特点，常见的便携式计算机有膝上型计算机(通常称为笔记本电脑)和掌上型计算机(也称个人数字助理PDA)。为了将便携式计算机的尺寸和重量降下来，生产商经常去掉在台式机上作为标准设备的部件。例如，有些笔记本电脑中没有光驱，大多数便携式计算机都有连接外设的端口，可以快速地连接外部监视器、键盘、鼠标和磁盘驱动器等。

图1.26 嵌入式计算机

9. 嵌入式计算机

嵌入式计算机是用于执行特定功能的计算机，这个术语的由来是因为第一台执行特定功能的计算机被物理地嵌入了设备中。嵌入式计算机通常嵌入在单个微处理器芯片上，程序固化在ROM中。几乎所有具有数字界面的设备都使用了嵌入式计算机，如游戏机、微波炉、汽车等。实际上，90%的微处理器都是嵌入在家用电器设备里。如图1.26所示的汽车里就有嵌入式计算机。

> 只读存储器 ROM 只能读数据，不能写数据，ROM 里的数据是在生产芯片时写上去的。由于不能在嵌入式处理器上开发和测试程序，所以程序是先在 PC 机上编写，然后为目标系统进行编译，生成嵌入式计算机的处理器能够执行的代码，再把代码固化到系统附带的 ROM 中。固化的程序是不能改变的，当程序被永久性地固化在芯片上，就变成了固件——一种硬件和软件结合的产物。

虽然各种类型的计算机在规模、性能、用途、结构等方面有所不同，但都具有以下特点。

① 运算速度快。自 1946 年计算机诞生时，每秒 5000 次的运算速度就是其他计算工具无法企及的。目前，超级计算机的运算速度已经达到每秒几百万亿次，即使是微型计算机，其运算速度也已经大大超过了早期大型计算机的运算速度。

② 计算精度高。由于计算机内部采用浮点数(也就是科学计数法)表示方法，而且计算机的字长从 8 位、16 位增加到 32 位、64 位甚至更长，从而使计算结果具有很高的精度，而且可以连续无故障运行。

> 历史上有一个著名的数学家契依列，整整花了 15 年时间，将圆周率精确到小数点后 707 位。如果把这件事交给计算机来做，几个小时就可计算到 10 万位。

③ 存储容量大。计算机具有内存储器和外存储器，内存储器用来存储正在运行的程序和数据，外存储器用来存储需要长期保存的数据。目前，微型计算机的内存容量一般可以达到 10GB 甚至更多，硬盘容量可以达到数十 GB 甚至上百 GB。

④ 计算自动化。由于计算机可以存储程序，从而使得计算机可以在程序的控制下自动地完成各种操作，而无须人工干预。更重要的是，在机器内部可以快速地进行程序的逻辑选择，从而使全部计算过程实现真正的自动化。

> 可以将一座大型图书馆的成百上千万册图书信息存入计算机，并采用计算机自动检索，随时随地向读者提供服务。再如手机的字典功能、中国知网的文献检索、中央电视台的网上直播，等等。

⑤ 连接与网络化。计算机设有各种接口，可以实现网络连接，从而方便地进行资源共享与信息交流，覆盖全球的互联网已进入普通家庭，正在日益改变着人们的生活、学习与工作习惯。

⑥ 通用性强。各种系统软件和应用软件的迅速发展，不仅使计算机易于操作，而且大大扩展了计算机的功能，计算机不仅可以进行科学计算，还具有管理功能、模拟功能、控制功能、图形显示功能等，因此，计算机是一种具有多种用途的数据处理机。

思考题

1. 程序和数据,以及处理的中间结果都存储在存储器中,那么计算机如何判断读出的是要执行的指令,还是要处理的数据?

2. 与微型计算机相比,大型计算机的造价显然要高出很多,你认为造价高在哪些地方?建造大型计算机的难点是什么?

1.4　什么是计算机系统

1.4.1　系统科学与分层方法

系统科学起源于人们对传统数学、物理学和天文学的研究,诞生于20世纪40年代。建立在系统科学基础之上的系统科学方法为现代科学技术的研究带来了革命性的变化,并在社会、经济和科学技术等各个方面都得到了广泛的应用。

> 中国最早体现系统思想的成果是《易经》,《易经》的系统思想主要体现在它将世界当成一个由基本元素(爻)组成的整体(64卦),世界万物具有不同层次(太极→两仪→四象→八卦),万物互相联系互相演变,体现出万物之间复杂的层次关系、结构关系和因果关系。

系统科学方法是指用系统的观点来认识和处理问题的各种方法的总称。**系统**是由相互联系、相互作用的若干元素构成的,具有特定功能的统一整体。一个大的系统往往是复杂的,通常将系统划分为一系列较小的系统,这些较小的系统称为**子系统**。划分子系统的目的是为了更好地理解和实现整个系统,因此,要充分考虑到各子系统的功能要求,准确地对各子系统进行描述并实现整体最优设计,如图1.27所示。

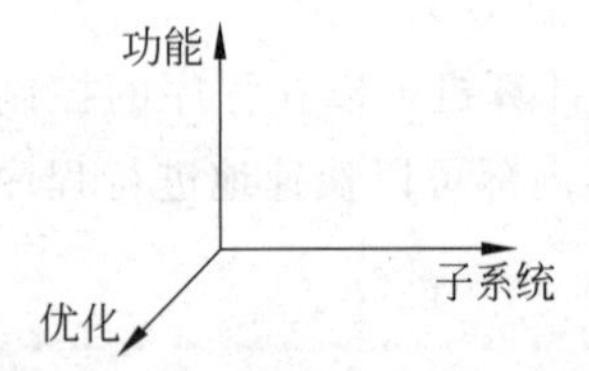

图1.27　划分子系统的基本原则

分层方法是划分系统的一个重要方法,系统可以表示为各级子系统的层次结构形式,在每个层次上定义相对独立的概念和方法,并给出相邻层之间的关系(接口或协议)。一般来说,高层子系统包含和支配低层子系统,低层子系统隶属和支撑高层子系统。例如,对一个企业来说,良好的组织结构首先要确定层次结构,明确定义每一层的职责范围;其次要定义不同层次之间的关系,明确定义每一层的人员与上下层之间的关系;再次要定义对等层之间的关系,明确定义某一个层面的人员与对等层之间的关系,最后还要优化这个层次结构,达到分工协作、整体大于部分之和的系统效应。

1.4.2　计算机系统的分层结构

计算机系统由计算机硬件和计算机软件构成。**计算机硬件**是指构成计算机系统的所有物理器件(集成电路、电路板以及其他磁性元件和电子元件等)、部件和设备(控制器、运算器、存储器、输入输出设备等)的集合。没有配备任何软件的计算机称为**裸机**。**计算机**

软件是指用程序设计语言编写的程序，以及运行程序所需的文档和数据的集合。

自计算机诞生之日起，人们探索的重点不仅在于建造运算速度更快、处理能力更强的计算机，而且在于开发能让人们更有效地使用这种计算设备的各种软件。随着时间的流逝以及计算机技术的进步，基于硬件的软件变得越来越复杂，计算机系统的分层结构的层次在逐渐增加，计算机提供的功能越来越强大，使用计算机变得越来越容易，普通用户（包括应用程序员）离计算机硬件也越来越远了。计算机系统的分层结构如图 1.28 所示。

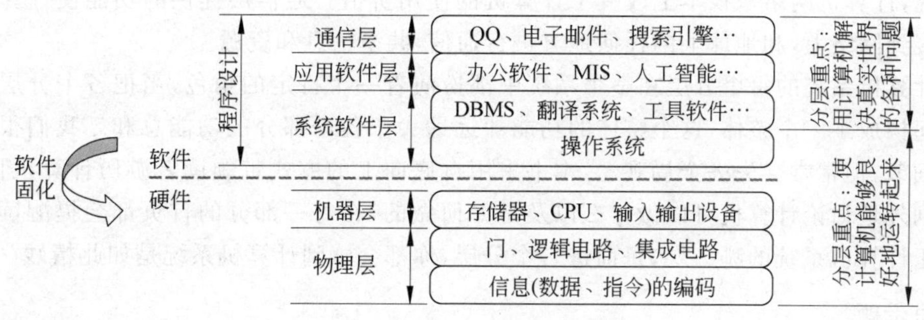

图 1.28　计算机系统的分层结构

物理层是计算机系统的最底层，反映了在计算机上表示信息的方式，换言之，如何表示数值、字符、文字、声音、图形和图像等信息，如何使门和电路控制电流实现数据的存储和运算。计算机内部是一个二进制数字世界，要理解计算机技术，首先必须理解二进制以及数字化原理。

机器层反映了构成计算机硬件的主要部件、部件的主要性能以及这些部件之间的连接方式。冯·诺依曼计算机主要由运算器、控制器、存储器、输入设备、输出设备等五大部件组成。在大规模集成电路制作工艺出现后，通常把运算器和控制器集成在一块芯片上，构成中央处理器（CPU）。

软件是计算机的灵魂，没有软件，计算机的存在就毫无价值。没有配备任何软件的计算机向用户提供的界面只是机器指令，操作系统实现对计算机硬件功能的首次扩充，计算机只有加载了相应的操作系统之后，才能构成一个可以协调运转的计算机系统，因此，操作系统是最重要的系统软件。**系统软件**用于扩展计算机的硬件功能，维护整个计算机系统，为应用开发人员提供平台支持，主要包括操作系统、语言翻译系统、数据库管理系统以及病毒防治、文件压缩等各种工具软件。

从最底层到系统软件层，分层的重点在于使计算机能够良好地运转起来；从应用软件层开始，分层的重点则是能更好地用计算机解决真实世界的各种问题，这也是促使计算机技术快速发展的主要动力之一。

应用软件是相对于系统软件而言的，应用软件必须在系统软件的支持下才能工作。由于计算机的广泛应用，出现了与应用领域无关的、面向普通用户的通用软件，典型的通用软件是文字处理软件、电子制表软件和数据库管理软件。随着计算机的应用日益渗透到社会的各行各业，出现了为特定行业开发的、针对某个应用领域的专用软件，例如图书管理软件、门诊挂号软件等。

20世纪90年代中期，Microsoft公司将文字处理软件Word、电子制表软件Excel、数据库管理软件Access和其他应用程序绑定在一个软件包中，称为办公自动化软件，成为最常用的办公软件。

随着Internet逐渐演化成全球性网络，计算机不再只是某个人桌面上的孤立系统。可以说，计算机网络从根本上改变了计算机的使用价值。**通信层**提供的功能使计算机可以连接到网络上，和地球上的任何地方进行通信，共享信息和资源。

计算机系统的每个分层在整个系统中都扮演着一个特定的角色，当把各个分层组织在一起构成了一个整体，这个整体的功能却远远大于各个部分的功能总和。我们很容易掌握细节，但常常会失去全局观念，本书采用自底向上的方式带领读者游历计算机世界，由内到外地讨论计算机可以做什么以及是如何做的，在每一部分的首页都会提醒读者现在处于计算机系统的哪一层，每前进一个分层，你都会感到计算机系统是如此精妙。

思考题

1. 古代人是“十年寒窗，金榜题名”，现代人是“十二年苦读，学习再学习”，完成学业当然是一项系统工程。请用系统思维方法分析你高考之前的学习生涯。

2. 随着计算机的发展，计算机用户的概念发生了变化，使用计算机的人不仅是专业人员，还包括普通用户。请说明不同的用户群体如何在计算机系统的不同分层上使用计算机。

3. 计算机系统的分层结构为什么会逐渐增长？随着分层结构的增长，计算机硬件系统应该随之发生变化吗？

阅读材料——中国计算机发展简史

我国的计算机事业始于1956年。20世纪40年代后期，我国著名数学家华罗庚教授在美国普林斯顿大学做研究工作时，与冯·诺依曼相识，对ENIAC等计算机比较了解。1956年8月，中国科学院计算技术研究所筹备委员会成立，华罗庚教授任筹委会主任，同时组织了计算机设计、程序设计和计算方法等专业训练班，并首次派出一批科技人员赴苏联学习和考察，引进了苏联的M-3小型机和BECM大型机。计算所的科技人员根据苏联提供的计算机设计图纸，经过修改和实验，先后研制出103型和104型计算机。1958年8月1日，103型计算机进行了运行短程序表演，为此，《人民日报》发表了题为“我国计算机技术不再是空白科学，第一台通用电子数字计算机制成”的消息。1959年4月30日，104型计算机计算出了“五一”劳动节的天气预报。1959年5月17日中科院计算所正式成立。

从1964年开始，我国相继研制并生产了一批晶体管计算机。20世纪70年代，我国进入了集成电路计算机时期，1974年，集成电路计算机DJS-130通过鉴定，随后，DJS-180小型机系列、200大中型机系列、DJS-10工业控制机和DJM-300模拟机等一系列机型研制成功并投入使用。

20 世纪 80 年代国际上出现 PC 机后，国内微型计算机得到快速发展。1985 年“长城”286 投产，1986 年“中华”学习机投产，1988 年“长城”386 投产，1996 年国产“联想”电脑在国内微机市场销售量首次实现排名第一。

1983 年，我国研制成功 757 大型计算机，757 机的元器件和设备立足于国内，是由我国自行设计的第一台大型向量计算机，每秒向量运算千万次。1983 年，每秒向量运算1 亿次的“银河Ⅰ”巨型计算机研制成功，填补了国内巨型计算机的空白。1992 年，“银河Ⅱ”通过鉴定，运算速度每秒达到 10 亿次，使中国成为当今世界少数几个能发布中期数值预报的国家之一。1997 年，“银河Ⅲ”研制成功，每秒运算速度达 130 亿次，使中国成为世界上少数几个能研制和生产大规模并行计算机的国家之一。

1999 年，“神威”研制成功，运算速度达每秒 3840 亿次，使我国成为继美国、日本之后能够研制生产 3000 亿次计算机的国家。2004 年，“曙光”4000A 进入全球前 10 名；2008 年，“曙光”5000A 进入全球前 10 名；2010 年，“曙光”6000A 进入全球前 10 名，计算峰值名列全球之首。

习　题　1

一、选择题

1. 诞生于 1946 年的电子计算机是(　　)，它的出现标志着电子计算机时代的到来。
   A. EDVAC　　B. APPLE　　C. IBM PC　　D. ENIAC
2. 冯·诺依曼对计算机的主要贡献是(　　)。
   A. 发明了微型计算机　　B. 提出了存储程序的概念
   C. 设计了第一台电子计算机　　D. 提出了高级程序设计语言的概念
3. 计算机之所以能自动地、连续地进行数据处理，主要是因为(　　)。
   A. 采用了开关电路　　B. 采用了半导体器件
   C. 具有存储程序的功能　　D. 采用了二进制
4. 计算机硬件系统由 5 个基本部件组成，不属于这 5 个基本部件的是(　　)。
   A. 运算器和控制器　　B. 存储器
   C. 输入设备和输出设备　　D. 总线
5. 我国自行研制的“曙光”计算机属于(　　)。
   A. 微型计算机　　B. 小型计算机　　C. 大型计算机　　D. 巨型计算机
6. 大规模集成电路包含门电路的数量是(　　)。
   A. 100～10 000　　B. 100～100 000　　C. 1000～10 000　　D. 1000～100 000

二、简答题

1. 在计算机的发展过程中有很多关键事件和关键人物，请写出你知道的大事记。
2. 计算机的主要特点是什么？
3. 由于计算机技术的迅猛发展和应用领域的不断扩大，计算机已经成为一个庞大的家族。说一说你所认识的计算机家族。
4. 计算机为什么能进行快速的自动计算？自动化计算的前提是什么？

5. 计算机系统的分层结构是什么？谈谈你对这个分层结构的理解。

三、讨论题

1. 上网查找有关算筹的资料，说明算筹如何表示正数、负数和分数？利用算筹如何进行四则运算？南北朝时期祖冲之利用算筹将圆周率精确到小数点后第8位，体验一下祖冲之的计算过程。

2. 自古以来，人类就在不断地发明和改进计算工具。学习了计算工具的发展简史，你有哪些启示？

3. 计算机的出现彻底改变了我们整个社会的生活方式和思维模式。你认为由于计算机的出现，我们的生活是变好了，还是不如从前了？为什么？计算机在哪些方面的应用使得我们的世界变得更美好？在哪些方面的应用对人类的未来造成了威胁？

4. 数字分界线。世界上有一些人从来没打过电话，更不用说使用计算机了。信息革命会不会使他们更落伍？信息富有的个人和国家有没有责任和信息贫穷的个人和国家分享他们的信息和技术？

第2章 认识计算机学科

CHAPTER

熟练使用计算机≠计算机专业人士，计算机专业人士必须知道计算机学科的内涵、形态以及核心概念，知道计算机学科的根本任务和根本问题，并在实际的学习和工作中关心（或提出）那些能够推动学科发展的科学问题。本章讨论的主要问题是：

① 什么是计算机学科？任何学科都具有抽象、理论和设计三个学科形态，如何理解计算机学科的学科形态？

② 计算机学科的根本任务就是（自动）计算，所有问题都可以被自动计算吗？如何判别可计算问题的资源消耗（例如计算时间）？

③ 宏观上说，计算机学科存在哪些科学问题？科学问题的提出和解决如何推动了计算机学科的发展？

【情景问题】 “计算作为一门学科”的存在性证明

最早的计算机科学学位课程是由美国普渡大学于1962年开设的，随后，斯坦福大学也开设了同样的学位课程。但针对“计算机科学”这一名称，当时引起了激烈的争论。因为当时的计算机主要用于数值计算，因此，大多数科学家认为使用计算机仅仅是编程的问题，不需要做任何科学的思考，没有必要设立学位课程。

20世纪70年代以来，计算机技术得到了迅猛发展，并开始渗透到许多学科领域，成为一门范围极为宽广的学科，但争论还在继续：计算机科学能否成为一门学科？计算机科学是理科还是工科？或者只是一门技术、一个职业？如果在众多分支领域都取得重大成果并已得到广泛应用的计算机科学，连作为一门学科的客观存在都不能被承认，那么，计算机学科的发展将受到极大的限制。因此，给出计算机学科的确切定义并证明其存在性，对学科的发展至关重要。

科学研究是以问题为基础的，只要有问题的地方就会有科学和科学研究。学科是在科学的发展中不断分化和整合而形成的，是科学研究发展成熟的产物。并不是所有的科学研究领域最后都能发展成为学科，科学研究发展成熟而成为一个独立学科的标志是：必须有独立的研究内容、成熟的研究方法和规范的学科体制。

1985年春，ACM和IEEE-CS联手组成攻关组，经过近4年的工作，攻关组提交了“计算作为一门学科”(Computing as a Discipline)的报告。由于“证明一门学科的存在”是一个从来没有过的问题，因此，仅就证明方法来说，要得到学术界的广泛认可就是一件非常困难的事。“计算作为一门学科”报告从定义一个学科的要求、学科的简短定义，以及支撑一个学科所需的抽象、理论和设计等方面，详细地阐述了计算作为一门学科的存在事实，并将当时的计算机科学、计算机工程、计算机科学与工程、计算机信息学以及其他类似名称的专业及其研究范畴统称为计算学科。

2.1 什么是计算机学科

计算学科以令人惊异的速度发展，已经大大延伸到传统的计算机科学的边界之外，成为一门范围极为宽广的学科。由于学术界和社会公众习惯上将与计算机相关的学科称为计算机学科，在不致混淆的情况下，本书将计算学科称为计算机学科。

2.1.1 计算机学科的定义

“计算作为一门学科”报告给计算机学科作了以下定义：**计算机学科是对描述和变换信息的算法过程，包括对其理论、分析、设计、效率、实现和应用等进行的系统研究。它来源于对算法理论、数理逻辑、计算模型、自动计算机器的研究，并与存储式电子计算机的发明一起形成于20世纪40年代初期。**

理解起来，计算机学科研究计算机的设计、制造以及利用计算机进行信息获取、表示、存储、处理等的理论、方法和技术，它包括科学和技术两个方面。科学侧重于研究现象、揭示规律；技术则侧重于研制计算机、研究使用计算机进行信息处理的方法与手段。事实上，科学和技术是计算机学科两个互为依托的侧面，科学研究和技术发展相互推进，其研究成果转化为技术的速度非常快，计算机技术的发展促进了计算机科学研究的深入，科学与技术相辅相成、互为作用，二者高度融合是计算机学科的突出特点。

计算机学科除了具有较强的科学性外，还具有较强的工程性，因此，它是一门科学性与工程性并重的学科，表现为理论和实践紧密结合的特征。在构建和测试自然现象的模型时，计算机学科属于科学范畴，采用的是科学研究的方法；在设计和构建越来越复杂的计算系统时，计算机学科属于工程范畴，采用的则是工程学的技术。

科学是关于自然、社会和思维的发展与变化规律的知识体系，其核心是发现，发现新的自然现象和自然规律，提出新的理论来说明这些现象和规律，并用实验来验证其真理性；工程是将科学原理应用到生产实践中去，是某种形式的科学应用，其核心是建造，工程通常有明确的经济目标或特定的社会服务目标。

科学家和工程师是截然不同的两类角色，科学家面向学术世界，工程师面向商业世界；科学家发现已有的世界，工程师创造还没有的世界；科学家的成果主要表现为科学论文，工程师的成果主要表现为客户满意的产品。

计算机学科的上述特征决定了学科理论、技术和工程之间的界限十分模糊。从理论探索、技术开发到工程应用的周期很短，许多实验室产品和最终投放市场的产品之间几乎没有太大差别。

2.1.2　计算机学科的三个形态

从本质上说，计算机学科是研究如何让计算机来模拟人的行为处理各种事务，用程序来描述各种形式的事务处理。这些事务可以是数学领域中的函数计算、方程求根、断言判定、逻辑推导、代数化简等，也可以是非数学领域中的表格处理、图形与图像处理、语言理解、数据分析、目标跟踪、数据传输、创作设计等。因此，计算机学科不但包括对算法和信息处理过程的研究，也包括满足给定规格要求的软硬件系统的设计，即包括抽象方法、理论研究和工程设计。

1. 抽象

抽象也称模型化，是指在思维中对同类事物去除现象的、次要的方面，抽取共同的、主要的方面，从而做到从个别中把握一般、从现象中把握本质的认知过程和思维方法。抽象源于现实世界，它的研究内容表现在两个方面：

① 建立对客观事物进行抽象描述的方法；

② 采用现有的描述方法建立具体问题的概念模型，从而获得对客观世界的感性认识。

2. 理论

理论是指为理解一个领域中对象之间的关系而构建的基本概念和符号。科学理论是经过实践检验的系统化的科学知识体系，由科学概念、科学原理以及对这些概念、原理的理论论证所组成的体系，表现为定义、定理和性质及其证明。理论源于数学，它的研究内容表现在两个方面：

① 建立完整的理论体系；

② 在现有理论的指导下，建立具体问题的数学模型，从而实现对客观世界的理性认识。

3. 设计

设计是指构造支持不同应用领域的计算机系统。工程设计具有较强的实践性、社会性和综合性，其实现要受社会因素、客观条件（包括其他相关学科）的影响。设计源于工程，它的研究内容表现在两个方面：

① 在对客观世界的感性认识和理性认识的基础上，完成一个具体的工程任务；

② 对工程设计中遇到的问题进行总结，提出问题由理论界去解决，同时，还要将工程设计中积累的经验和教训进行总结，形成方法去指导以后的工程设计。

4. 三个形态之间的关系

抽象、理论和设计三个学科形态概括了计算机学科的基本内容，是计算机学科认知领域中最基本的三个概念。设计形态以抽象形态和理论形态为基础，没有科学理论依据的设计是不合理的，也是不会成功的。设计形态是抽象形态和理论形态的具体表现形式，例如，图灵机是理论形态，而具体的计算机（如 ENIAC）是设计形态。

抽象、理论和设计三个学科形态反映了人类的认识是从感性认识（抽象）到理性认识（理论），再由理性认识（理论）回到实践（工程设计）中来的科学思维方法。众所周知，在人类社会实践中，认识和实践是两个最基本的概念，认识以实践为基础，人类的认识归根到底产生于人类的社会实践之中，人类现在的实践活动总是建立在以往实践活动所取得的认识基础上。科学实践是建立在科学理论的基础上，科学认识由感性阶段上升为理性阶段就形成了科学理论，科学理论指导进一步的科学实践。学科的三个形态与认识和实践之间的关系如图 2.1 所示。

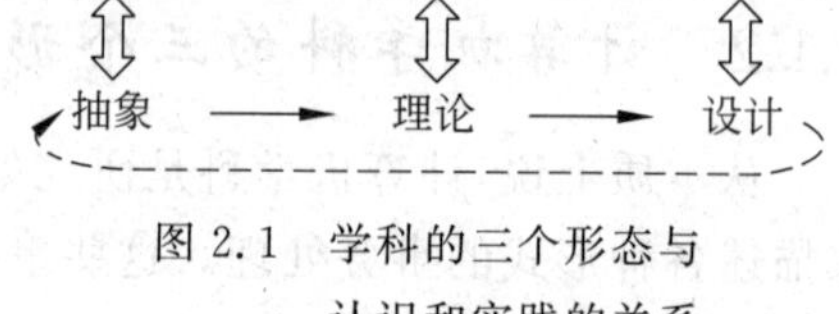

图 2.1 学科的三个形态与认识和实践的关系

2.1.3 计算机学科的核心概念

认知计算机学科最终是通过概念来实现的，掌握和应用计算机学科中具有方法论性质的核心概念对从事该学科的工作是非常必要的。是否具有深入理解和正确拓展核心概念的能力，是衡量计算机专业人士是否成熟的重要标志之一。

核心概念是 CC1991 报告首次提出的，核心概念表达了计算机学科特有的思维方式，在整个本科教学过程中起着纲领性作用，是具有普遍性、持久性的重要思想、原则和方法，核心概念具有如下基本特征：

① 在学科及各分支学科中普遍出现；

② 在抽象、理论和设计的各个层面上都有很多示例；

③ 在理论上具有可延展和变形的作用，在技术上有高度的独立性。

1. 绑定

绑定是通过将一个对象（或事物）与其某种属性相联系，从而使抽象的概念具体化的过程。例如，将一个进程与一个处理器、一个变量与其类型或值分别联系起来，这种联系的建立，实际上就是建立了某种约束。

2. 大问题的复杂性

大问题的复杂性是指随着问题规模的增长使问题的复杂性呈非线性增加的效应。这种非线性增加的效应是区分和选择各种现有方法和技术的重要因素。例如，随着程序代码行的增加，程序的复杂性呈非线性增加。

3. 概念模型和形式模型

模型是对一个想法或问题进行形式化、特征化、可视化思维的方法，概念模型和形式模型以及形式证明是将计算机学科各分支统一起来的重要核心概念。例如，抽象数据类型、数据流图和E-R图等都属于概念模型，而逻辑理论、开关理论和计算理论中的模型大都属于形式模型。

4. 一致性和完备性

一致性包括用于形式说明的一组公理的一致性、事实和理论的一致性，以及一种语言或接口设计的内部一致性。完备性包括给出的一组公理的完备性、使其能获得预期行为的充分性、软件和硬件系统功能的充分性，以及系统处于出错和非预期情况下保持正常行为的能力等。例如，在计算机系统的设计中，正确性、健壮性和可靠性就是一致性和完备性的具体体现。

5. 效率

效率是关于时间、空间、人力和财力等资源消耗的度量。在计算机软硬件的设计中，要充分考虑某种预期结果达到的效率，以及一个给定的实现过程较之替代的实现过程的效率。例如，对于任何给定的问题，设计出复杂性尽可能低的算法是设计算法时追求的一个重要目标。

6. 演化

演化指的是系统的结构、状态、特征、行为和功能等随着时间的推移而发生的更改。例如，程序设计语言经历了从具体到抽象的演化过程，计算机体系结构从以运算器为核心演化为以存储器为核心。

7. 抽象层次

抽象层次指的是通过对不同层次的细节和指标的抽象对一个系统或实体进行表述。在复杂系统的设计中，隐藏细节，对系统各层次进行描述(抽象)，从而控制系统的复杂程度。例如，软件工程从需求规格说明到编码各个阶段的任务分解过程，计算机系统的分层思想，计算机网络的分层思想。

8. 按空间排序

按空间排序指的是各种定位方式，如物理上的定位(如网络和存储中的定位)，组织方式上的定位(如处理机进程、类型定义和有关操作的定位)以及概念上的定位(如软件的辖域、耦合、内聚等)。按空间排序是计算技术中一个局部性和相邻性的概念。

9. 按时间排序

按时间排序指的是事件的执行对时间的依赖性。例如，在具有时态逻辑的系统中，要考虑与时间有关的时序问题，在分布式系统中，要考虑进程同步的时间问题。

10. 重用

重用指的是在新的环境下，系统中各类实体、技术、概念等可被再次使用的能力。例如，软件库和硬件部件的重用、组件技术。

11. 安全性

安全性指的是计算机软硬件系统对合法用户的响应及对非法请求的抗拒，以保护系统不受外界影响和攻击的能力。例如，为防止数据丢失、泄密而在数据库系统中提供的口令更换、操作员授权等功能。

12. 折中和结论

折中指的是为满足系统的可实施性而对系统设计中的技术、方案所做出的一种合理的取舍。结论是折中的结论，即选择一种方案代替另一种方案所产生的技术、经济、文化及其他方面的影响。折中是存在于计算机学科各领域的基本事实。例如，对于矛盾的软件设计目标，需要在诸如易用性和完备性、灵活性和简单性、低成本和高可靠性等方面采取折中。

思考题

1. 在高校中，学院（系）的名称一般和培养目标紧密相关。请查找各高校计算机专业所在学院（系）的名称，并分析命名原因。

2. 在高中我们学过物理课，在实际生活中我们见过各种根据物理学原理建造的实际工具，请从学科的三个形态解释物理学。

2.2 计算机学科的根本问题

今天，尽管计算机学科已经成为一个极为宽广的学科，但计算机学科的所有分支领域的根本任务就是进行计算，其**根本问题仍然是：什么能被（有效地）自动计算**。这包含三个层次的问题：

① 什么能被自动计算？

② 什么能被有效地自动计算？

③ 进一步研究可计算但不能有效计算的问题。

2.2.1 图灵对计算本质的揭示

从字源上考察："计"从言，从十，有数数或计数的含义；"算"从竹，从具，竹是指算筹，因此，计算的原始含义是利用计算工具进行计数。进一步地说，计算首先指的是数的加减乘除、平方、开方、函数的微分和积分等运算，另外还包括方程的求解、代数的化简、定理的证明等。抽象地说，计算就是将一个符号串 f 变换成另一个符号串 g。例如，将符号串 12＋3 变换成符号串 15 就是一个加法计算；如果符号串 f 是 x^2，而符号串 g 是 $2x$，从 f 到 g 的变换就是微分；定理证明也是如此，令 f 表示一组公理和推导规则，g 是一个定理，那么从 f 到 g 的一系列变换就是定理 g 的证明；从这个角度看，文字翻译也是计算，如果符号串 f 代表一个英文句子，而符号串 g 为含义相同的中文句子，那么从 f 到 g 的变换就是把英文翻译成中文；数据压缩也是计算，如果符号串 f 代表录音得到的一个原始音频文件，而符号串 g 为一个 mp3 文件，那么从 f 到 g 的变换就是数据压缩，从 g 到 f 的变换就是解压缩。

在20世纪40年代以前，可以这样理解计算：计算＝算术＝数值计算；计算机＝计算器＝计算工具。随着计算机日益广泛而深刻的应用，计算这个原本专门的数学概念被拓广并泛化到了人类的整个知识领域，应该这样理解计算：计算＝数值计算＋非数值计算＝符号变换＝数据处理；计算机＝数据处理机。

1936年，英国数学家图灵(Alan Turing)从求解数学问题的一般过程入手，在提出图灵机计算模型的基础上，用形式化的方法成功地表述了计算的本质：**所谓计算就是计算者(人或机器)对一条可以无限延长的工作带上的符号串执行指令，一步一步地改变工作带上的符号串，经过有限步骤，最后得到一个满足预先规定的符号串的变换过程**。如图2.2所示，图灵机计算模型由一个有限状态控制器和一条可无限延长的工作带组成，工作带被划分为许多单元，每个单元可以存放一个符号，控制器具有有限个状态和一个读写头。在计算的每一步，控制器处于某个状态，读写头扫描工作带的某个单元，控制器根据当前的状态和被扫描单元的内容，决定下一步的执行动作：

① 把当前单元的内容改写成另一个符号；

② 使读写头停止不动、向左或向右移动一个单元；

③ 使控制器转移到某一个状态。

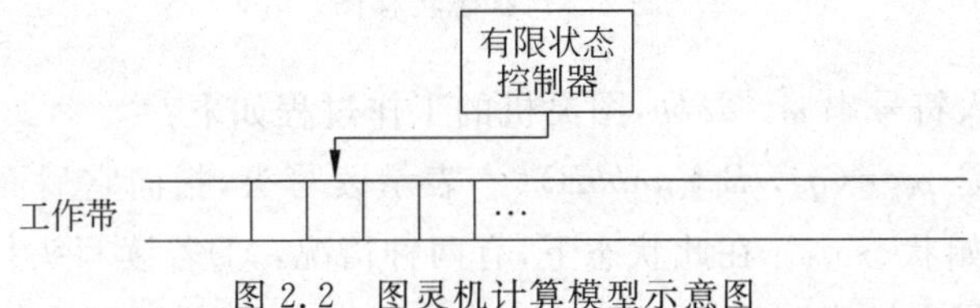

图2.2 图灵机计算模型示意图

计算开始时，将输入符号串放在工作带上，每个单元放一个输入符号，其余单元都是空白符，控制器处于初始状态，读写头扫描工作带上的第一个符号，控制器决定下一步的动作。如果对于当前的状态和所扫描的符号，没有下一步的动作，则图灵机就停止计算，处于终止状态。

图灵(Alan Turing，1912—1954)出生于伦敦。图灵在论文《论可计算数及其在判定问题中的应用》中，提出了图灵机计算模型。这篇论文主要是回答德国数学家希尔伯特在1900年举行的世界数学家大会上提出的“23个数学难题”中的一个问题：是否所有的数学问题在理论上都是可解的。图灵机计算模型在图灵的这篇论文中只是一个脚注，图灵的这篇传世论文主要是因为这个脚注，其正文的意义和重要性反而退居其次了。值得回味的是，在科学技术的发展史上，这样的事例并不鲜见。

例2.1 构造一个识别符号串$\omega=a^nb^n(n\geqslant1)$的图灵机。

解：构造这个图灵机的基本思想是使读写头往返移动，每往返移动一次，就成对地对输入符号串ω左端的一个a和右端的一个b匹配并做标记x。如果恰好把输入符号串ω的所有符号都做了标记，说明左端的符号a和右端的符号b的个数相等；否则，说明左

端的符号 a 和右端的符号 b 的个数不相等,或者符号 a 和 b 交替出现。据此,设计控制器的操作指令(也就是程序)如下:

$(q_0\ \ a\ \ a\ \ R\ \ q_0)$ $(q_0\ \ b\ \ x\ \ L\ \ q_1)$

$(q_1\ \ x\ \ x\ \ L\ \ q_1)$ $(q_1\ \ a\ \ x\ \ R\ \ q_2)$ $(q_1\ \ B\ \ B\ \ H\ \ q_N)$

$(q_2\ \ x\ \ x\ \ R\ \ q_2)$ $(q_2\ \ b\ \ x\ \ L\ \ q_1)$ $(q_2\ \ B\ \ B\ \ L\ \ q_3)$

$(q_3\ \ x\ \ x\ \ L\ \ q_3)$ $(q_3\ \ a\ \ a\ \ H\ \ q_N)$ $(q_3\ \ B\ \ B\ \ H\ \ q_F)$

其中,指令格式为(控制器当前状态,读写头扫描的单元内容,对被扫描单元的操作,读写头的操作,控制器的下一状态),R 表示右移读写头;L 表示左移读写头;H 表示读写头不动;B 表示空白符。实质上,控制器的指令序列对应一个状态转移图,如图 2.3 所示,计算就是在执行指令的过程进行状态的变化,也是变换符号的过程。

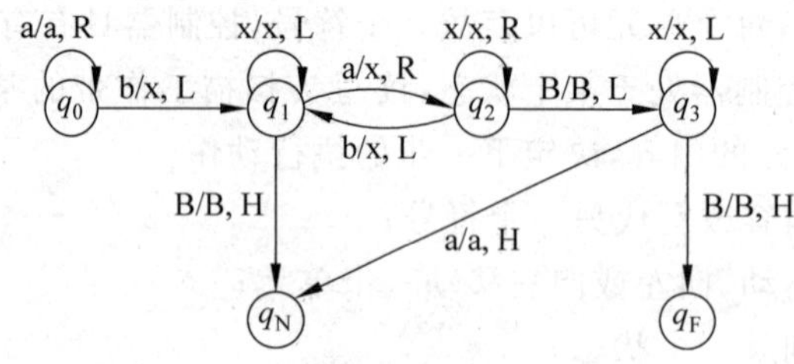

图 2.3 状态转移图

假定 $n=2$,输入符号串 $\omega=aabb$,图灵机的工作过程如下:

(1) 初始格局是 $\rho_0=(q_0,\ B\uparrow aabbB)$($\uparrow$ 表示读写头,指向它后面的字符,B 为空白符),图灵机处于初始状态 q_0。在此状态下,有两种情况:①若读写头扫描到符号 a,则继续往右走;②若读写头扫描到符号 b,则把 b 改为标记 x,并使读写头往左走,转移到状态 q_1。对于输入符号串 $\omega=aabb$,图灵机执行第①种情况,直到扫描到符号 b,使图灵机的格局变为 $\rho_1=(q_1,\ Baa\uparrow xbB)$,并使读写头往左走,转移到状态 q_1。

(2) 在状态 q_1,有三种情况:

① 若读写头扫描到标记 x,则继续往左走;

② 若读写头扫描到符号 a,则把 a 改为标记 x,并使读写头往右走,转移到状态 q_2;

③ 若读写头扫描到空白符 B,则把状态改为 q_N,这是一个拒绝状态,说明符号 a 和 b 未成对标记(例如输入符号串 $\omega=bb$)。对于输入符号串 $\omega=aabb$,图灵机执行第②种情况,从而使图灵机的格局变为 $\rho_2=(q_2,\ Ba\uparrow xxbB)$,并使读写头往右走,转移到状态 q_2。

(3) 在状态 q_2,有三种情况:

① 若读写头扫描到标记 x,则继续往右走;

② 若读写头扫描到符号 b,则把 b 改为标记 x,并使读写头往左走,转移到状态 q_1;

③ 若读写头扫描到空白符 B,说明符号 b 已处理完毕,则把状态改为 q_3,并使读写头往左走。对于输入符号串 $\omega=aabb$,图灵机首先执行第①种情况,读写头继续往右走,然后执行第②种情况,使图灵机的格局变为 $\rho_3=(q_1,\ Baxx\uparrow xB)$,并使读写头往左走,进入状态 q_1。

(4) 在状态 q_1,图灵机首先执行第①种情况,读写头继续往左走,然后执行第②种情况,使图灵机的格局变为 $\rho_4=(q_2, B\uparrow xxxxB)$,并使读写头往右走,转移到状态 q_2。

(5) 在状态 q_2,图灵机首先执行第①种情况,读写头继续往右走,然后执行第③种情况,使图灵机的格局变为 $\rho_5=(q_3, Bxxxx\uparrow B)$,并使读写头往左走,转移到状态 q_3。

(6) 在状态 q_3,有三种情况:

① 若读写头扫描到标记 x,则继续往左走;

② 若读写头扫描到符号 a,说明符号 a 和 b 未成对标记(例如输入符号串 $\omega=aab$);

③ 若读写头扫描到空白符 B,说明符号 a 和 b 已成对标记,转移到状态 q_F,这是接受状态。对于输入符号串 $\omega=aabb$,图灵机首先执行第①种情况,读写头继续往左走,然后执行第③种情况,转移到状态 q_F,图灵机处于接受状态而停机。

图灵机在一定程度上反映了人类最基本、最原始的计算能力,它的基本动作非常简单、机械、确定,因此,可以用机器来实现。事实上,图灵是在理论上证明了通用计算机存在的可能性,并用数学方法精确定义了计算模型,而现代计算机正是这种模型的具体实现。

2.2.2 可计算问题与不可计算问题

哪些问题是计算机可计算的,这是计算机科学的一个基本问题。图灵机计算模型对于"可计算问题"的含义给出了一个具体的描述,称为 **Turing 论题:一个问题是可计算的当且仅当它在图灵机上经过有限步骤最后得到正确的结果**。这个论题把人类面临的所有问题划分成两类,一类是可计算的,另一类是不可计算的。但是,论题中"有限步骤"是一个相当宽松的条件,即使需要计算几个世纪的问题,在理论上也都是可计算的。因此,Turing 论题界定出的可计算问题几乎包括了人类遇到的所有问题。

不可计算问题的一个典型例子是停机问题:给定一个计算机程序和一个特定的输入,判断该程序是否可以停机。如果停机问题是可计算的,那么编译系统就能够在运行程序之前检查出程序中是否有死循环。事实上,当一个程序处于死循环时,系统无法确切地知道它只是一个很慢的程序,还是一个进入死循环的程序。

不可计算问题的另一个典型例子是:判断一个程序中是否包含计算机病毒。实际的病毒检测程序做得很好,通常能够确定一个程序中是否包含特定的计算机病毒,至少能够检测现在已经知道的那些病毒,但是心怀恶意的人总能开发出病毒检测程序还不能够识别出来的新病毒。换言之,不存在一个病毒检测程序,能够检测出所有未来的新病毒。

2.2.3 易解问题与难解问题

理论上可计算的问题不一定是实际可计算的。20 世纪 70 年代,库克(Stephen Cook)将可计算问题进一步划分为实际可计算的和实际不可计算的,称为 **Cook 论题:一个问题是实际可计算的当且仅当它在图灵机上经过多项式步骤得到正确的结果**。

难解问题的一个典型例子是汉诺塔问题:在世界刚被创建的时候有一座钻石宝塔(塔 A),其上有 64 个金碟,所有碟子按从大到小的次序从塔底堆放至塔顶。紧挨着这座塔有另外两个钻石宝塔(塔 B 和塔 C)。从世界创始之日起,婆罗门的牧师们就一直在试图把塔 A 上的碟子移动到塔 C 上去,其间借助于塔 B 的帮助,要求每次只能移动一个碟子，任何时候都不能把一个碟子放在比它小的碟子上面。当牧师们完成任务时，世界末日也就到了。

对于 n 个碟子的汉诺塔问题，可以通过以下三个步骤实现：

(1) 将塔A上的 $n-1$ 个碟子借助塔C先移到塔B上；

(2) 把塔A上剩下的一个碟子移到塔C上；

(3) 将 $n-1$ 个碟子从塔B借助塔A移到塔C上。

当 $n=3$ 时汉诺塔问题的求解过程如图2.4所示。

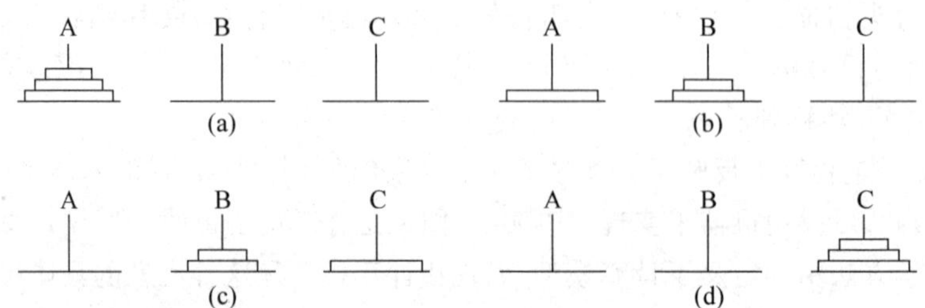

图2.4 汉诺塔问题求解示意图

按照上面的操作步骤，n 个碟子的汉诺塔问题需要移动的碟子数 $h(n)$ 为：第①步需要移动的碟子数为 $h(n-1)$；第②步需要移动的碟子数为1；第③步需要移动的碟子数为 $h(n-1)$。当 $n=1$ 时，只需要移动一次碟子。由此，得到如下递推关系式：

$$\begin{cases} h(n) = 2h(n-1) + 1 \\ h(1) = 1 \end{cases} \tag{2.1}$$

将式(2.1)等号右边的式子反复迭代，有：

$$\begin{aligned} h(n) &= 2h(n-1) + 1 \\ &= 2(2h(n-2) + 1) + 1 \\ &= 2^2 h(n-2) + 2 + 1 \\ &= \cdots \\ &= 2^{n-1} h(1) + \cdots + 2^2 + 2^1 + 1 \\ &= 2^{n-1} + \cdots + 2^2 + 2^1 + 1 \\ &= 2^n - 1 \end{aligned}$$

因此，要完成64个碟子的汉诺塔问题，需要移动的碟子数为：

$$2^{64} - 1 = 18\,446\,744\,073\,709\,551\,615$$

如果每秒移动一次，一年有31 536 000秒，则僧侣们一刻不停地来回移动，也需要花费5849亿年的时间；假定计算机以每秒1000万个碟子的速度进行移动，则需要花费58 490年的时间。

汉诺塔问题说明了理论上可以计算的问题，实际上并不一定能行。通常将**可以在多项式时间内求解的问题看做是易解问题**，这类问题在可以接受的时间内实现问题求解；将**需要指数时间求解的问题看做是难解问题**，这类问题的计算时间随着问题规模的增长而快速增长，即使中等规模的输入，其计算时间也是以世纪来衡量的。

2.2.4 NP 问题与 NP 完全问题

通常来说，求解一个问题往往比较困难，但验证一个问题相对来说就比较容易，也就是**证比求易**。例如，求大整数 S=49 770 428 644 836 899 的因子是个难解问题，但是验证 a=223 092 871 是不是大整数 S 的因子却很容易，只需要将大整数 S 除以这个因子 a，然后验证结果是否为 0；求一个线性方程组的解可能很困难，但是验证一组解是否是方程组的解却很容易，只需要将这组解代入方程组中，然后验证是否满足这组方程。

从是否可以被验证的角度，计算复杂性理论将难解问题划分为 NP 问题和非 NP 问题，将所有**可以在多项式时间内验证的问题称为 NP 问题**。NP 问题中有大量问题都具有这样的特性：可以在多项式时间内得到验证，但是不知道是否可以在多项式时间内得到求解。同时，我们不能证明这些问题中的任何一个无法在多项式时间内得到求解，这类问题称为 **NP 完全问题**。尽管已经进行了多年的研究，目前还没有一个 NP 完全问题能够在多项式时间内得到求解。

NP 完全问题的一个典型例子是旅行商问题(Traveling Salesman Problem，简称 TSP 问题，又称货郎担问题、邮递员问题)，是英国数学家克克曼(T. P. Kirkman)于 19 世纪初提出的一个数学问题。该问题是旅行商要从某个城市出发，旅行 n 个城市然后回到出发城市，要求各个城市经历且仅经历一次，并要求所走的路程最短。用最原始的方法求解 TSP 问题可以找出所有可能的简单回路(路径上没有重复顶点)，从中选取路径长度最短的回路，图 2.5 给出了一个例子。

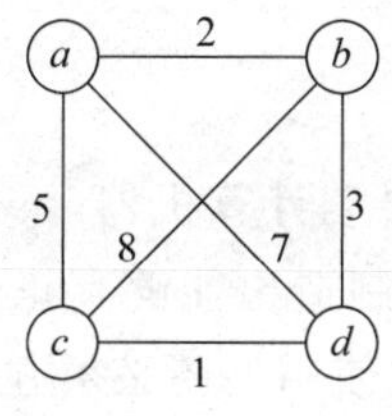

序号	路径	路径长度	是否最短
1	$a \to b \to c \to d \to a$	18	否
2	$a \to b \to d \to c \to a$	**11**	**是**
3	$a \to c \to b \to d \to a$	23	否
4	$a \to c \to d \to b \to a$	**11**	**是**
5	$a \to d \to b \to c \to a$	23	否
6	$a \to d \to c \to b \to a$	18	否

图 2.5　TSP 问题的求解过程

注意到，在图 2.5 中有 3 对不同的路径，对每对路径来说，不同的只是路径的方向，因此，可以将所有可能的旅行路线减半。对于具有 n 个顶点的 TSP 问题，可能的解有$(n-1)!/2$ 个。这是一个非常大的数，随着 n 的增长，TSP 问题的可能解也在迅速地增长，从而产生所谓的组合爆炸。

考虑 TSP 问题的验证形式：给定一个正整数 k，是否存在一条路径长度小于 k 的简单回路。假设有一个可以同时测试所有可能答案的超级并行计算机，首先生成 TSP 问题的所有可能的回路，然后并行验证所有可能的答案，即把各个边的代价加起来，验证路径长度是否小于 k。显然，这可以在多项式时间内得到验证。

思考题

1. 在图灵模型中，状态控制器的操作指令就是计算机程序，这个操作指令的执行顺序取决于什么？能够判定这些操作指令的正确性吗？

2. 汉诺塔问题是 NP 问题吗？为什么？

3. 考虑哈密顿回路问题是否是 NP 完全问题：在无向图中，是否存在经过所有顶点一次且仅一次再回到出发点的回路。

2.3　计算机学科的科学问题

科学问题的提出和解决是任何一个学科持续发展的动力，一个学科如果没有科学问题需要解决，这个学科的生命也就该结束了。每一个学科在其发展的不同时期，都存在一些科学问题，它们的解决推动了学科的持续发展。从科学技术的发展史来看，人类科技进步的历史就是一个不断提出科学问题又不断解决科学问题的历史。

在计算机学科发展的不同时期，提出了一些重大问题。例如，学科发展早期提出的可计算与不可计算的问题，20 世纪 50 年代末 60 年代初提出的高级程序设计语言的形式化描述问题，20 世纪 60 年代末 70 年代初提出的并发控制问题、程序设计方法问题、软件危机问题，等等。在计算机学科经历了几十年的发展后，当我们今天以科学哲学的观点回顾历史的进程，系统总结学科的内容时，可以发现：在计算机学科各个分支学科方向的发展进程中，存在一些在表现形式上虽然不同，但在科学哲学的解释下本质上是相同或相近的问题，即学科研究与发展普遍关心的基本问题，这些基本问题构成了计算机学科的科学问题。下面通过几个经典问题说明计算机学科的科学问题。

2.3.1　计算的平台与环境问题

历史上，为了实现自动计算，人们首先想到要发明和制造自动计算机器，不仅要在理论上提供计算的平台——观察和描述计算的起点，而且要实际制造出能够真正运行的自动计算机器。进一步地，从广义计算的概念出发，计算的平台在使用上还必须方便，例如，计算模型、计算机体系结构、实际的计算机系统、系统软件和工具软件、高级程序设计语言、软件开发工具与环境等都是围绕这一基本问题展开的，其核心是计算的能行性。

1. 哲学家共餐问题与计算机资源管理

哲学家共餐问题是计算机科学家迪杰斯特拉提出的，问题是这样描述的：5 位哲学家围坐在一张圆桌旁，每个人的面前有一碗面条，碗的两旁各有一只筷子(迪杰斯特拉原来提到的是叉子，因有人可以用一个叉子吃面条，于是改为中国筷子，必须用两只筷子才能吃面条)，如图 2.6 所示。假设哲学家的生活除了吃饭就是思考问题(这是一种抽象，即对该问题而言其他活动都无关紧要)，吃饭的时候需要左手拿一只筷子，右手拿一只筷子，然后开始进餐。吃完后将两只筷子放回原处，继续思考问题。那么，哲学家的生活进程可表示为：

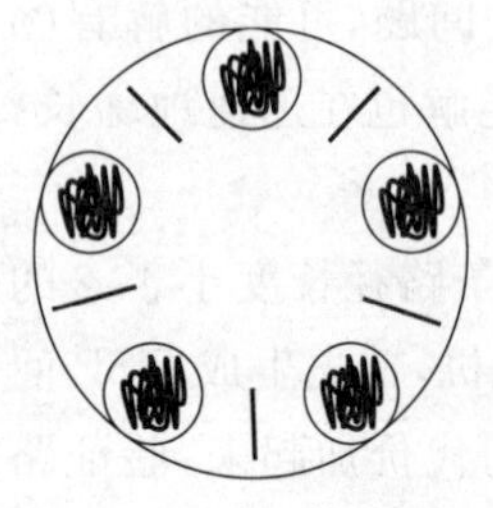

图 2.6　哲学家共餐问题

① 思考问题；

② 饿了停止思考，左手拿起一只筷子(如果左侧哲学家已持有它，则等待)；

③ 右手拿起一只筷子(如果右侧哲学家已持有它，则等待)；

④ 进餐；

⑤ 放下左手筷子；

⑥ 放下右手筷子；

⑦ 重新回到状态(1)思考问题。

现在的问题是：如何协调 5 位哲学家的生活进程，使得每一位哲学家最终都可以进餐。考虑下面两种情况：

① 按哲学家的生活进程，当所有的哲学家都同时拿起左手筷子时，则所有哲学家都将拿不到右手筷子，并处于等待状态，那么，哲学家都将无法进餐，最终饿死。

② 将哲学家的生活进程修改为当拿不到右手筷子时，就放下左手筷子。但是，可能在一个瞬间，所有的哲学家都同时拿起左手筷子，则自然拿不到右手筷子，于是都同时放下左手筷子，等一会，又同时拿起左手筷子，如此重复下去，则所有的哲学家都将无法进餐。

以上两种情况反映的是程序并发执行时进程同步的两个关键问题：饥饿和死锁。为了提高系统的处理能力和机器的利用率，计算机系统广泛地使用并发机制，因此，必须彻底解决并发程序执行中的饥饿和死锁问题。于是，哲学家共餐问题推广为更一般性的 n 个进程和 m 个共享资源的问题，并在研究过程中给出了解决这类问题的不少方法和工具，如信号灯、Petri 网、并发程序设计语言等。

并行和并发是两个相似的概念。并行通常是指多个资源里微观上同时发生了两个或两个以上事件，并发通常是指宏观上一个资源里并行发生了两个或两个以上的事件，但在微观上是顺序发生的。显然，一组事件是并行的也是并发的，但一组事件是并发的却不一定是并行的。在单处理机系统中，宏观上并发执行的程序都在运行，微观上它们是轮流占有处理机；在多处理机系统中，它们是真正的并行。

2. 证比求易与并行计算

关于证比求易，我国学者洪加威曾经讲了一个童话：很久以前，有一个年轻的国王向邻国一位聪明美丽的公主求婚，公主出了这样一道题：求出 48 770 428 433 377 171 的一个因子，若国王能在一天之内求出答案，便接受国王的求婚。国王回去后立即开始逐个数地进行试除，可是算了一天，总共试了三万多个数，还是没有结果。国王向公主求情，公主将答案相告：223 092 827 是它的一个因子，国王很快就验证了这个数的确能除尽 48 770 428 433 377 171。公主说："我再给你一次机会，如果还求不出，将来你只好做我的证婚人了"。国王立即回国，并向时任宰相的大数学家求教，宰相在仔细地思考后认为这个数为 17 位，如果这个数存在因子，则最大的一个因子不会超过 9 位。于是，他给国王出了一个主意：按自然数的顺序给全国的老百姓每人编一个号发下去，等公主给出数后，立即将它通报全国，让每个老百姓用自己的编号去除这个数，除尽了立即上报，赏金万两。

最后国王用这个办法求婚成功。

在证比求易的故事中,国王最先使用的是串行算法,其复杂性表现在时间方面,后来宰相提出的是一种并行算法,其复杂性表现在空间方面。直觉上,串行算法解决不了的问题完全可以用并行算法来解决,并行计算机系统求解问题的速度可以随着处理器数目的不断增加而不断提高,其实这是一个误解。当将一个问题分解到多个处理器上解决时,由于算法中不可避免地存在必须串行执行的操作,从而大大限制了并行计算机系统的加速能力。下面,用阿达尔定律来说明这个问题。

设 f 为求解某个问题的计算必须串行执行的操作占整个计算的百分比,p 为处理器的数目,S_p 为并行计算机系统的最大加速能力(单位:倍),则

$$S_p \leqslant 1/(f+(1-f)/p)$$

设 $f=1\%$,$p \to \infty$,则 $S_p=100$。这说明即使在并行计算机系统中有无穷多个处理器,如果串行执行操作仅占全部操作的 1%,其解题速度与单处理器的计算机系统相比也只能提高 100 倍。因此,对于难解问题,单纯提高计算机系统的速度是远远不够的。

2.3.2 计算过程的能行操作与效率问题

一个问题在判定为可计算问题后,为求解这个问题,必须给出实际解决该问题的操作序列,同时还必须确保操作序列的资源(时间和空间)消耗是合理的。围绕这一问题,计算机学科发展了大量与之相关的研究内容与分支学科方向。例如,集成电路技术、数字系统逻辑设计、自动布线技术、RISC 技术、数值计算方法、算法设计技术、计算复杂性理论、密码学、演化计算、人工智能等都是围绕这一基本问题展开的,其核心是计算的效率。

1. 背包问题与贪心法

算法设计技术是设计算法的一般性方法,是已经被证明是对算法设计非常有用的通用技术,包括蛮力法、分治法、减治法、动态规划法、贪心法、回溯法、分支限界法、概率算法、近似算法等,还有受进化论启发的智能算法技术,如遗传算法、蚁群算法、演化计算等。下面通过背包问题说明贪心法的设计思想。所谓贪心法,就是把一个复杂问题分解为一系列较为简单的局部最优选择,每一步选择都是对当前解的一个扩展,直到获得问题的完整解。

给定 n 种物品和一个容量为 C 的背包,物品 i 的重量是 w_i,其价值为 v_i,背包问题是如何选择装入背包的物品,使得装入背包中物品的总价值最大?

设 x_i 表示物品 i 装入背包的情况,根据问题的要求,有如下约束条件和目标函数:

$$\begin{cases} \sum_{i=1}^{n} w_i x_i = C \\ 0 \leqslant x_i \leqslant 1(1 \leqslant i \leqslant n) \end{cases} \tag{2.2}$$

$$\max \sum_{i=1}^{n} v_i x_i \tag{2.3}$$

于是,背包问题归结为寻找一个满足约束条件式(2.2),并使目标函数式(2.3)达到最大的解向量 $X=(x_1, x_2, \cdots, x_n)$。

如果 $\sum_{i=1}^{n} w_i \leqslant C$，很明显，最优解就是把所有物品都装入背包。所以，考虑 $\sum_{i=1}^{n} w_i > C$ 的情况。至少有三种看似合理的贪心策略：

（1）选择价值最大的物品，因为这可以尽可能快地增加背包的总价值。但是，虽然每一步选择获得了背包价值的极大增长，但背包容量却可能消耗得太快，使得装入背包的物品个数减少，从而不能保证目标函数达到最大。

（2）选择重量最轻的物品，因为这可以装入尽可能多的物品，从而增加背包的总价值。但是，虽然每一步选择使背包的容量消耗得慢了，但背包的价值却没能保证迅速增长，从而不能保证目标函数达到最大。

（3）以上两种贪心策略或者只考虑背包价值的增长，或者只考虑背包容量的消耗，而为了求得背包问题的最优解，需要在背包价值增长和背包容量消耗二者之间寻找平衡。正确的贪心策略是选择单位重量价值最大的物品。

例如，有三个物品，其重量分别是{20，30，10}，价值分别为{60，120，50}，背包的容量为 50，应用三种贪心策略装入背包的物品和获得的价值如图 2.7 所示。

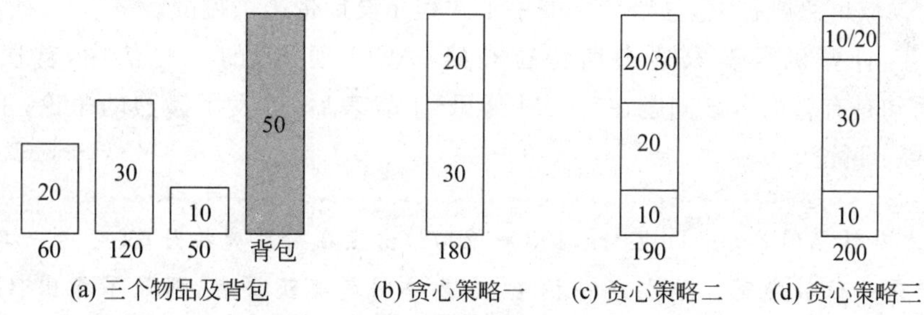

图 2.7　背包问题的贪心法求解示例

2. 图灵测试与人工智能

英国数学家图灵在 1950 年发表的论文《计算机器与智能》中提出了一个问题："机器能思考吗?"在慎重地定义了术语智能和思维之后，最终他得出的结论是我们能够创造出可以思考的计算机。同时，他又提出了另一个问题："如何才能知道何时是成功了呢?"并给出了一个判断机器是否具有智能的方法，称为图灵测试，如图 2.8 所示。测试过程为：由一位提问者在一个房间里通过计算机终端与另外两个回答者 A 和 B 通信，提问者知道其中一位回答者是人，另一位回答者是机器，但不知道哪个是人，哪个是机器。在分别与 A 和 B 交谈后（交谈的内容可以涉及数学、科学、政治、体育、娱乐、艺术、情绪等任何方面），提问者要判断出哪个回答者是机器。如果机器在一场会话中成功地扮演人的角色，就可以认为它具有智能。

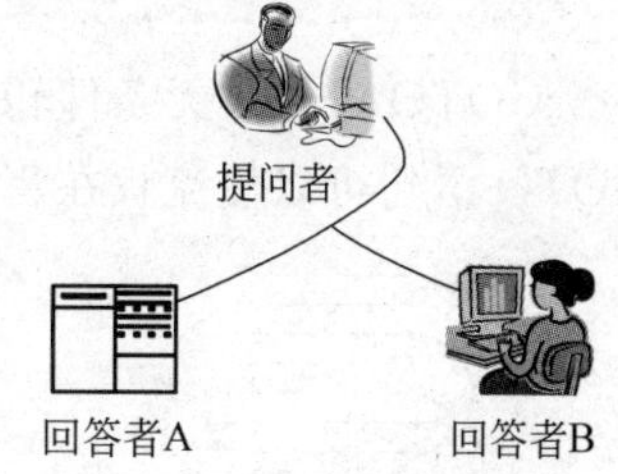

图 2.8　图灵测试示意图

图灵测试引发了很多争论,以后的学者在讨论机器思维时大多要谈到这个测试。图灵测试不要求接受测试的思维机器在内部构造上与人脑相同,而只是从功能的角度来判定机器是否具有思维,也就是从行为角度对机器思维进行定义。

2.3.3 计算的正确性问题

计算的正确性是任何计算工作都不能回避的问题,特别是使用自动计算机器进行的各种计算。一个问题在给出了能行的操作序列并解决了其效率问题之后,必须确保计算的正确性,否则,计算是无意义的。围绕这一基本问题,计算机学科发展了一些相关的分支学科与研究方向,例如,算法理论、程序设计方法、形式语义学、计算语言学、容错理论与技术、电路测试技术、程序测试技术、软件工程、网络协议等都是围绕这一基本问题展开的,其核心是计算的正确性。

1. GOTO语句问题与程序设计方法

在计算机诞生的初期,计算机主要用于科学计算,程序的规模一般都比较小,程序设计只能算是一种手工式的设计技巧。20世纪60年代,计算机软硬件技术得到了迅速发展,其应用领域也急剧扩大,这给传统的手工式程序设计带来了挑战。

1968年,计算机科学家迪杰斯特拉在给《ACM通讯》的一封信中,首次提出了“GOTO语句是有害的”,该问题在《ACM通讯》上发表后,引发了激烈的争论,不少著名的学者参与了讨论。

迪杰斯特拉(Edsger Dijkstra,1930—2002)出生在荷兰鹿特丹,父亲是一名化学家,母亲是一位数学家。迪杰斯特拉是1972年图灵奖获得者,因最早指出“GOTO语句是有害的”以及首创结构化程序设计而闻名于世。事实上,他对计算机科学的贡献并不仅限于程序设计技术,在算法理论、编译系统、操作系统等诸多方面,迪杰斯特拉都有许多创造。1983年,ACM为纪念创刊25年,评选出从1958年至1982年在该杂志上发表的25篇有里程碑意义的论文,迪杰斯特拉一人就有两篇入选。

GOTO语句是无条件转移语句,其作用是将程序的流程转到某个指定的位置。使用GOTO语句可以使流程在程序中随意跳转,表面上看比较灵活,但如果一个程序中有较多的GOTO语句,会使程序逻辑混乱,增加程序出错的概率。通常将含有较多GOTO语句的程序称为**面条程序**,如图2.9所示。

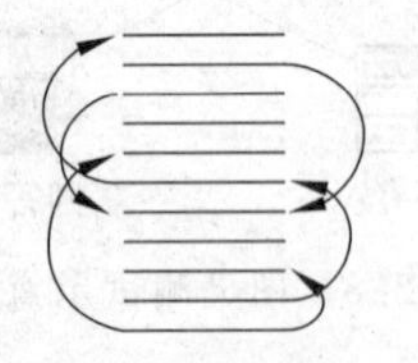

图2.9 面条程序示例

经过6年的争论,1974年,著名计算机科学家克努斯在论文《带有GOTO语句的结构化程序设计》中对这场争论做了较全面而公正的论述:滥用GOTO语句是有害的,完全禁止也是不明智的。在不破坏程序良好结构的前提下,有限制地使用GOTO语句,有可能使程序更清晰、效率更高。

克努斯(Donald Knuth,1938 年生)1963 年担任加利福尼亚理工学院的教师,1968 年担任斯坦福大学教授,1992 年为集中精力写作而荣誉退休,保留教授头衔。由于在算法分析和程序设计方面的突出贡献,以及设计和完成 TEX(一种具有很高排版质量的文档制作工具)而获得 1974 年图灵奖。他的《计算机程序设计艺术》被誉为算法领域中的经典著作,被译为中、俄、日、德等多种文字在世界各国广为流传,是计算机科学与技术领域中 40 多年来畅销不衰的著作之一。

关于 GOTO 语句问题的争论直接导致了一个新的学科分支领域——程序设计方法学的产生,它是一个对程序的性质及其设计的理论和方法进行研究的学科。

2. 两军问题与网络协议

两军问题的描述如下:一支白军被围困在一个山谷中,山谷的两侧是蓝军,如图 2.10 所示。困在山谷中的白军人数多于山谷两侧的任一支蓝军,而少于两支蓝军的人数之和。若一支蓝军对白军单独发起进攻,则必败无疑;但若两支蓝军同时发起进攻,则蓝军可取胜。两支蓝军希望同时发起进攻,这样他们就需要传递消息,以确定发起进攻的具体时间。假设他们只能派遣士兵穿越白军所在山谷来传递信息,那么在穿越山谷时,士兵就有可能被俘,从而造成信息的丢失。现在的问题是:如何进行通信,才能使得蓝军获胜?

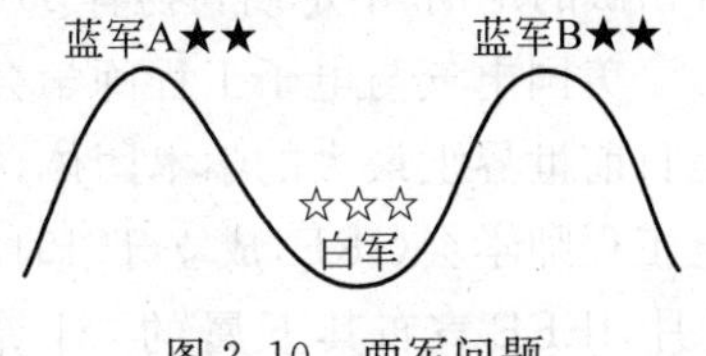

图 2.10 两军问题

假设蓝军 A 的指挥官发出消息:“我建议在明天拂晓发起进攻,请确认”,如果消息到达了蓝军 B,其指挥官也同意这个建议,并且他的回信也安全送到了,那么能否进攻呢?不能!这是一个两步握手协议,因为蓝军 B 的指挥官无法知道他的回信是否安全送到,所以,他不能发起进攻。如果将两步握手协议改为三步握手协议,这样,蓝军 A 的指挥官必须确认对该建议的应答信息,假如信息没有丢失,蓝军 A 的指挥官收到确认消息,则他必须将收到的确认消息告诉对方,从而完成三步握手协议。然而,这样他也无法知道消息是否被对方收到,因此,他不能发起进攻。那么,采用四步握手协议呢?结果仍是于事无补,因此,结论是:不存在使蓝军必胜的通信约定(即协议)。下面用反证法证明。

假设存在某种协议,那么,协议中的最后一条要么是必要的,要么不是。如果不是,则可以删除它,直到剩下的每条信息都是必要的。若最后一条信息没有安全到达目的地,那会怎样呢?因为每条信息都是必要的,因此,若丢失了一条信息,则进攻不会如期进行。由于最后发出信息的指挥官永远无法确定该信息是否安全送达,所以,他不会冒险发起进攻。同样,另一支蓝军也明白这个道理,所以他也不会冒险发起进攻。

两军问题阐述了网络传输层中“释放连接”问题的要点,而在实际应用中,当两台通过网络互连的计算机释放连接(对应两军问题的发起进攻)时,通常一方收到对方确认的应答信息后不再回复就释放连接,也就是使用三步握手协议。这样处理,协议并非完全没有问题,释放连接后可能有数据丢失,但通常情况下已经足够了,这也是网络不安全的因素之一。

思考题

1. 在证比求易故事中假设求婚的人不是国王而是普通老百姓，怎么办呢？

2. 将两军问题一般化，即参与网络协议的是 N 个实体，所用信道是不安全的，可能被任意实体截获，如何设计满足安全要求的网络协议？

阅读材料——著名计算机组织

国际上最著名的两个计算机组织——ACM和IEEE-CS

美国计算机学会(Association for Computing Machinery，ACM)创立于1947年9月，是世界上最早的和最大的计算机教育和科研学会。ACM下设几十个专业委员会(Special Interest Group，SIG)，几乎每个SIG都有自己的杂志。据不完全统计，由ACM出版社出版的定期、不定期刊物有40多种，覆盖了计算机科学与技术的几乎所有领域。

美国电气与电子工程师学会(Institute of Electrical and Electronic Engineers，IEEE)是目前世界上最大的学术团体，它由美国电气工程师学会(AIEE，成立于1884年)和无线电工程师学会(IRE，成立于1912年)于1963年合并而成，总部设在美国纽约。1971年1月，IEEE宣布其下属的"计算机学会"(Computer Society)成立，这就是IEEE-CS。IEEE-CS设有若干个专业技术委员会、标准化委员会以及教育和专业技能开发委员会。专业技术委员会负责组织专业学术会议和研讨会；标准化委员会负责制定技术标准；教育和专业技能开发委员会负责制定计算机科学与技术专业的教学大纲、课程设置方案以及继续教育发展，并向各高等学校推荐。

我国最著名的计算机组织——中国计算机学会CCF

中国计算机学会(China Computer Federation，CCF)成立于1962年，前身为中国电子学会计算机专业委员会。1985年，从二级学会升为全国性一级学会，是国内计算机科学与技术领域群众性学术团体。学会的宗旨是团结和组织计算机科技界、应用界、产业界的专业人士，促进计算机科学技术的繁荣和发展，促进学术成果、新技术的交流、普及和应用，促进科技成果向现实生产力的转化，促进产业的发展，发现、培养和培植年轻的科技人才。《计算机学报》、《软件学报》、《计算机研究与发展》、《计算机科学》、《计算机工程与应用》、《小型微型计算机系统》等近20多种刊物都是计算机学会的会刊。学会网址是http://www.ccf.org.cn。

习 题 2

一、选择题

1. 计算指的是(　　)。

   A. 数的加减乘除、平方、开方等

   B. 函数的微分、积分等

   C. 方程的求解、定理的证明等

D. 将一个符号串 f 变换成另一个符号串 g

2. 图灵机计算模型的主要贡献是(　　)。

A. 研究了计算的本质　　B. 描述了计算的过程

C. 给出了可计算问题的定义　　D. 以上都是

3. 任何一个学科持续发展的主要动力是(　　)。

A. 优秀人物不断涌现　　B. 科学问题的提出和解决

C. 先进的工具和方法　　D. 当时的历史条件

4. 首次提出“GOTO 语句是有害的”是(　　)。

A. 克努斯　　B. 阿德勒曼　　C. 迪杰斯特拉　　D. 费根鲍姆

5. 以下(　　)不属于计算机学科的基本形态。

A. 理论　　B. 抽象　　C. 实验　　D. 设计

6. NP 问题是可以在(　　)的问题。

A. 在多项式时间内求解　　B. 在多项式时间内验证

C. 在有限时间内求解　　D. 在有限时间内验证

二、简答题

1. 在图灵机中,设 B 表示空格,q_0 表示图灵机的初始状态,q_F 表示图灵机的结束状态。如果工作带上的信息为 B10100010B,读写头对准最右边第一个为 0 的单元,按照以下指令执行后,得到的结果是什么?

$(q_0\ \ 0\ \ 1\ \ L\ \ q_1)\ \ (q_0\ \ 1\ \ 0\ \ L\ \ q_2)\ \ (q_0\ \ B\ \ B\ \ H\ \ q_F)$

$(q_1\ \ 0\ \ 0\ \ L\ \ q_1)\ \ (q_1\ \ 1\ \ 1\ \ L\ \ q_1)\ \ (q_1\ \ B\ \ B\ \ H\ \ q_F)$

$(q_2\ \ 0\ \ 1\ \ L\ \ q_1)\ \ (q_2\ \ 1\ \ 0\ \ L\ \ q_2)\ \ (q_2\ \ B\ \ B\ \ H\ \ q_F)$

2. 图灵是如何定义计算的本质的?

3. GOTO 语句问题的提出直接导致了计算机学科哪一个分支领域的产生?

4. 如何界定一个问题是难解问题?难解问题和 NP 问题之间是什么关系?

5. 如果一个问题未能解决,但是如果它还能引出另外具有可解决性的科学问题,则原问题是不是科学问题?

三、讨论题

1. 从例 2.1 构造图灵机的过程,你注意到了什么?有哪些启发?如何理解图灵机的运行方式和原理?

2. 计算机学科的根本问题是:什么能被(有效地)自动计算,计算机学科所有分支领域的根本任务就是进行计算,你是如何理解计算机学科的根本问题?

3. 即使某人可以相当熟练地操作计算机,仍不能说他已相当了解计算机学科,“计算机应用技术≠应用计算机技术”。谈谈你对计算机应用技术的认识。

第3章 学习计算机学科

CHAPTER

随着计算机科学技术的快速发展以及计算机应用领域的不断扩展，计算机学科现已成为一个庞大的学科。本章讨论的主要问题是：

① 高等教育的多样化特征决定了计算机学科的教学计划由各高校自行制定，那么制定教学计划的依据是什么？

② 大学期间学生应该构建一个什么样的知识体系？如何构建这个知识体系？

③ 计算机学科的基本知识有哪些？计算机学科的基本能力有哪些？如何学习学科基本知识？如何培养学科基本能力？

【情景问题】 大学——人生的转折点

大学和中学有很多不同，进入大学之后，如果能够在学习方式和思想方法上实现顺利转型，适应大学的学习环境和生活环境，这对一个大学生来说，应该是一个良好的开端。

进入大学后，学生的自由增多了。大学的课余时间不会有家长的看管，大学真的很自由，包括时间、精力、学习和生活，长期"圈养"的学生一旦"放养"了就不知道该怎么办了，有些学生课余时间都在玩游戏、看电影、漫无目标地聊天，甚至经常逃课去玩。当认识到耽误了时光，感到后悔时，大学已经快结束了。

进入大学后，老师的监管减少了。大学的课堂不会就每个知识点反复讲解、重复练习，大学的老师不会每节课都留作业，不会三天一小考五天一大考，有些学生不知道该怎样要求自己，上课左耳听右耳出，课前不预习课后不复习，考试之前恶补一气，考完试就全忘记了。要知道知识的掌握是一个循序渐进的过程，只有扎扎实实学习，才能功底深厚，才能厚积薄发。

进入大学后，课程的内容复杂了，节奏变快了。大学不能只读一本教材，同一门课程不同的学校不同的教材可能有很大差别，而且一节课常常讲好几页教材，有些学生常常会理不清头绪，这就要求学生广泛阅读，尽快建立框架思维，学会从全局的角度思考问题，改变学习方法，加快学习进度。

进入大学后，能力比分数重要。高考是以分数论成败，大学是以能力论英雄，这就要求学生制定自己的人生规划，有目的地学习，在实践中学习。应该倡导理解而不是背诵科学技术知识，那种靠背诵科学知识通过标准化考试的学生，不能从能力上达到学科专业教学的基本要求。

大学只教会学生非常基本的知识，刚毕业的大学生不可能学到所有在工作中需要的知识，要想完成实际的工作任务，就必须不断地学习。而且计算机学科的从业者面临的最大挑战就是要紧跟飞速发展的计算机技术。所以，选择计算机学科就意味着今后将面临技术的不断变化，因而一定要树立终生学习的观念，学会对新事物产生兴趣，不断学习新技术，不断更新自己的知识。

3.1 计算机学科的知识体系和课程体系

3.1.1 计算机学科及其专业方向

计算机学科长期以来被认为代表了两个重要的领域，一个是计算机科学，另一个是计算机工程，二者曾经分别作为计算机软件领域和计算机硬件领域的代名词。随着计算技术的发展，IEEE/ACM 在 CC2001 中将计算机学科称为计算学科，并将计算学科分为 4 个领域（也称专业方向），分别是计算机科学、计算机工程、软件工程和信息系统。于 2004 年6 月公布的 CC2004 报告，在上述 4 个领域的基础上，增加了一个信息技术领域，并预留了未来的新发展领域，如图 3.1 所示。

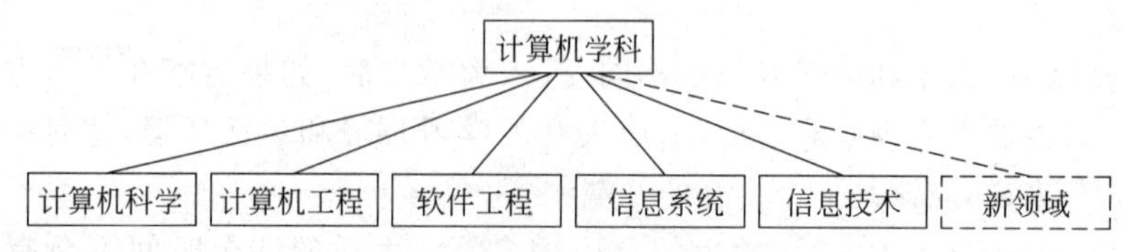

图 3.1 计算机学科及其专业方向

1. 计算机科学

计算机科学涉及的范围很广，从计算的理论、算法和实现，到机器人设计、计算机视觉、智能系统、生物信息以及其他新兴的有发展前途的领域。计算机科学专业方向培养的学生更关注计算的理论和算法，并能从事软件开发及其相关的理论研究。

2. 计算机工程

计算机工程是对现代计算机系统和由计算机控制的有关设备上的软件与硬件的设计、构造、实施和维护进行研究的专业方向。在计算机工程领域所从事的工作比较侧重于计算机系统的硬件，注重于新的计算机和外部设备的研发及网络工程等，嵌入式系统是目前关注的一个重点。

3. 软件工程

软件工程是以系统的、科学的、定量的途径，把工程应用于软件的开发和维护，同时，开展对上述过程中各种方法和途径的研究。软件工程专业方向培养的学生更关注以工程规范进行的大规模软件系统开发与维护，并尽可能避免软件系统潜在的风险。

4. 信息系统

信息系统在我国被划归在管理学学科。信息系统是计算机应用领域的工程实施和系统构建，信息系统专业方向培养的学生更关注信息资源的获取、部署、管理及使用，并能分析信息的需求和相关的商业过程，能详细描述并设计那些与目标相一致的系统。

5. 信息技术

信息技术侧重于在一定的组织及社会环境下，通过选择、创造、应用、集成和管理计算机技术来满足用户的需求。与信息系统相比，信息技术侧重“信息技术”的技术层面，而信息系统侧重“信息技术”的信息层面。信息技术专业方向培养的学生更关注应用系统的实际搭建，能根据不同组织和机构的需求，选择相应的信息技术，并能有效地实施。

3.1.2 计算机学科的知识体系

计算机学科现已成为一个庞大的学科，学校和教师在制定教学计划时希望有一份权威性的报告作为指导。为了做好计算机科学与技术学科本科生的教育工作，教育部计算机专业教学指导委员会（简称教指委）在参考国外相关研究成果的基础上，借鉴 IEEE/ACM 阐述一门学科知识体系的方法，将计算机学科各领域的知识体系划分为知识领域、知识单元和知识点三个层次。**知识领域**代表一个特定的学科子领域，知识领域被分割成**知识单元**，代表各个知识领域中的主题模块；知识单元分为核心和选修两种，核心知识单元是所有专业方向都应该学习的基础内容，并给出了参考学时；**知识点**位于整个体系结构的最底层，代表知识单元中单独的主题模块。例如，计算机科学共有 14 个知识领域，132 个知识单元，共计 560 个核心学时，如表 3.1 所示（选修的知识单元没有列出）。计算机学科其他专业方向的知识体系请参阅《高等学校计算机科学与技术专业规范》。

表 3.1　计算机科学专业方向的知识体系

知识领域	核心知识单元（560 核心学时）	简要说明
CS-DS 离散结构 （共 72 学时）	DS1 函数、关系与集合（12） DS2 基本逻辑（18） DS3 证明技术（24） DS4 计算基础（12） DS5 图和树（6）	离散结构是计算机科学的基础内容，由于计算机本身的结构和处理对象都是离散型的，为了更好地理解计算技术，学生需要有坚实的离散结构基础
CS-AR 计算机体系结构与组织 （共 82 学时）	AR1 数字逻辑和数字系统（16） AR2 数据的机器表示（6） AR3 汇编级机器组织（18） AR4 存储系统组织和结构（10） AR5 接口和通信（12） AR6 功能的组织（14） AR7 多处理和其他体系结构（6）	计算机在计算技术中处于核心地位，如果没有计算机，计算学科将只是理论数学的一个分支。学生应该对计算机的机器组织、存储结构、性能和特点以及相互作用有一定的理解，而不应该只将计算机看作一个执行程序的黑盒子

续表

知识领域	核心知识单元(560核心学时)	简要说明
CS-PF 程序设计基础 (共69学时)	PF1 程序设计基本结构(15) PF2 算法和问题求解(8) PF3 基本数据结构(30) PF4 递归(10) PF5 事件驱动的程序设计(6)	程序设计是计算学科的学生应具备的基本能力,学生应理解和掌握程序设计的基本概念和一般过程,对给定问题能够完成数据抽象(构建模型)和方法抽象(设计算法),而不是只掌握程序设计语言
CS-AL 算法与复杂性 (共54学时)	AL1 基本算法分析(6) AL2 算法策略(12) AL3 基本算法设计技术(24) AL4 分布式算法(4) AL5 可计算性基础(8)	算法的概念在计算机科学领域几乎无处不在,在各种计算机软件系统的实现中,算法设计往往处于核心地位,主要包括两个方面:(1)针对一个问题,如何设计一个有效的算法;(2)对已设计的算法,如何评价其优劣
CS-OS 操作系统 (共40学时)	OS1 操作系统概述(2) OS2 操作系统原理(4) OS3 并发(12) OS4 调度与分派(6) OS5 存储管理(10) OS6 设备管理(2) OS7 安全和保护(2) OS8 文件系统(2)	作为用户和计算机硬件之间的附加层,操作系统是最具技术含量的软件系统,而且操作系统的许多思想有相当广泛的应用。所以,学生不仅应该熟练使用操作系统,还应该深刻理解操作系统的工作原理以及解决问题的核心思想
CS-PL 程序设计语言 (共54学时)	PL1 程序设计语言概述(4) PL2 虚拟机(2) PL3 语言翻译简介(6) PL4 声明和类型(6) PL5 抽象机制(6) PL6 面向对象程序设计(30)	程序设计语言是程序员和计算机交流的主要工具,学生不仅要掌握至少一门程序设计语言,还要理解程序设计语言的翻译过程和基本原理,了解各种不同的程序设计范式
CS-NC 网络计算 (共48学时)	NC1 网络计算介绍(4) NC2 通信和组网(20) NC3 网络安全(8) NC4 客户-服务器计算举例:Web(8) NC5 构建Web应用(4) NC6 网络管理(4)	计算机和远程通信网络,特别是基于TCP/IP网络的发展,使得网络技术变得十分重要。学生应该理解计算机通信网络概念和协议、网络安全,以及在网络环境下的计算原理
CS-SE 软件工程 (共54学时)	SE1 软件设计(12) SE2 使用API(8) SE3 软件工具和环境(4) SE4 软件过程(4) SE5 软件需求与规格说明(8) SE6 软件验证(8) SE7 软件演化(5) SE8 软件项目管理(5)	软件工程使用工程化的方法、过程、技术和工具进行软件开发,学生应该掌握软件生命周期的概念,能够选择合适的开发方法,运用软件工程的原理指导软件开发过程
CS-HC 人机交互 (共12学时)	HC1 人机交互基础(8) HC2 创建简单的图形用户界面(4)	人机交互的程度直接影响着计算机系统的使用效果,要求学生使用以人为中心的方法来开发和评价软件系统

续表

知识领域	核心知识单元(560核心学时)	简要说明
CS-IM 信息管理 (共34学时)	IM1 信息模型与信息系统(4) IM2 数据库系统(4) IM3 数据建模(6) IM4 关系数据库(2) IM5 数据库查询语言(6) IM6 关系数据库设计(6) IM7 事务处理(6)	信息系统几乎在所有使用计算机的场合都发挥着作用。要求学生能够建立数据模型,对于给定的问题,能够选择和实现合适的信息管理解决方案
CS-GV 图形学与 可视化计算 (共8学时)	GV1 图形学的基本技术(6) GV2 图形系统(2)	计算机图形学研究怎样用计算机来生成图形,即图形的数学构造方法及其图形显示
CS-IS 智能系统 (共22学时)	IS1 智能系统的基本问题(2) IS2 搜索和约束满足(8) IS3 知识表示与推理(12)	人工智能关注的是自主系统的设计。智能系统依赖于一整套关于问题求解、搜索算法以及机器学习技术的知识表示机制和推理机制
CS-SP 社会与 职业问题 (共11学时)	SP1 计算技术史(1) SP2 计算的社会背景(2) SP3 分析方法和工具(2) SP4 职业和道德责任(1) SP5 基于计算机系统的风险与责任(1) SP6 知识产权(3) SP7 隐私与公民的自由(1)	学生应该知道计算机学科的历史、现在和未来,必须遵守相关的职业道德。将来的从业者必须认识到他们承担的责任和失败后可能产生的后果,认识到专业人员自身的局限性和工具的局限性,有能力提出关于社会对信息技术的影响问题
CS-CN 科学计算	无核心知识单元	从学科诞生之日起,科学计算的数值方法和技术就构成了计算机科学研究的一个主要领域,已相对成熟

注：以上知识单元不要求学生完全理解,但要对各知识单元达到认知,知道知识单元的名称和大概内涵。

3.1.3 计算机学科的课程体系

随着计算机学科的发展,各种计算机技术不断推陈出新,学科的知识体系日益庞大,大学四年的学时远不够覆盖整个学科的所有知识领域。计算机学科在发展中不断丰富,多个分支学科已经和正在形成,分支学科的不同,社会需求的多样,拥有条件的差异,决定了各高校应该根据社会需求、学校的培养目标和教学定位、师资特点和学生特点来确定具体的课程体系,并围绕课程体系开展有效的教育教学活动。

在对计算机科学知识体系和CS2001核心课程进行研究的基础上,结合我国的实际情况,计算机专业规范研究小组确定我国计算机科学专业方向的15门核心课程如表3.2所示,为各高校在制定教学计划时提供参考。计算机学科其他专业方向的核心课程请参阅《高等学校计算机科学与技术专业规范》。

表 3.2 计算机科学专业方向的核心课程

序号	课程名称	学时(理论+实践)	涵盖的知识单元(非核心知识单元没有列出)
1	计算机导论	24+8	SP1,PL1,SE3,PL3,HC1,SE7,NC2
2	程序设计基础	48+16	PL1,PL6,PF1,PF2,PF5,AL2,AL3
3	离散结构	70+0	DS1,DS2,DS3,DS4,DS5
4	算法与数据结构	48+16	AL1,AL2,AL3,AL4,AL5,PF2,PF3,PF4
5	计算机组成原理	48+16	AR2,AR3,AR4,AR5
6	计算机体系结构	32+8	AR5,AR6,AR7
7	操作系统	32+16	OS1,OS2,OS3,OS4,OS5,AL4
8	数据库系统原理	32+16	IM1,IM2,IM3,IM4,IM5,IM6
9	编译原理	40+16	PL1,PL2,PL3,PL4,PL5,PL6
10	软件工程	32+16	SE1,SE2,SE3,SE4,SE5,SE6,SE7,SE8
11	计算机图形学	24+8	HC1,HC2,GV1,GV2
12	计算机网络	32+16	NC1,NC2,NC3,NC4
13	人工智能	32+8	IS1,IS2,IS3
14	数字逻辑	32+16	AR1,AR2,AR3
15	社会与职业道德	24+8	SP1,SP2,SP3,SP4,SP5,SP6,SP7

思考题

1. 你查阅过所学专业的培养计划吗？你知道四年大学将要学习哪些课程吗？

2. 你所学专业的培养计划中，各课程之间有什么联系？哪些课程是紧密耦合的？

3. 从2009年起，教育部决定对全国计算机学科硕士研究生入学考试采取统考的形式。在计算机学科专业基础统考科目中，考查数据结构(45分)、计算机组成原理(45分)、操作系统(35分)、计算机网络(25分)共4门课程，满分为150分。为什么考研要考这4门专业课？

3.2 学科基本知识和基本能力

3.2.1 知识、能力和素质

1989年联合国教科文组织在北京召开《面向21世纪教育国际研究会》，会议提出了21世纪的高等教育应发给学生三本“教育护照”：一本是“学术护照”，一本是“职业护照”，一本是“创业护照”。这就要求21世纪的大学毕业生具有知识、能力和素质三维结构。

知识是人脑对客观事物的内部表征。在知识、能力和素质三维结构中，知识是基础、载体和表现形式。首先，一个具有较强能力和良好素质的人必须掌握丰富的知识；其次，能力和素质的培养必须(部分地)通过具体知识的传授来实施;再次,在许多情况下,能力和素质,尤其是专业能力和专业素质是通过专业知识表现出来的。

能力是人们成功地完成活动所必需的个性心理特征,是人们运用知识、通过训练而形成的智力活动方式和动作活动方式,是技能化的知识。能力虽然是一种个性心理特征,但其形成与活动密切相关,人们只有从事某种活动,才能形成相应的能力。

素质是知识和能力的升华,高素质可以使知识和能力更好地发挥作用,同时还可以促使知识和能力得到不断的扩展和增强。知识、能力和素质是相互联系、相互影响的,没有合理的知识体系支撑,就不可能有强能力和高素质,知识是能力和素质的基础,具备了较强的能力和较高的素质又可以更好更快地获取知识。知识、能力和素质协调发展,才能创造最大价值。

3.2.2　学科基本知识

基本概念、基本方法、基本技术等"三基"是理工科的重要内容,坚实宽广的基础是面向未来的关键,本科教育的基础性决定了"本科教育不能是产品教育",对于飞速发展的计算机学科来说,对教育中的基础性要求更为强烈。事实上,自 1991 年 ACM/IEEE 发布计算机学科的知识体系 CC1991 以来,学科有了很大的发展,但计算机学科知识体系中的核心课程、关键的核心知识单元并没有很大的变化,其主要原因是这些课程和知识单元包括了设计与构造计算机系统的基本原理、自动处理数据和信息的基本算法过程。除了这些基本内容外,改进的 CC2001 和 CC2004 还吸收了一些新技术,但是在重视专业基础的同时,考虑对新技术的覆盖。

著名计算机科学家 N. Wirth 在回答如何成长为像他那样的科学家时说,第一,要学好基础知识和基本理论;第二,一定要真正学懂。

《高等学校计算机科学与技术专业公共核心知识体系与课程》给出了计算机学科的公共核心知识体系,也就是该专业的学生应该具备的基本知识,每个专业方向在此基础上按照专业方向的教育再增加所需要的知识,就构成了完整的专业方向知识体系。公共核心知识体系包括 8 个知识领域,39 个知识单元,共 342 个核心学时,如表 3.3 所示。

表 3.3　计算机学科的公共核心知识体系

序　号	知 识 领 域	知识单元(核心学时)
1	DS 离散结构 (共 60 核心学时)	DS1 函数、关系与集合(12) DS2 基本逻辑(18) DS3 证明与技巧(24) DS5 图与树(6)
2	PF 程序设计基础 (共 67 核心学时)	PF1 程序基本结构(15) PF2 算法与问题求解(8) PF3 基本数据结构(30) PF4 递归(8) PF5 事件驱动程序设计(6)

续表

序　号	知识领域	知识单元(核心学时)
3	AL 算法 (共 28 核心学时)	AL3 基本算法设计技术(24) AL4 分布式算法(4)
4	AR 计算机体系结构与组织 (共 60 核心学时)	AR2 数据的机器表示(6) AR3 汇编级机器组织(18) AR4 存储系统组织和结构(10) AR5 接口和通信(12) AR6 功能组织(14)
5	OS 操作系统 (共 32 核心学时)	OS1 操作系统概述(2) OS2 操作系统原理(4) OS3 并发性(8) OS4 调度与分派(6) OS5 内存管理(6) OS6 设备管理(2) OS7 安全与保护(2) OS8 文件系统(2)
6	NC 网络及其计算 (共 48 核心学时)	NC1 网络及其计算介绍(4) NC2 通信与网络(20) NC3 网络安全(8) NC4 客户/服务器计算举例(8) NC5 构建 Web 应用(4) NC6 网络管理(4)
7	PL 程序设计语言 (共 13 核心学时)	PL1 程序设计语言概论(4) PL2 面向对象程序设计(9)
8	IM 信息管理 (共 34 核心学时)	IM1 信息模型与信息系统(4) IM2 数据库系统(4) IM3 数据建模(6) IM4 关系数据库(2) IM5 数据库查询语言(6) IM6 关系数据库设计(6) IM7 事务处理(6)

3.2.3 学科基本能力

从知识型教育转向以能力培养为中心的教育是高等教育需要尽快完成的转变，其中理论结合实践能力的培养是促进这一转化的重要途径。CC2005 给出了计算机学科的毕业生在算法、应用程序、程序设计、硬件与设备、人机界面、信息系统、IT 资源计划、网络与通信、集成开发系统、信息管理(数据库)、智能系统等 11 个方面的能力要求。更宏观地，计算机专业的基本学科能力可以归纳为计算思维能力、算法设计与分析能力、程序设计与实现能力和系统能力。

1. 计算思维能力

计算思维能力主要包括形式化、模型化描述、抽象思维与逻辑思维能力。冯·诺依曼计算机是按存储程序方式进行工作的，计算机的工作过程就是运行程序的过程。但是计算机不能分析问题并产生问题的解决方案，必须由人来分析问题，确定问题的解决方案，采用计算机能够理解的指令描述这个问题的求解步骤（即编写程序），然后让计算机执行程序最终获得问题的解。因此，问题求解建立在高度抽象的级别上，表现为采用形式化的方式描述问题，问题的求解过程是建立符号系统并对其实施变换的过程，并且变换过程是一个机械化、自动化的过程。在描述问题和求解问题的过程中，主要采用抽象思维和逻辑思维，如图3.2所示。

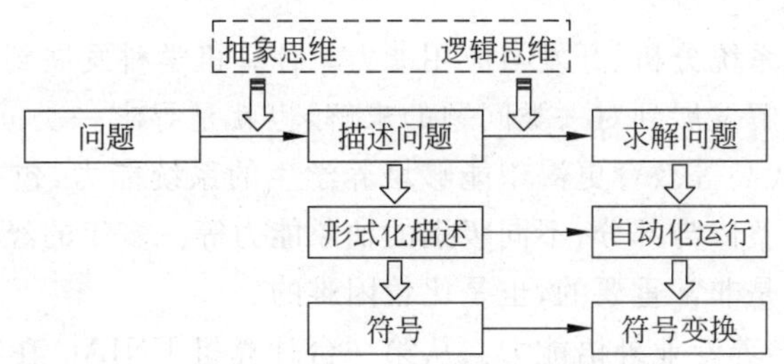

图3.2 计算机学科的符号化特征

计算机学科的人都有这样的体会，当第一次学习用一种高级程序设计语言编写第一个程序时，会感到非常困难，这种困难要比学习安装一个发动机大得多。究其原因，发动机的零件是看得见、摸得着的，发动机的运转、动力的传递是清晰的，其直观性给了人们获取感性认识的基础，这符合人类认识第一的基本要求；而计算机系统的运行却是看不见的，由于很难获得感性认识，所以理性认识就很难建立起来。问题的抽象和符号化是计算机专业的学生必须跨越的一关。

2. 算法设计与分析能力

算法的概念在计算机科学领域几乎无处不在，在各种计算机软件系统的实现中，算法设计往往处于核心地位。要想成为一名优秀的计算机专业人才，其关键之一就是建立算法的概念，具备算法设计与分析能力。对于计算机专业的学生，学会读懂算法、设计算法，应该是一项最基本的要求，而发明算法则是计算机学者的最高境界。

3. 程序设计与实现能力

程序设计是计算机学科核心课程的一部分，程序设计能力是计算机专业学生必备的基本能力，也是衡量计算机专业学生是否合格的基本标准。本科毕业后很可能是从程序设计人员开始做起，职业目标也许是工程师、项目经理、构架设计师、系统分析员，但是要能够胜任这些工作，必须具有深厚的程序设计功底，否则在与其他人员进行专业交流时就会显得力不从心。

正如武术中真正的功夫并不在武术中一样，一味地在高级程序语言课程中钻研，试图提高程序设计的技术水平是不现实的。程序设计能力的提高必须有赖于对重要基础课程和其他课程知识的学习和掌握。有些课程属于程序设计技术和技巧方面的训练，相当于武术中的“练武”科目，例如，有关程序设计语言和设计方法的课程；有些课程属于理论修养方面的训练课程,类似于武术中的“练功”科目,例如,计算机原理、数据结构、操作系统,编译原理等课程。如同武术修炼一样,“练武不练功,到头一场空”,修炼程序设计技能与学习武术是一个道理。

> 学习编程的境界:会写程序→会高效地写程序→会写高效的程序→会设计算法→会设计有用的算法。

4. 系统能力

系统能力主要指系统分析、开发与应用能力。计算机学科发展到今天,早已从对一些单一的具体问题的求解发展到对一类问题的求解,也就是寻求一类问题的系统求解。正是由于这个原因,现代高等教育更渴望能够培养学生的系统能力,包括系统的眼光、系统的观念、系统的结构、整体与部分、不同级别的抽象能力等。多年的经验表明,教育学生以系统的观点去看问题是非常重要的,也是比较困难的。

此外,还要注重培养专业外语能力。从第一台计算机 ENIAC 在美国诞生,从第一台商用计算机 IBM701 始于 IBM,从第一台 PC 计算机破茧于 Intel……无论从硬件还是软件来看,计算机都产生于英语国家,软件开发中的技术文档和资料大多来自英文,计算机科学的前沿知识也多是英文论著。所以,要想在 IT 行业做好,必须将英语学好。

> 在 IT 行业,是离不开英语的,也逃不掉。有这样一个故事:一位计算机技术非常高超的大学毕业生在找工作时说:“我英语不好,所以我选择去了联想,因为我去不了微软,也去不了 IBM。”过了几年,联想并购了 IBM 的 PC 事业部,现在他又不得不拼命地学英语了。

思考题

1. 华罗庚教授说过:“学数学如果不做习题,就等于入宝山而空返”。学习与数学学科具有类似特点的计算机学科也是如此。上大学后,在没有人督促的情况下,你是否将做一定数量和质量的习题作为学好每一门课程的自觉行动?

2. 你觉得计算机学科抽象吗?对于抽象知识和技术的学习,你有什么好方法?

阅读材料——大学应该怎样听课和记笔记

大一新生要经历从中学到大学的一段学习适应期,在这个适应期内,要面对教学模式和学习模式的转变,因此,能否顺利、快速、卓有成效地渡过这个适应期,对于四年大学生活和知识积累具有非常重要的意义。

一、关于听课

从学习专业知识的角度看,课堂教学(包括理论课和相应的实验课等实践环节)是教学活动的最基本要素,对于理论课教学目前仍然是以老师的课堂讲授为主,因此,学会听课就显得尤为重要。

1. 培养学习兴趣

子曰："知之者不如好之者，好之者不如乐之者。"知之者是被动接受，好之者是主动追求，乐之者则达到痴迷执著的状态。可见，学习的最佳状态是发自内心的渴求知识、热爱学习。

有些学生抱怨：从小学到高中，因长期学习负担过重，致使对学习产生厌倦情绪，丧失了学习的兴趣和求知的欲望。如果说在上大学以前是被迫接受教育，学习是不得已而为之的事，学什么是自己决定不了的事，那么，上大学以后就是主动寻求教育，学习是乐此不疲的事，因为学什么是自己决定的，即从"要我学"转变到"我要学"。因此，大一新生要热衷于自己选择的专业，努力挖掘自己在专业领域的兴趣点，这是乐于学习的首要前提。

有些学生抱怨：学的知识没有用，应该学以致用。如果认为自己学的知识没有用，那么学什么知识有用呢？如果回答不了这个问题，就要问自己学没学好？不管学什么专业，只要学成一流水准，就不怕没有用。因此，大一新生要防止浮躁心态，要坐得住板凳，要静下心来学习。

2. 学会听课，学会学习

中学是以"教"为中心的教学模式，是 learn，而大学是以"学"为中心的教学模式，是 study。大学教学是以教师为主导，以学生为主体的教学活动，要求学生主动去学习、发现和探索问题。与中学相比，大学课堂的信息量大，教师通常不会在一个知识点上反复强调，重复练习，而且教师讲授比较抽象概括，在听课过程中要注意教师叙述问题的逻辑性，注意教师是怎样提出问题的，解决这个问题预期达到什么结果，以及分析问题的步骤和方法，得出什么结论等。注意这些环节，就能够跟上教师的讲授思路，通过知识的学习过程培养自己的学习习惯和思维方式。

高校的教学计划是由多门课程组成的，一门课程通常在一个学期内结束，这就要求学生不断系统地梳理课程之间的关系。随着课程的进行，努力构建专业知识框架，否则就"只见树木不见森林"了。

在当今知识爆炸时代，必须树立终身学习的理念，学会学习多半是在大学期间养成的习惯。大学的教育不是提供一个解决问题的方案，而是提供一种能够应用所学知识来解决问题的能力，这在教科书中是找不到答案的。所以，在具体学习的时候注重自己综合思维能力的培养，注意掌握解决问题的方法，培养今后获取新知识、自我构建知识的能力和良好的判断力。

3. 善于思考，勇于提问

在大力提倡创新教育的今天，学生不能满足于跟着教师的思路走，跟着课本走，漠视自身发展的要求，掌握死记硬背的知识。必须敢于思考、善于思考，在学习过程中注重自己的思维过程，而不是被动地接受前人的思维结果。

一般来讲，在课堂上全部理解教师所讲授的内容是不可能的，当你有问题的时候不能回避，而要大胆地向教师提问。现在提倡教授、名师走进本科课堂，学生应该主动和他们接触，了解本学科发展的前沿理论和成果，体会他们的师德风范。所谓"教学相长"，教师都非常希望学生踊跃提出问题，乐于向学生传授课本以外的知识。

二、关于记笔记

在课堂教学中经常看到，很多学生不记笔记，除了一部分学生懒得记笔记之外，还有一个原因就是学生不知道为什么要记笔记，该如何记笔记。

1. 为什么要记笔记

课堂上不记笔记，教师讲过的许多内容不可能全部记在脑子里，即使当时理解了、记住了，课后随着知识容量的加大也会遗忘。课堂上边听课边记笔记可以促进自己思考，也能使自己更集中精力听课，有助于加强记忆课堂上讲过的基本内容，也为课后复习和进一步钻研准备参考资料。

善于记笔记是会学习的一种表现。有些学生认为：教师讲授的大部分内容都在教材上，没有必要记笔记，实在应该记下来的就写在教材上相应的位置，这种想法是非常错误的。笔记并不是教材的一个缩写版，记笔记有助于梳理对教材的理解，有助于形成自己的学习风格，有助于脱离教材而超越教材，这样才能达到大学学习的目的。

2. 怎样记笔记

这里强调"记笔记"而不是"抄笔记"。记笔记是和听课同时进行的。记笔记要用自己的话来记，这就要求在听讲的同时也要进行思考，而不要使自己成为记录员。至于记哪些内容，这要看课程的性质、教材以及参考资料的情况而定。当然不能将教师的每句话都记下来，弄得忙乱不堪。应该记下教师所讲的重点、难点和疑点以及解决问题的方法和步骤等。如果可能，最好记下教师为解决问题而启发引导的思路及解释，因为这包含着教师备课的心得，包含着方法。

现在课堂教学常常采用多媒体授课，与板书授课相比，课堂信息量更大，授课速度更快，大多数学生没有时间记笔记。利用多媒体授课的教师在上课之前通常都会提供课件，学生可以把课件整理并打印出来，在上课时将笔记记在相应位置上，但是这样的笔记最好在课后再重新整理一遍。

3. 怎样利用笔记

听课得来的知识，如果不经过自己的咀嚼和消化，是不可能深刻理解的，更不可能灵活运用，所以，复习是将初步获得的知识加以消化，并把它和以前所学的知识联系起来，真正消化成自己的东西，即从了解新知识到掌握新知识的飞跃。

课后复习要结合笔记。先看一遍笔记，回忆教师的授课过程，然后抓住一条主线，考虑这节课提出了哪些主要问题？这些问题是如何提出的？教师是如何分析这些问题的？有什么结论？这个问题是否还有其他解决方法？应该参阅哪些资料？最后再研读教材和资料。这种方法的优点是使自己始终进行积极的思维活动，也体现了大学研究性学习的特点。

习 题 3

一、选择题

1. 以下(　　)是CC2004报告新增加的专业方向。

A. 软件工程　　B. 网络工程　　C. 信息管理　　D. 信息技术

2. 计算思维能力是指(　　)。

A. 形式化描述　B. 逻辑思维　C. 抽象思维　D. 以上都是

3. 以下(　　)不属于学科基本能力。

A. 程序设计能力　B. 算法设计能力　C. 团队合作能力　D. 系统能力

二、简答题

1. 对于工科院校的大学生应该如何看待专业基础课?

2. IEEE/ACM 采用什么方法来描述计算机学科的知识体系?

3. 计算机学科的公共核心知识有哪些?

4. 你喜欢使用英文版的软件吗?你喜欢访问英文的技术论坛吗?

三、讨论题

1. 作为一名计算机专业的学生,程序设计是大学学习的重要内容之一,也是不能回避的难题之一。程序设计的内容很多,语言的更新也很快,如何才能更好地掌握程序设计?如何看待程序设计语言?

2. 在学习计算机专业课程时,你更重视理论环节还是实践环节?如何才能做到理论和实践相结合?

3. 身处信息时代,作为计算机专业的学生,你有什么想法?你觉得应该如何安排大学的学习生涯呢?

4. 如何理解计算机学科的符号化特征?计算机学科的符号化特征对你的学习方法和思维过程有什么指导意义?

第 2 部分　硬　件　层

硬件是计算机的物质基础，软件的运行最终都被转换为对硬件设备的操作，硬件系统的发展给软件系统提供了良好的开发环境。硬件层在计算机系统的位置如下图所示。

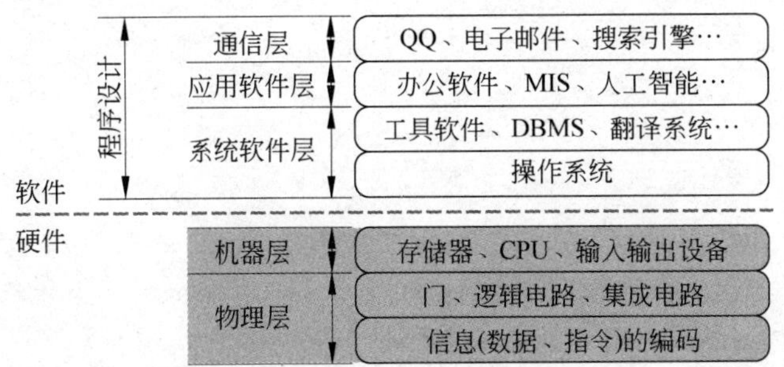

第 4 章介绍数理逻辑基础，数理逻辑是进行逻辑电路设计的数学基础；介绍二进制以及数据和指令在计算机中的表示方法，使读者理解计算机内部的二进制数字世界；介绍基本的门和电路，分析组合电路、时序电路和集成电路的构成原理。以上内容构成了计算机的运算基础。

第 5 章介绍存储器、处理器、输入设备和输出设备等基本的计算机部件；介绍存储器的层次结构以及内存的基本概念，冯·诺依曼计算机的核心是存储程序，要理解计算机技术，必须深刻理解内存；从指令执行周期的角度讨论处理器的基本组成和工作过程。

第4章 计算机的运算基础

CHAPTER

在计算机中，一般使用电子器件的两种状态来表示信息，如高电平和低电平、通路和断路，因此，计算机内部是一个二进制数字世界。本章讨论的主要问题是：

① 计算机使用二进制的理论基础是数理逻辑，什么是数理逻辑？

② 计算机内部使用二进制，在日常生活中人们习惯使用十进制，二进制数如何与十进制数进行转换？

③ 任何数据必须以二进制形式存储在计算机中，各种类型的数据如何表示成二进制形式？指令如何表示成二进制形式？

④ 计算机之所以具有逻辑处理能力，是由于计算机内部具有能够实现各种逻辑功能的逻辑电路，逻辑电路的基本原理是什么？逻辑电路是如何工作的？

【情景问题】 模拟数据和数字数据

真实世界的信息大多是连续的、无限的，如天气的变化、移动的距离、色彩的渐变、声音的波，等等，**用连续形式表示的信息称为模拟信息**。模拟是 analog 的翻译，它不属于中国人的思维模式，以后我们还可能遇到很多这样的概念和术语，你不能用中国文化中的内涵去理解，就像外国人很难理解什么是道，什么是太极一样。

计算机内部是一个二进制数字世界，而且计算机内存是有限的，计算机的硬件设备能处理的信息也是有限的。数据处理首先要解决的问题是如何用有限的计算机表示无限的真实世界。解决方法是数字化，将连续的信息分割成独立的片断，然后单独表示每一个片断。换言之，把一个连续的实体分割成若干个离散的元素，然后用二进制数字单独表示每个离散元素。**用离散形式表示的数字化信息称为数字信息**。

用有限的计算机精确地表示无限的真实世界几乎是不可能的，只能将目标定位在满足实际的计算需要，满足人类的视觉及听觉等感知官能。例如，水银温度计是一种模拟设备，水银柱按温度的正比例以连续方式在管子中变化。我们校准这个管子，给它标上刻度，就能够读出当前的温度。例如，实际温度是26.8℃，水银柱的确指在相应的位置，如图4.1所示。但即使我们的标记再详细，也会有细微的误差，能够达到使用的精度需求就足够了。

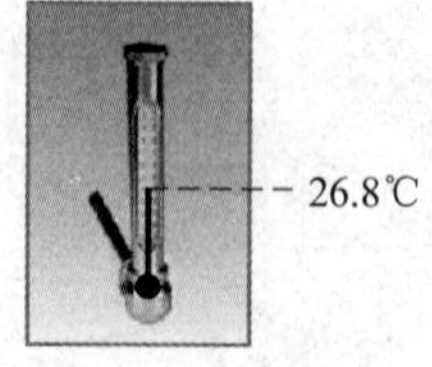

图4.1　温度的表示

4.1　数理逻辑基础

4.1.1　数理逻辑的起源和发展

逻辑（logic）一词源于希腊文logoc，有“思维”和“表达思考的言辞”之意。一直以来，人们希望使用数学方法来研究思维，具体地说，使用一种符号语言来代替自然语言对思维过程进行描述，把人类的思维过程转换为数学的计算。

最早提出用数学方法来描述和处理思维的是德国数学家莱布尼茨，但直到1847年英国数学家乔治·布尔（George Boole）发表著作《逻辑的数学分析》后才有所发展。1879年德国数学家弗雷格（G. Frege）在《概念语言——一种按算术的公式语言构成的纯思维公式语言》一书中建立了第一个比较严格的逻辑演算系统，英国逻辑学家怀特海（A. N. Witehead）和罗素（B. Russell）合著的《数学原理》一书，对当时数理逻辑的成果进行了总结，使得数理逻辑形成了专门的学科。

英国数学家乔治·布尔（George Boole）16岁就开始任教以维持生活，20岁时对数学产生了浓厚的兴趣，开始广泛涉猎著名数学家牛顿、拉普拉斯、拉格朗日等人的数学名著，并写下了大量笔记。1847年，他发表了著作*The Mathematical Analysis of Logic*，这本书阐述了逻辑学公理，建立了逻辑代数，因此，逻辑代数也称为布尔代数。逻辑代数是建立在两个逻辑值0、1和三个逻辑运算与、或、非的基础上，这种简化的二值逻辑为计算机的二进制数、开关逻辑元件和逻辑电路的设计铺平了道路，并最终为计算机的发明奠定了数学基础。

数理逻辑是用数学的方法来研究推理规律的科学，它采用符号的方法来描述和处理思维形式、思维过程和思维规律，即把逻辑思维所涉及的概念、判断、推理用符号来表示，用公理化体系来刻画，并基于符号串形式的演算来描述推理过程的一般规律，从而实现人类思维过程的演算化、机械化，最终计算机化（即在计算机上实现）。1930年以前，数理逻辑的发展主要是针对纯数学的需要，其后，数理逻辑开始应用于所有开关线路的理论中，并在计算机科学等方面获得应用，成为计算机科学的基础理论之一。

数理逻辑的主要分支有公理化集合论、证明论、递归函数论、模型论等。逻辑代数是数理逻辑的基础部分，而逻辑代数源自于对命题逻辑的研究。

4.1.2　命题代数与逻辑代数

所谓**命题是一个有具体意义且能够判断真假的陈述句**。判断是对事物表示肯定或否定的一种思维形式，所以表达判断的命题总是具有“真”(true，T)或“假”(false，F)两种取值，**命题所具有的值称为命题的真值**。

命题分为**原子命题**和**复合命题**两种类型。原子命题是不能分解为更为简单的陈述句的命题，而复合命题则是将原子命题用连接词复合而成的命题。

例 4.1　以下是几个命题实例：

(1) 长春是吉林省的省会城市。

(2) 3 乘以 8 等于 16。

(3) 姚大龙既擅长书法又擅长绘画。

其中，第一个命题是原子命题，该命题为真，即它的真值为 T；第二个命题也是原子命题，该命题为假，即它的真值为 F；第三个命题是复合命题，其真值需要根据实际情况确定。

命题代数和普通代数一样，用字母 A、B、C、… 表示变量，称为**命题变量**(或**命题变元**)，但是命题变元的取值只有两种：T 或 F。**连接词**相当于普通代数中的运算符，在命题代数中最基本的连接词是与、或、非等。

两个命题 A 和 B 的与(又称 A 和 B 的合取)记为 $A \wedge B$，表示当且仅当 A 和 B 同时为真时 $A \wedge B$ 为真，其他情况下 $A \wedge B$ 为假，其真值表如图 4.2(a)所示。

A	B	$A \wedge B$
T	T	T
T	F	F
F	T	F
F	F	F

(a) 与运算的真值表

A：姚大龙擅长书法。
B：姚大龙擅长绘画。
$A \wedge B$：姚大龙既擅长书法又擅长绘画。
只有当命题 A 和 B 均为真时 $A \wedge B$ 才为真。

(b) 与运算的一个实例

图 4.2　与运算

两个命题 A 和 B 的或(又称 A 和 B 的析取)记为 $A \vee B$，表示当且仅当 A 和 B 同时为假时 $A \vee B$ 为假，其他情况下 $A \vee B$ 为真，其真值表如图 4.3(a)所示。

A	B	$A \vee B$
T	T	T
T	F	T
F	T	T
F	F	F

(a) 或运算的真值表

A：姚大龙擅长书法。
B：姚大龙擅长绘画。
$A \vee B$：姚大龙擅长书法或绘画。
只有当命题 A 和 B 均为假时 $A \vee B$ 才为假。

(b) 或运算的一个实例

图 4.3　或运算

命题 A 的非(又称 A 的否)记为 $\neg A$，表示当 A 为真时 $\neg A$ 为假，当 A 为假时 $\neg A$ 为真，其真值表如图 4.4(a)所示。

A	$\neg A$
T	F
F	T

(a) 非运算的真值表

A：姚大龙擅长书法。
$\neg A$：姚大龙不擅长书法。
当命题A为真时$\neg A$为假。

(b) 非运算的一个实例

图 4.4　非运算

例 4.2　将下列语句符号化，即表示为命题代数：

① 我和他既是同学又是兄弟。

② 我和他之间至少有一个去西部。

解：① 可表示为$A \wedge B$，其中A：我和他是同学，B：我和他是兄弟。

② 可表示为$A \vee B$，其中A：我去西部，B：他去西部。

可以将命题代数直接推广到逻辑代数。在逻辑代数中，逻辑变量的取值只有"真"和"假"，通常以1和0来表示；通常用符号"·"表示与运算（在不至于混淆的情况下，符号"·"也可以省略），用符号"+"表示或运算，用上划线"¯"表示非运算。逻辑运算的基本规则如表4.1所示。需要强调的是，参与逻辑运算的数值没有符号位。

表 4.1　逻辑运算的基本规则

与	或	与	或	非
0·0=0	0+0=0	1·0=0	1+0=1	非1=0
0·1=0	0+1=1	1·1=1	1+1=1	非0=1

香农(C. E. Shannon)1916年出生于美国密歇根州，1936年毕业于密歇根大学获得数学和电子工程学士学位，1940年获得麻省理工学院数学博士学位和电子工程硕士学位。1938年，香农将逻辑代数应用于开关电路，因此，逻辑代数也称为开关代数。香农在1948年发表的论文《通讯的数学原理》，1949年发表的论文《噪声下的通信》中，解决了过去许多悬而未决的问题，被尊称为"信息论之父"。

思考题

1. 为什么规定命题必须是一个陈述句？疑问句不可以做命题吗？

2. 生门和死门：一个哲学家被关在一个监狱里，监狱有两个门，一个通向自由（生门），一个通向死亡（死门），监狱里有两个看守，两个看守都知道哪个是生门哪个是死门，但是一个说真话一个说假话，哲学家只能说一句话，哲学家该如何活着出去？

4.2　二　进　制

逻辑代数只使用1（真）和0（假）两个数，这样，当二进制的加法、乘法等算术运算与逻辑代数的逻辑运算建立了对应关系后，就可以用逻辑部件来实现二进制数据的各种运算。

4.2.1 进位计数制

按进位(当某一位的值达到某个固定量时,就要向高位产生进位)的原则进行计数的方法称为**进位计数制**,简称**进制**。在日常生活中,人们使用最多的是十进制,此外,也使用许多非十进制的计数方法,例如,时间采用的是六十进制,即 60 秒为 1 分钟,60 分钟为 1 小时;月份采用的是十二进制,即 1 年有 12 个月,等等。

不同的进制以**基数**来区分,若以 r 代表基数,则

$r=10$ 为十进制,可使用 0, 1, 2, …, 9 共 10 个数码;

$r=2$ 为二进制,可使用 0, 1 共 2 个数码;

$r=8$ 为八进制,可使用 0, 1, 2, …, 7 共 8 个数码;

$r=16$ 为十六进制,可使用 0, 1, 2, …, 9, A, B, C, D, E, F 共 16 个数码。

r 进制数通常写作 $(a_n \cdots a_1 a_0 . a_{-1} \cdots a_{-m})_r$,其中 $a_i \in \{0, 1, \cdots, r-1\}(-m \leqslant i \leqslant n)$。例如,二进制数 1101 写作 $(1101)_2$,十进制数 689.12 写作 $(689.12)_{10}$。

进位计数制采用**位置记数法**(数码按顺序排列)表示数,处于不同位置上的数码代表不同的值。例如,在十进制中,数码 8 在个位上表示 8,在十位上表示 80,在百位上表示 800,而在小数点后 1 位表示 0.8,所以,每个位置都对应一个**位权值**。对于 r 进制数 $(a_n \cdots a_1 a_0 . a_{-1} \cdots a_{-m})_r$,小数点左面的位权值依次为 $r^0, r^1, \cdots, r^n$,小数点右面的位权值依次为 $r^{-1}, \cdots, r^{-m}$。每个位置上的数码所表示的数值等于该数码乘以该位置的位权值。例如,十进制数 198.63 可以表示成:$198.63=1\times10^2+9\times10^1+8\times10^0+6\times10^{-1}+3\times10^{-2}$。

进位计数制在执行算术运算时,遵守"逢 r 进 1,借 1 当 r"的规则。例如,十进制的规则为"逢 10 进 1,借 1 当 10",二进制的规则为"逢 2 进 1,借 1 当 2"。二进制的算术运算规则非常简单,如表 4.2 所示。

表 4.2 二进制的算术运算规则

加	减	乘	除
0+0=0	0−0=0	0×0=0	0÷0(没有意义)
0+1=1	0−1=1(向高位借 1)	0×1=0	0÷1=0
1+0=1	1−0=1	1×0=0	1÷0(没有意义)
1+1=0(向高位进 1)	1−1=0	1×1=1	1÷1=1

例 4.3 计算 1010+10 和 1010−100 的值。

解:

$$\begin{array}{r} 1010 \\ +\quad 10 \\ \hline 1100 \end{array} \qquad \begin{array}{r} 1010 \\ -\quad 100 \\ \hline 110 \end{array}$$

则:1010+10=1100,1010−100=110

例 4.4 计算 1010×101 和 10101÷100 的值。

解：

```
    1010              101
×    101       100)10101
--------           100
    1010           -----
   0000              101
  1010               100
--------           -----
  110010               1
```

则：1010×101＝110010，10101÷100＝101 余 1

> 二进制是德国数学家莱布尼茨在18世纪发明的，他的发明是受中国八卦的启迪。莱布尼茨曾写信给当时在康熙皇帝身边工作的法国传教士白晋，询问有关八卦的问题并仔细研究过八卦，莱布尼茨还把自己制造的一台手摇计算器送给康熙皇帝。

4.2.2 二进制数和十进制数之间的转换

由于人们习惯使用十进制，而计算机内部使用的是二进制，所以，计算机系统需要进行十进制数和二进制数之间的转换。

将二进制数转换为十进制数只需将二进制数按位权值展开然后求和，所得结果即为对应的十进制数。

例 4.5 将二进制数 1101.11 转换为十进制数。

解：$1101.11=1\times2^3+1\times2^2+0\times2^1+1\times2^0+1\times2^{-1}+1\times2^{-2}=13.75$

则：$(1101.11)_2=(13.75)_{10}$

将十进制数转换为二进制数需要将十进制数分解为整数部分和小数部分，分别进行转换，然后相加得到转换的最终结果。

将十进制整数转换为二进制整数的规则是：**除基取余，逆序排列**，即将十进制整数逐次除以二进制的基数2，直到商为0，然后将得到的余数逆序排列，先得到的余数为低位，后得到的余数为高位。

例 4.6 将十进制整数 46 转换为二进制整数。

解：

除数	商	余数
46	23	0
23	11	1
11	5	1
5	2	1
2	1	0
1	0	1

↑ 逆序排列

则：$(46)_{10}=(101110)_2$

十进制整数转换为 r 进制整数的数学原理　已知十进制整数 x，设 x 对应的 r 进制整数 $y=(a_n\cdots a_1a_0)_r$，则：

$$y=(a_n\cdots a_1a_0)_r=a_nr^n+\cdots+a_1r^1+a_0r^0=((\cdots(a_nr+a_{n-1})r+\cdots+a_2)r+a_1)r+a_0$$

将 y 除以 r，商为 $(\cdots(a_nr+a_{n-1})r+\cdots+a_2)r+a_1$，余数为 a_0；

所得商再除以 r，商为 $(\cdots(a_nr+a_{n-1})r+\cdots)r+a_2$，余数为 a_1；

依此类推，直至商为 0，余数为 a_n。

将十进制小数转换为二进制小数的规则是：**乘基取整，正序排列**，即将十进制小数逐次乘以二进制的基数 2，直到积的小数部分为 0，然后将得到的整数正序排列，先得到的整数为高位，后得到的整数为低位。

例 4.7　将十进制小数 0.375 转换为二进制小数。

解：

乘数	积	整数	
0.375	0.75	0	正序排列↓
0.75	1.5	1	
0.5	1.0	1	

则：$(0.325)_{10}=(0.011)_2$

并不是所有的十进制小数都可以精确地转换为二进制小数，如果乘基取整后的小数部分始终不为 0，则可以根据精度要求转换到一定的位数为止。

例 4.8　将十进制小数 0.325 转换为二进制小数。

解：

乘数	积	整数	
0.325	0.65	0	正序排列↓
0.65	1.3	1	
0.3	0.6	0	
0.6	1.2	1	
0.2	0.4	0	
0.4	0.8	0	
0.8	1.6	1	
0.6	1.2	1	

此后处于无限循环状态，假设精度为小数点后 8 位，则：

$$(0.325)_{10}=(0.01010011)_2$$

思考题

1. 将 3 个苹果均分成 7 份，应该如何切分才能使切的刀数最少？

2. 如果有 1000 个苹果，有 10 个箱子，现要把 1000 个苹果放在 10 个箱子里面，如何放才能使得以后不管要多少个苹果，都可以整箱付货？

3. 一个工人工作 7 天，老板有一根黄金，每天要给工人 1/7 的黄金作为工资，老板只能切这段黄金 2 刀，请问怎样切才能每天都给工人 1/7 的黄金？

4.3 数字化原理——信息的编码

计算机内部是一个二进制数字世界，所有信息必须进行二进制编码才能存储到计算机中，被计算机程序加工和处理。

4.3.1 整数的编码

在数学中，整数的长度是指该数所占的实际位数，例如，135的长度是3，5的长度是1，实际应用时有几位就写几位。在计算机中，整数的长度是指该数所占的二进制位数，而且同类型的数据长度一般是固定的，由机器的字长确定，不足部分用0补足。换言之，**计算机中同一类型的数据具有相同长度**，与数据的实际长度无关。假设某计算机系统中整数占两个字节（即16位二进制），则所有整数的长度都是16位，则$(68)_{10}=(1000100)_2=(00000000\ 01000100)_2$。在以下讨论中，为简单起见，不失一般性，假设用八位二进制表示一个整数。

整数有正数和负数之分，由于计算机中使用二进制0和1，因此，可以采用一位二进制数表示数值数据的符号，通常用“0”表示正号，用“1”表示负号，也就是对数值数据的符号进行编码。

补码是一种使用最广泛的整数表示方法，其编码规则为：**正数的补码其符号位为0，其余各位与数的绝对值相同，负数的补码其符号位为1，其余各位是数的绝对值取反，然后在最末位加1**。

例4.9 $X=+1000101\quad [X]_{补}=\mathbf{0}1000101$

$X=-1000101\quad [X]_{补}=\mathbf{1}0111011$

由于$[+0]_{补}=\mathbf{0}0000000$，$[-0]_{补}=[-0]_{反}+1=\mathbf{1}1111111+1=\mathbf{0}0000000$，因此，补码表示法的优点之一就是零的表示唯一。补码表示法的另一个优点是方便进行算术运算。首先，对于加法运算，符号位可以作为数值参与运算，最后仍可得到正确的结果符号，符号位无须单独处理；其次，减法运算可以转换为加法运算，从而使正负数的加减运算转换为单纯的加法运算，简化了运算规则和逻辑电路。

例4.10 计算68+12和68−12的值。

解：$68=+1000100\quad [68]_{补}=\mathbf{0}1000100$

$12=+0001100\quad [12]_{补}=\mathbf{0}0001100$

$-12=-0001100\quad [-12]_{补}=[-12]_{反}+1=\mathbf{1}1110011+1=\mathbf{1}1110100$

$$
\begin{array}{rrl}
 & \mathbf{0}1000100 & [68]_{补} \\
+ & \mathbf{0}0001100 & [12]_{补} \\
\hline
 & \mathbf{0}1010000 & [80]_{补}
\end{array}
\qquad
\begin{array}{rrl}
 & \mathbf{0}1000100 & [68]_{补} \\
+ & \mathbf{1}1110100 & [-12]_{补} \\
\hline
\boxed{1} & \mathbf{0}0111000 & [56]_{补}
\end{array}
$$

因为八位二进制表示一个整数，所以最高位的进位自然丢失，同时得到正确的结果。

补码的理论基础是模数的概念。从物理意义上讲，模数是某种计量器的容量。例如钟表的模数是 12，如果现在的准确时间是 6 点，而你的手表显示的是 8 点，怎样把表拨准呢？可以有两种方法：把时针往后拨 2 小时，或往前拨 10 小时。之所以这两种方法的效果是一样的，是因为 2 和 10 对模数 12 互为补数。模数系统有这样一个结论：一个数 A 减去另一个数 B，等价于数 A 加上 B 的负数，也等价于数 A 加上数 B 的补数。用 mod 表示取模运算，则 8－2＝8＋(－2)＝8＋(－2 mod 12)＝(8＋10) mod 12(注意：多于模数 12 的部分相当于进位丢掉了)。

例 4.11　计算 68＋61 的值。

解：68＝＋1000100　$[68]_补$＝**0**1000100

61＝＋0111101　$[61]_补$＝**0**0111101

```
    01000100   [68]补
+   00111101   [61]补
---------------------
    10000001   [-127]补
```

但是，68＋61＝129，这种错误称为**溢出**。产生溢出的原因是所要表示的值超过了系统能够表示的值的范围。例如，4 位二进制数表示的整数范围是 $-2^3 \sim 2^3-1$(注意有一位是符号位)，如表 4.3 所示，8 位二进制数表示的整数范围是 $-2^7 \sim 2^7-1$，依此类推。

表 4.3　4 位二进制表示的整数范围

位串	**0**111	**0**110	**0**101	**0**100	**0**011	**0**010	**0**001	**0**000	**1**111	**1**110	**1**101	**1**100	**1**011	**1**010	**1**001	**1**000
数值	7	6	5	4	3	2	1	0	－1	－2	－3	－4	－5	－6	－7	－8

注：二进制位串是对应数值的补码表示，左边第一位是符号位。

4.3.2　浮点数的编码

数值数据既有正数和负数之分，又有整数和小数之分，整数和小数统称为浮点数。一个浮点数 X 可以用如下方式(即科学计数法)表示：

$$X = M \times r^E \tag{4.1}$$

其中，r 表示基数，由于计算机采用二进制，因此，基数为 2。E 为 r 的幂，称为数 X 的**阶码**，其值确定了数 X 的小数点的位置。M 为数 X 的有效数字，称为数 X 的**尾数**，其位数反映了数据的精度。

从式(4.1)可以看出，尾数 M 中的小数点可以随 E 值的变化而左右浮动，所以，这种表示法称为**浮点表示法**。目前，大多数计算机都把尾数 M 规定为纯小数，把阶码 E 规定为整数。

一旦计算机定义好了基数就不能再改变了，因此，浮点表示法无须表示基数，是隐含的。这样，计算机中浮点数的表示由阶码和尾数两部分组成，如图 4.5 所示，其中阶码和尾数可以采用补码表示。

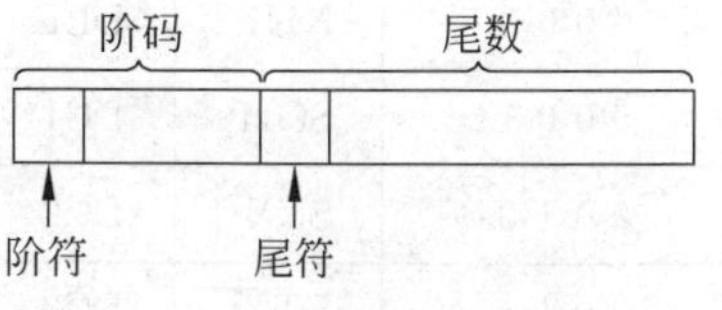

图 4.5　浮点表示法的一般格式

威廉·卡亨(William Kahan)1933年出生于加拿大多伦多，1954年在多伦多大学获数学学士学位，1958年获博士学位。他曾在大学任教，先后在IBM、HP、Intel等公司工作，积累了丰富的工程实践经验。卡亨在Intel公司工作期间，主持8087芯片的设计和开发工作，成功地实现了浮点运算部件。卡亨在IEEE浮点运算标准的制定、HP计算机体系结构设计、数值计算、误差分析、自动诊断等方面也做出了突出的贡献，并获得了1989年图灵奖。

例 4.12 设 $X=3.625$，假设用12位二进制数表示一个浮点数，其中阶码占4位，尾数占8位，则其浮点表示过程如下：

$$(3.625)_{10} = (11.101)_2 = 0.11101 \times 2^{10}$$

阶码为+10，其补码为**0**10，由于阶码占4位，则阶码表示为**0**010(注意是在阶码的前面补0，因为阶码是整数)；尾数为+0.11101，其补码为**0**11101，由于尾数占8位，则尾数表示为**0**1110100(注意是在尾数的后面补0，因为尾数是纯小数)。最后，X 的浮点表示为：**0**010**0**1110100。

例 4.13 设 $X=3.625$，假设用8位二进制数表示一个浮点数，其中阶码占3位，尾数占5位，则其浮点表示过程如下：

$$(3.625)_{10} = (11.101)_2 = 0.11101 \times 2^{10}$$

阶码为+10，其补码为**0**10；尾数为+0.11101，其补码为**0**11101，由于尾数占5位，空间不够，则尾数表示为**0**1110。最后，X 的浮点表示为：**0**10**0**1110。但是**0**10**0**1110是3.5的浮点表示，也就是说，由于尾数的空间不够大，从而产生了**截断误差**。使用较长的二进制位表示尾数可以减少截断误差的产生，事实上，今天所用的大多数计算机都使用32位二进制数来表示一个浮点数。

4.3.3 字符的编码

表示字符的简单方法是列出所有字符，对每一个字符赋予一个二进制位串构成字符集。微机上常用的字符集是**标准 ASCII 码**(American Standard Code for Information Interchange，美国信息交换标准代码)，它由7位二进制数表示一个字符，总共可以表示128个字符。表4.4给出了标准ASCII码，每个字符都有一个由二进制位串决定的编码值，例如，a的编码值为97，b的编码值为98。

表 4.4 标准 ASCII 编码表

$b_4b_3b_2b_1$ \ $b_7b_6b_5$	000	001	010	011	100	101	110	111
0000	NUL	DLE	SP	0	@	P	`	p
0001	SOH	DC1	!	1	A	Q	a	q
0010	STX	DC2	“	2	B	R	b	r
0011	ETX	DC3	＃	3	C	S	c	s

续表

$b_4b_3b_2b_1$ \ $b_7b_6b_5$	000	001	010	011	100	101	110	111
0100	EOT	DC4	$	4	D	T	d	t
0101	ENQ	NAK	%	5	E	U	e	u
0110	ACK	SYN	&	6	F	V	f	v
0111	BEL	ETB	‘	7	G	W	g	w
1000	BS	CAN	(	8	H	X	h	x
1001	HT	EM	)	9	I	Y	i	y
1010	LF	SUB	*	:	J	Z	j	z
1011	VT	ESC	+	;	K	[	k	{
1100	FF	FS	,	<	L	\	l	|
1101	CR	GS	−	=	M	]	m	}
1110	SO	RS	.	>	N	↑	n	~
1111	SI	US	/	?	O	←	o	DEL

扩展 ASCII 码由 8 位二进制数表示一个字符，总共可以表示 256 个字符，通常各个国家都把扩展 ASCII 码作为自己国家语言文字的代码，但无法满足国际需要，于是出现了 Unicode。**Unicode** 由 16 位二进制数表示一个字符，总共可以表示 2^{16} 个字符，即 6 万 5 千多个字符，能够表示世界上所有语言的所有字符，包括亚洲国家的表意字符，此外，还能表示许多专用字符(如科学符号)。

贝莫(Bob Bemer)1941 年获得航空工程学位证书，之后在很多有影响的计算机公司工作。Bemer 首先认识到如果一台计算机要与另一台计算机通信，需要传送文本信息的标准代码。1960 年，Bemer 发布了关于 60 多种计算机代码的调查报告，从而说明了对标准代码的需要。Bemer 拟定了标准委员会的工作计划，编写了大量关于编码的文献，提出了转义符的概念。2003 年 5 月，Bemer 得到了 IEEE-CS 颁发的计算机先驱奖，以表彰他“通过 ASCII 和转义符为满足世界对各种字符集和符号的需要”所做出的贡献。

4.3.4 汉字的编码

计算机在我国的应用中，汉字的输入、处理和输出功能是必不可少的，实现汉字处理的前提是对汉字进行编码。我国于 1981 年颁布了《中华人民共和国国家标准信息交换汉字编码(GB2312—80)》，该标准根据汉字的常用程度确定了汉字字符集，共收录汉字、数字序号、标点符号、汉语拼音符号等各种符号 7445 个，其中一级汉字 3755 个，二级汉字 3008 个，此外还包括 682 个西文字符和图符。

为了在计算机系统的各个环节方便和确切地表示汉字，需要使用多种汉字编码。例如，由输入设备产生的汉字输入码、用于计算机内部存储和处理的汉字机内码、用于汉字显示和打印输出的汉字字形码等。在汉字的处理过程中，各种汉字编码的转换过程如图 4.6 所示。

图 4.6　汉字编码转换过程

1. 汉字输入码

对于用户而言，要在计算机中使用汉字首先遇到的问题就是如何使用西文键盘有效地将汉字输入到计算机中。为了便于汉字的输入，中文操作系统都提供了多种汉字输入法，常用的有五笔字型、微软拼音、智能 ABC 等，不同的输入法对应不同的汉字输入码。例如，汉字“西”用智能 ABC 输入法时，需依次按下“x”、“i”，则“xi”即为“西”字的输入码。

2. 汉字机内码

汉字的机内码是统一的，输入汉字后，需要将汉字输入码转换为汉字机内码。机内码是在计算机内部存储和处理使用的汉字编码，每个汉字用两个 7 位的二进制数表示，在计算机中用两个字节表示，为了与 ASCII 码相区别，将每个字节的最高位置为 1。例如，“西”字的机内码是 11001110 11110111。

3. 汉字字形码

汉字是一种象形文字，可以将汉字看成是一个特殊的图形，这种图形很容易用点阵来描述。所谓点阵就是把汉字图形放在一个网格(例如坐标纸)内，凡是有笔划通过的格点为黑点，用 1 来表示，否则为白点，用 0 来表示，则黑白点信息就可以用二进制数来表示。汉字字形码就是一个汉字字形的点阵编码，全部汉字字形码称为汉字库。显然，表示汉字的点阵越大，则汉字就越美观清晰，所需的存储量也就越多。图 4.7 所示是“王”字的16×16 点阵。

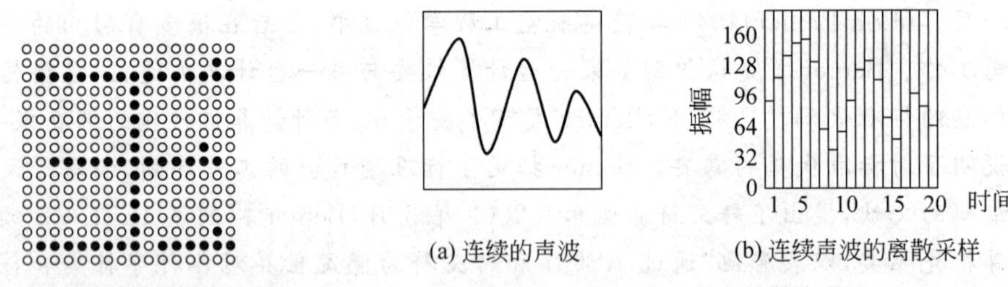

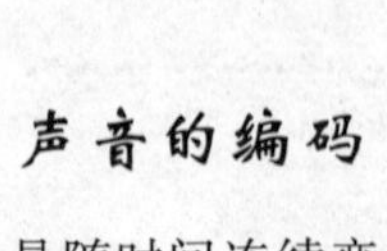

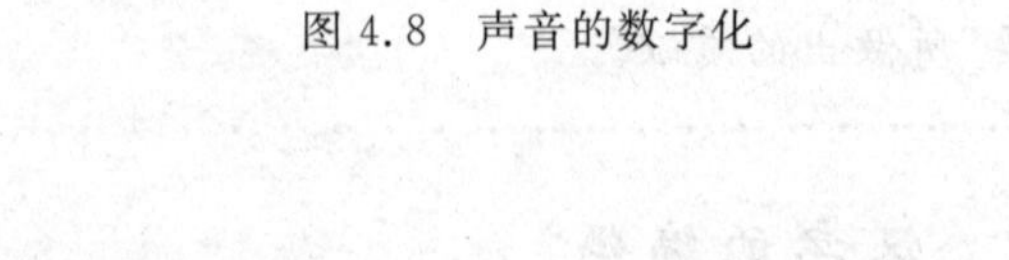

(a) 连续的声波　(b) 连续声波的离散采样

图 4.7　汉字字形码点阵示意图

图 4.8　声音的数字化

4.3.5　声音的编码

声音是随时间连续变化的波，称为**声波**。声波传到人的耳朵，引起耳膜振动，这就是人们听到的声音。声音信号(又称音频信号)是一种模拟信号，主要由振幅和频率来描述，振幅反映声音的音量大小，频率反映声音振动一次的时间。

将声音数字化，就是每隔一段时间对声波进行采样，将采样点的振幅值用一组二进制数来表示，如图 4.8 所示。

在图 4.8(b)中，横轴是时间，纵轴是声波的振幅，因此，采样是在横轴和纵轴两个维度上进行了离散化。显然,采样的间隔时间越短,数字化音频的质量也就越高,声音质量越接近原始声音,而所需的存储量也越多。例如,音乐CD的采样频率是44kHz,假定它是双声道,每声道占用2字节存储采样值,则1秒钟的音乐就需要44000×2×2≈160KB,存储一首4分钟长的歌曲,总计需要4×60×160≈36MB,可见,数字化的声音文件需要相当大的存储量。

人的耳朵能听到声音的频率范围是20Hz～20kHz,实际上,人类只需要3.4kHz的可用信息,这就是电话线路的语音信号带宽。当然,采样频率的提高意味着声音质量的提高,如普通声的带宽是11kHz,立体声的带宽是22kHz,高保真立体声的带宽是44kHz。

4.3.6 图形和图像的编码

在计算机中,图形和图像是两个不同的概念。**图形**一般是指通过绘图软件绘制的,由直线、圆、弧等曲线组成的画面,即图形是由计算机产生的;**图像**是由扫描仪、数码相机等输入设备捕捉的画面,即图像是真实的场景或图片输入计算机的。

数字化一幅图形通常采用的是**矢量技术**,就是把图形分解为一些基本元素,通过图形的基本元素及其属性来表示图形。图形的基本元素有点、线、矩形、圆和椭圆等,属性主要指诸如线的风格、宽度和色彩等影响图形输出效果的内容。矢量技术是用数学方法描述图形的几何形状,因此,存储的数据是绘制图形的数学描述。矢量图形可以进行组合、编辑、放大等处理,如图4.9所示。

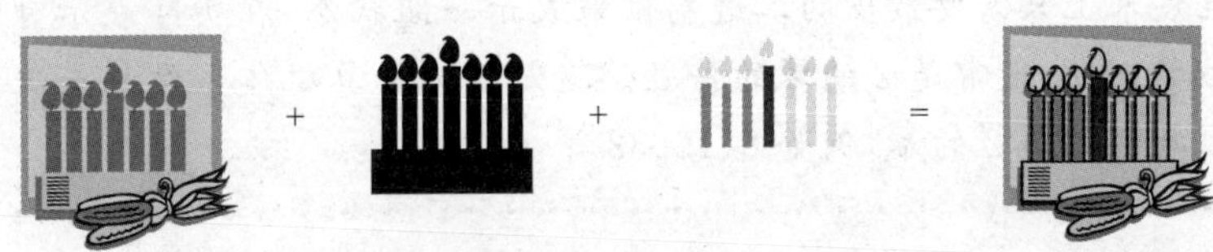

图4.9 矢量图形可以进行组合、编辑、放大等处理

数字化一幅图像采用的是**位图技术**,就是把图像分解为一些点,这些点称为像素,每个像素由一种颜色构成,如图4.10所示。颜色是对到达视网膜的各种频率的光的感觉。人类的视网膜有三种颜色感光视锥细胞,分别对应红、绿和蓝三原色,人眼可以感觉的所有颜色都由这三种颜色混合而成。因此,在计算机中,颜色通常用RGB(Red-Green-Blue)的组合来表示。用于表示颜色的二进制位数称为**色深度**,显然,色深度的位数越多,能够表示的颜色就越多,图像也就越逼真。增强彩色是指色深度为16位的颜色,RGB中的每个数值用5位二进制数表示,剩下的一位用于表示颜色的透明度;真彩色是指色深度为24位的颜色,RGB中的每个数值用8位二进制数表示,每个数值的范围是0～255,能够表示1670万种以上的颜色。

图4.10 图像与像素

表示一幅图像使用的像素个数称为**分辨率**。如果使用了足够的像素并将这些像素按正确的顺序排列，就可以让人们认为看到的是一幅图像。由于视觉的停留效果，当每秒钟变化的画面超过15帧时，连续出现的各个画面在人眼中产生的视觉停留就会相互连接，因此，视频可以看作连续的图像，对视频按时间进行数字化得到的图像序列就构成了数字视频。

打印机和显示器上使用的字体通常采用矢量技术，以得到可缩放字体。例如，微软公司研发的TrueType字体是一种描述如何绘制文本符号的系统。但是，矢量技术还不能提供照片级质量的图像，这就是现在的数码相机采用位图技术的原因。位图技术的缺点是不能方便地放大图像，实际上，放大这种图像只有一个方法，就是把像素变大，这会使图像呈现颗粒状。数码相机中提供了数字变焦技术来解决图像放大后的颗粒状问题。

4.3.7 指令的编码

一个二进制位只能表示两种状态。例如，如果把食物分成甜的和酸的两类，只用一个二进制位即可，可以规定0表示食物是甜的，1表示食物是酸的。同理，两个二进制位可以表示4种状态，因为两个位可以构成4种组合，即00、01、10、11。例如，如果把食物分成酸、甜、苦、辣4种，则需要两个二进制位。一般来说，n个二进制位能表示2^n种不同的状态。

虽然在技术上只需要最少的二进制位来表示一组状态，在实际表示时常常会多分配一些位数，例如通常是2的幂的倍数。这是因为计算机体系结构一次能够寻址和移动的位数通常是2的幂，例如8、16、32等。

由于指令系统中包含指令的数量有限，因此，处理器的设计者只需列出所有的指令，再给每个指令分配一个二进制编码。例如，8086/8088的指令系统共有133条基本指令，由于$2^7<133<2^8$，因此，可以用8位二进制数表示一条指令，比如11110100表示加法指令，00000000表示停机指令。因此，处理器的电子器件能够识别指令系统中的每一个二进制编码，计算机硬件只能够识别并执行机器指令。

思考题

1. 在计算机中，一般用一定长度的二进制位来表示整数和浮点数，如果实际应用中要处理非常大的整数或精度要求非常高的浮点数，如何表示这样的数据？

2. 英文字母在计算机处理过程中只有一种编码——ASCII或Unicode，为什么汉字在计算机处理过程中有多种编码？

3. 声音等多媒体信息数字化后，其特点就是数据量非常庞大，处理多媒体数据所需的高速传输速度也是计算机内部所不能承受的。如何理解这句话？

4.4 逻辑电路

计算机是电子设备，计算机的硬件需要使用许多功能电路，例如触发器、寄存器、计数器、译码器、比较器、半加器、全加器等。这些功能电路都是使用基本的逻辑电路经过逻辑组合而成，再把这些功能电路有机地集成起来，就可以组成一个完整的计算机硬件系统。

4.4.1 门

门（也称逻辑门）是对电信号执行基础运算的设备，是处理二进制数的基本电路，是构成数字电路的基本单元。一个门接收一个或多个输入信号，生成一个输出信号。由于门处理的是二进制数据，所以，每个门的输入和输出只能是 0（对应低电平）或 1（对应高电平）。

门的表示方法有三种：①**逻辑表达式**，即数学表示法；②**逻辑框图**，即图形符号表示法，在以下门的示意图中，上面的逻辑框图是国家标准规定的符号，下面的逻辑框图是国际上通常采用的符号；③**真值表**，列出了所有可能的输入组合和相应输出的表。

基本的门是与门、或门和非门，其他复杂的门都可以由这三种门组合而成。其他常用的门还有异或门、与非门和或非门。

与门具有逻辑乘法功能，只有当输入 A 和 B 同时为 1 时，输出 P 才为 1，否则输出 P 为0。图 4.11 是与门的示意图。

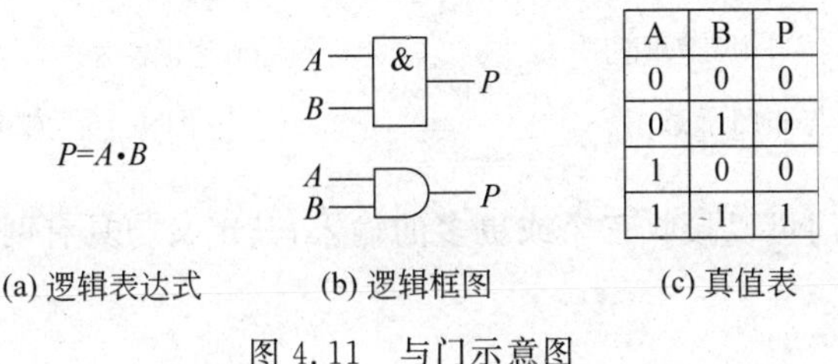

A	B	P
0	0	0
0	1	0
1	0	0
1	1	1

图 4.11　与门示意图

或门具有逻辑加法功能，仅当输入 A 和 B 中有一个为 1 时，输出 P 就为 1，否则输出 P 为 0。图 4.12 是或门的示意图。

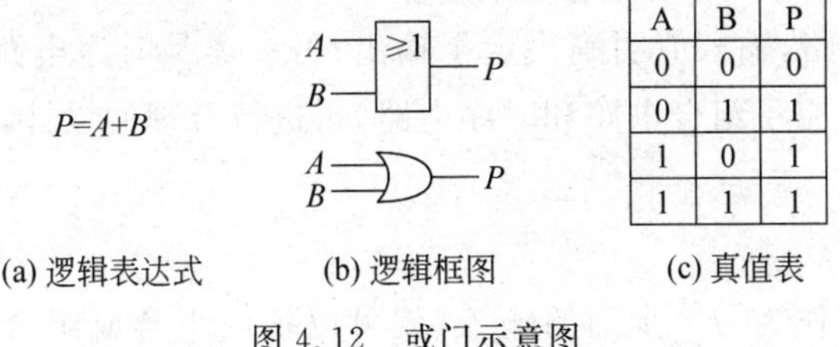

A	B	P
0	0	0
0	1	1
1	0	1
1	1	1

图 4.12　或门示意图

非门具有逻辑取反功能，它只有一个输入和一个输出，当输入 A 为 0 时，输出 P 为 1，当输入 A 为 1 时，输出 P 为 0。图 4.13 是非门的示意图。

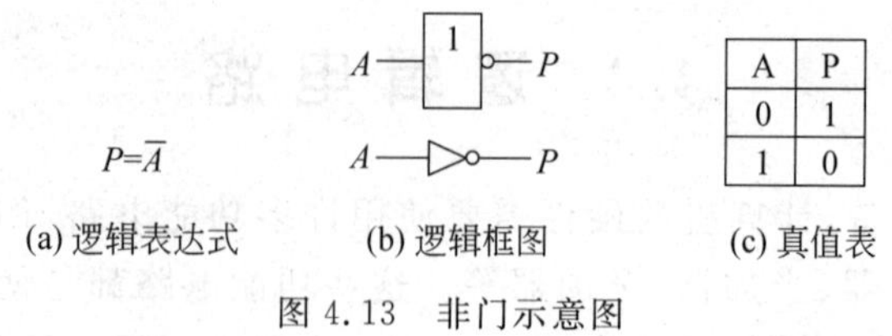

A	P
0	1
1	0

(a) 逻辑表达式　(b) 逻辑框图　(c) 真值表

图 4.13　非门示意图

仅当输入 A 和 B 相同时异或门的输出 P 为 0，否则输出 P 为 1。注意异或门和或门之间的区别，异或门是不可兼或，而或门是可兼或。图 4.14 是异或门的示意图。

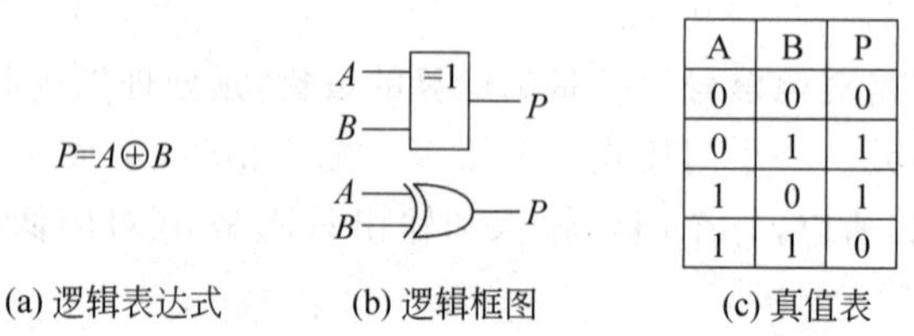

A	B	P
0	0	0
0	1	1
1	0	1
1	1	0

(a) 逻辑表达式　(b) 逻辑框图　(c) 真值表

图 4.14　异或门示意图

与非门和或非门分别是与门和或门的对立门，换言之，与非门是让与门的输出再经过一个非门，如图 4.15 所示。或非门是让或门的结果再经过一个非门，如图 4.16 所示。

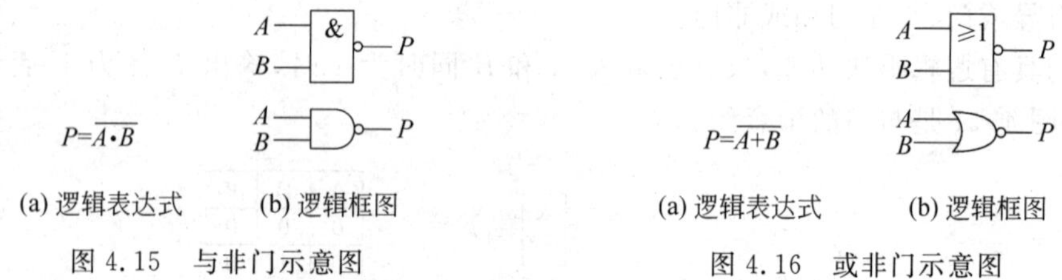

(a) 逻辑表达式　(b) 逻辑框图

图 4.15　与非门示意图

(a) 逻辑表达式　(b) 逻辑框图

图 4.16　或非门示意图

需要说明的是，门可以接收三个或更多的输入，其定义与具有两个输入的门一致。

4.4.2　逻辑电路

门为计算机的各种功能电路提供了构件。**电路是由多个门组合而成**，可以执行算术运算、逻辑运算、存储数据等各种复杂操作。

电子计算机由具有各种逻辑功能的逻辑部件组成，这些逻辑部件按其结构可分为两大类：一类是组合电路，输入值明确决定了输出；另一类是时序电路，输出是输入值和电路现有状态的函数。有了组合电路和时序电路，再进行合理的设计，就可以表示和实现逻辑代数的基本运算。

1. 组合电路

把一个门的输出作为另一个门的输入，就可以把门组合成**组合电路**。在图 4.17(a)中，两个与门的输出被用作一个或门的输入（图中的连接点表示两条线是相连的）。在图 4.17(b)中，或门的输出被用作一个与门的输入。这两个不同的电路对应的真值表是相同的，如图 4.17(c)所示，即对于每个输入的组合，两个电路生成完全相同的输出。

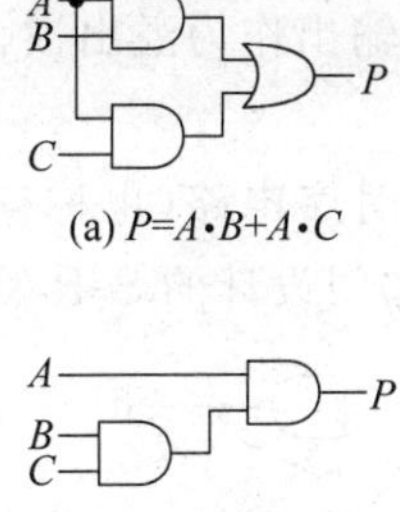

(a) $P=A\cdot B+A\cdot C$

(b) $P=A\cdot(B+C)$

A	B	C	A•B	A•C	P	B+C
0	0	0	0	0	0	0
0	0	1	0	0	0	1
0	1	0	0	0	0	1
0	1	1	0	0	0	1
1	0	0	0	0	0	0
1	0	1	0	1	1	1
1	1	0	1	0	1	1
1	1	1	1	1	1	1

(c) 图(a)和图(b)中组合电路的真值表

图 4.17　组合电路示例

2. 加法器

各种算术运算可归结为相加和移位这两个最基本的操作，因而运算器以加法器为核心。**对二进制数执行加法的电路称为加法器**，功能较强的计算机具有专门的乘除部件和浮点运算部件，这些部件是以加法器为核心增加了一些移位逻辑和控制逻辑。

两个二进制数相加的结果可能产生进位值，计算两个一位二进制数的和并生成正确进位的电路称为**半加器**。两个一位二进制数相加的真值表如图 4.18(a)所示。注意，得到的是两个输出——和与进位，所以，半加器电路应该有两个输出，并且和对应的是异或门，进位对应的是与门，如图 4.18(b)所示。

输入		输出	
A	B	和	进位
0	0	0	0
0	1	1	0
1	0	1	0
1	1	0	1

(a) 半加器的真值表

(b) 半加器的逻辑电路

图 4.18　半加器示意图

半加器没有把进位(即进位输入)考虑在计算之内，所以，半加器只能计算两个一位二进制数的和，而不能计算两个多位二进制数的和。考虑进位输入的加法器称为**全加器**。可以用两个半加器构造一个全加器，把半加器的和再与进位输入相加，如图 4.19 所示。

输入			输出	
A	B	进位	和	进位
0	0	0	0	0
0	0	1	1	0
0	1	0	1	0
0	1	1	0	1
1	0	0	1	0
1	0	1	0	1
1	1	0	0	1
1	1	1	1	1

(a) 全加器的真值表

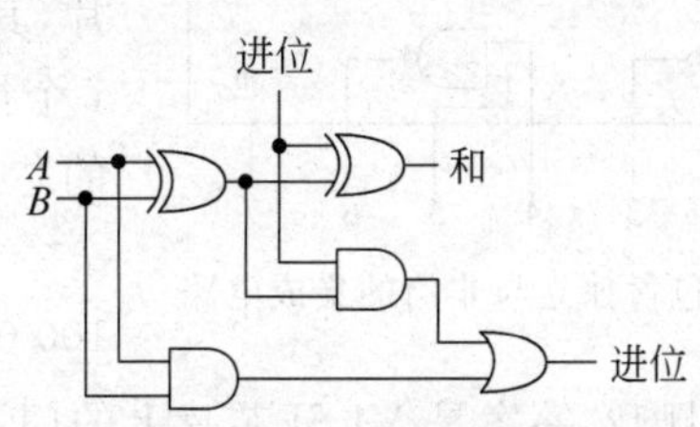

(b) 全加器的逻辑电路

图 4.19　全加器示意图

要实现两个八位的二进制数相加，只需复制8次全加器电路，一个位的进位输出将作为下一位的进位输入，最左边的进位输入是0，最右边的进位输出作为溢出被舍弃。

3. 时序电路

数字电路的一个重要作用是存储数据，其存储功能是由**时序电路**（也称**存储器电路**）实现的。存储器电路有很多种，图4.20(a)所示为一个用与非门设计的S-R锁存器。

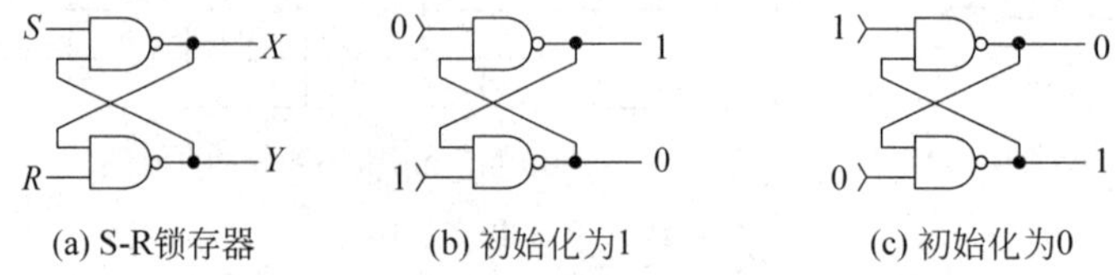

图4.20 S-R锁存器工作原理

在图4.20(a)中，每个与非门都有一个外部输入（S 或 R）和一个来自输出的输入（X 或 Y），如果输出 X 为1，输出 Y 为0，S 和 R 也都为1，则输出 X 保持为1。同理，如果输出 X 为0，输出 Y 为1，S 和 R 也都为1，则输出 X 保持为0。因此，无论输出 X 的值是什么，如果 S 和 R 都为1，则电路就保持当前状态。输出 X 在任意时刻的值是这个电路存储的值。

那么，如何把一个值存入S-R锁存器呢？暂时把 S 置为0，保持 R 为1，如图4.20(b)所示，可以把S-R锁存器设置为1，然后将 S 恢复为1，S-R锁存器将保持1的状态。同理，暂时把 R 置为0，保持 S 为1，如图4.20(c)所示，可以把S-R锁存器设置为0，然后将 R 恢复为1，S-R锁存器将保持0的状态。因此，通过控制 S 和 R 的值，S-R锁存器就可以实现存储功能。

一个S-R锁存器存储一位二进制数，把这个思想扩展，就可以设计出容量较大的存储器电路。

4.4.3 集成电路

集成电路（也称芯片）是嵌入了多个门的硅片，这些硅片被封装在塑料或陶瓷中，边缘有引脚，可以焊接在电路板上或插入合适的插槽中，每个引脚连接着一个门的输入或输出、电源或接地。

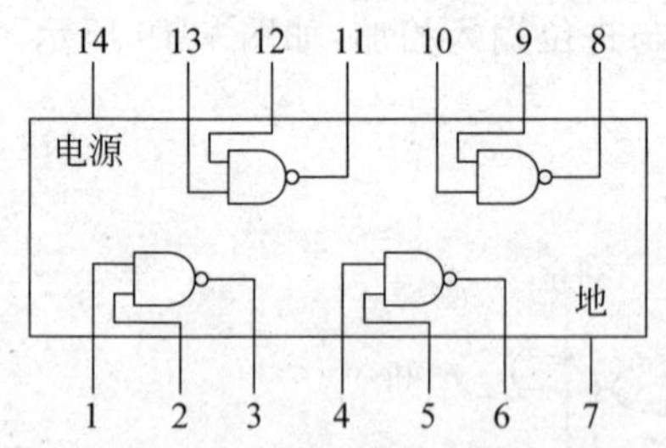

图4.21 包含独立与非门的集成电路

一个小规模集成电路芯片SSI只有几个独立的门，图4.21所示是一个具有14个引脚的SSI芯片，其中8个用作门的输入、4个用作门的输出、1个接地、1个接电源。用不同的门可以制成类似的芯片。

超大规模集成电路VLSI的门数量超过100 000个，这是否意味着VLSI芯片需要有300 000个引脚？答案是VLSI芯片上的门不是完全独立的，VLSI芯片上嵌入的电路具有很高的门引脚比。也就是说，许多门被组合在一起，创建的复杂电路只需要很少的输入和输出值。

计算机中最重要的集成电路莫过于中央处理器 CPU，每个 CPU 都有大量的引脚，这些引脚把 CPU 和存储器与输入输出设备连接在一起，计算机系统的所有通信都是通过这些引脚完成的。

思考题

1. 计算机硬件在进行表达式计算时，通常要求操作数占用相同的二进制位数，并且要求存储方式也相同。例如，计算机硬件可以直接将两个 16 位整数相加，但是不能直接将一个 16 位整数和一个 32 位整数相加。解释其中的道理。

2. 微型计算机中 CPU 的引脚有多少个？还有哪些芯片带有引脚？各芯片引脚的个数是否应该有严格的规定？为什么？

阅读材料——著名计算机奖项

一、ACM 图灵奖

1966 年纪念电子计算机诞生 20 周年，也就是图灵机计算模型发表 30 周年，为了纪念图灵对计算机科学的贡献，美国计算机学会(ACM)决定将计算机界的第一个奖项命名为图灵奖。图灵奖被誉为计算机界的诺贝尔奖，专门奖励那些在计算机科学研究中做出创造性贡献、推动了计算机科学技术发展的杰出科学家。从实际执行的情况来看，图灵奖偏重于计算机科学的理论、算法、语言和软件开发方面。由于图灵奖对获奖条件要求极高，评定审查极为严格，一般每年只奖励一名计算机科学家，只有极少数年度有两名合作者或在同一方向做出关键性贡献的科学家共享此奖，获奖的计算机科学家中美国学者居多。

2000 年图灵奖得主为华裔科学家姚期智(安德鲁·姚，Andrew Yao)，他的研究包括计算机有效算法设计以及量子通信和计算中的复杂性理论。2003 年 10 月，姚期智先生正式加盟清华大学高等研究中心，受聘为清华大学计算机系讲席教授。

二、IEEE-CS 计算机先驱奖

IEEE-CS 计算机先驱奖是由 IEEE-CS 于 1980 年设立的奖项。从 ENIAC 诞生到 1980 年的 36 年间，计算机本身经历了巨大的发展变化，各种类型的计算机在各个领域、各个部门发挥着巨大的作用，推动了社会文明和人类进步，在这一巨大的、前所未有的科技成果的背后，是无数计算机科学家和工程技术人员奉献的智慧、创造才能和辛勤努力，尤其是其中的佼佼者所做出的关键性贡献。IEEE-CS 为此做出决定，设立计算机先驱奖以奖励这些理应赢得人们尊敬的学者和工程师。与其他奖项不同的是，计算机先驱奖规定获奖者的成果必须是在 15 年以前完成的，这样一方面保证了获奖者的成果确实已经得到时间的考验，不会引起分歧，另一方面又保证了获奖者是名副其实的“先驱”，是走在历史前面的人。此外，该奖项还兼顾了理论与实践、技术与工程、硬件与软件、系统与部件等各个与计算机科学技术发展有关的领域，每年可有多人获奖。

1981 年计算机先驱奖的得主是华裔科学家杰弗里·朱(Jeffrey Chuan Chu)，杰弗里·朱 1919 年出生于天津，1942 年在明尼苏达大学取得电气工程学士学位以后进入宾夕法尼亚大学，于1945年获得硕士学位。他是世界上第一台电子计算机ENIAC研制组成员，是ENIAC总设计师莫里奇和埃克特的得力助手，在ENIAC的线路设计和实验调试中发挥了重要作用。

习 题 4

一、选择题

1. 最早提出用数学方法来描述和处理逻辑问题的是(　　)。
   A. 布尔　B. 莱布尼兹　C. 怀特海　D. 罗素
2. 如果$[X]_{补}=11110011$，则$[-X]_{补}=$(　　)。
   A. 1110011　B. 01110011　C. 0001100　D. 00001101
3. 十进制数137.625，则其对应的二进制数为(　　)。
   A. 10001001.11　B. 10001001.101　C. 10001011.101　D. 1011111.101
4. 十进制数123对应的八进制数是(　　)。
   A. 371　B. 173　C. 246　D. 73
5. 超大规模集成电路中所包含门电路的个数超过(　　)。
   A. 1000　B. 10 000　C. 100 000　D. 1 000 000
6. 显示器的主要参数之一是分辨率，其含义是(　　)。
   A. 屏幕的水平和垂直扫描频率
   B. 屏幕上光栅的列数和行数
   C. 可显示不同颜色的总数
   D. 同一幅画面允许显示不同颜色的最大数目
7. 在计算机内用两个字节的二进制编码来表示一个汉字，这种编码称为(　　)。
   A. 拼音码　B. 机内码　C. 输入码　D. ASCII码
8. 在16×16点阵的汉字字库中，存储一个汉字的字模信息需要(　　)个字节。
   A. 16　B. 32　C. 64　D. 256

二、简答题

1. 判断下列语句是否是命题？如果是命题，指出其真值。

(1) 存在最大的质数。

(2) 中国是一个人口众多的国家。

(3) 这座楼可真高啊！

(4) 你喜欢长城吗？

(5) 请跟我来。

2. 将下列命题符号化。

(1) 姚大龙和李小龙是好朋友。

(2) 姚大龙和李小龙中至少有一个人去广州出差。

(3) 姚大龙是三好学生或优秀干部。

(4) 姚大龙是计算机学院的学生，他住在2号楼305室或308室。

3. 简单解释计算机采用二进制的原因。

4. 仿照十进制整数转换为 r 进制整数的数学原理，给出十进制小数转换为 r 进制小数的数学原理。

5. 假设用八位二进制数表示一个整数，采用补码形式，计算 85＋65 的值。

6. 假设用 12 位二进制数表示一个浮点数，其中阶码占 4 位，尾数占 8 位，则它能表示的实数范围是多少？

7. 构造$(P\wedge Q)\vee(P\wedge\neg R)$的真值表。

8. 假设输入 A 为 1，输入 B 为 0，分析图 4.22 所示两个电路的输出。

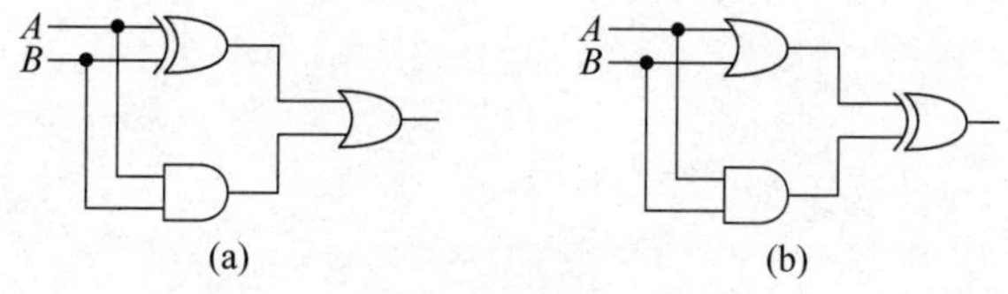

图 4.22　第 8 题图

三、讨论题

1. 在计算机内部采用二进制，而日常生活中人们习惯采用十进制，这是不是很麻烦？如果计算机采用十进制，会给运算带来什么困难？

2. 逻辑代数为计算机的二进制数、开关逻辑元件和逻辑电路的设计铺平了道路，并最终为计算机的发明奠定了数学基础。如何理解数学在计算机科学中的影响？

3. 集成电路是电子计算机的核心部分，目前集成电路多是用半导体材料制成的，现在的半导体芯片发展已经接近理论上的极限，请查找这方面的资料，说明目前解决这个极限都有哪些方法。

第5章 计算机部件

CHAPTER

冯·诺依曼计算机有5个基本部件：运算器、控制器、存储器、输入设备和输出设备，时至今日，所有的计算机都没有突破冯·诺依曼计算机的基本结构。本章讨论的主要问题是：

① 现代计算机的体系结构以存储器为核心，如何评价存储器的性能？存储器系统的层次结构是什么？如何理解内存？

② 处理器的主要工作是执行程序，处理器是如何工作的？

③ 输入输出设备的作用是什么？都有哪些常用输入输出设备？

【情景问题】 计算机的基本配置

1985年，笔者在大学做毕业设计时参与实际项目的研发工作，使用计算机的配置情况如下：CPU是8086、硬盘10M、内存64KB、14寸显示器，显示器的分辨率低得都能看出颜色点，可是这样的配置足以把同宿舍的人羡慕得一塌糊涂。然而当年让人羡慕得一塌糊涂的“奢侈品”，今天大部分已经成为电子垃圾。看看现在计算机的基本配置，“今非昔比”这个词显然不够形容这个变化。

表5.1所示是戴尔Inspiron灵越570的产品配置，可以看出，虽然计算机技术有了很大变化，虽然处理器的运行速度越来越快，存储器的容量越来越大，但是组成计算机的基本部件仍然是处理器、存储器、输入设备和输出设备。

表5.1 一款台式机的产品配置

配置名称	描述
处理器	AMD 四核 速龙™ II 630；主频 2800MHz
存储器	内存 2GB；硬盘 500GB；二级缓存 2MB
显示器	DELL ST2310 23 寸
显卡	NVIDIA® GEFORCE® G310 512MB
网卡	1000Mbps 以太网卡

5.1 存储器

随着计算机系统的不断发展，计算机应用领域的日益扩大，对存储器的要求也越来越高，现代计算机已演变成以存储器为核心的计算机系统。

5.1.1 存储器的层次结构

存储器的性能指标主要有三个：存储容量、存取速度和每位价格。**存储容量**是指存储器可以容纳的二进制信息总量。显然，存储器的存储容量越大，存储的信息就越多。存储器的最小存储单位是**位**(bit，简称 b)，每个位可以存储一位二进制数，8 位为一个**字节**(byte，简称 B)。存储容量通常以字节为基本单位，由于存储容量一般都很大，所以，通常以千字节(KB)、兆字节(MB)、吉字节(GB)，甚至太字节(TB)为单位，其换算关系如下：

$$1\text{KB}=2^{10}\text{B}=1024\text{B}$$
$$1\text{MB}=2^{20}\text{B}=1\ 048\ 576\text{B}$$
$$1\text{GB}=2^{30}\text{B}=1\ 073\ 741\ 824\text{B}$$
$$1\text{TB}=2^{40}\text{B}=1\ 099\ 511\ 627\ 776\text{B}$$

在存储器容量的度量单位中，前缀 K、M、G、T 的使用是有误差的，因为这些前缀在其他应用领域中已经用来作为 10 的方幂的单位，例如 km 指的是 1000 米，mHz 指的是 1 000 000 赫兹，而这些前缀在计算机领域中是 2 的方幂的单位。

存取速度可以用存取时间和存取周期两个参数来衡量，存取时间是指 CPU 发出有效存储地址从而启动一次存储器读/写操作，到读/写操作完成所经历的时间；存储周期是指连续启动两次独立的存储器读/写操作所需的最小时间间隔。**每位价格**是指存储器的价格与存储容量的比，一般地，设 C 是具有 S 位存储容量的存储器的价格，则每位价格 $V=C/S$。

在存储器的容量、速度和价格之间存在如下关系：存取时间越短则每位价格就越高；存储容量越大则每位价格就越低；存储容量越大则存取时间就越长。这就要求在设计存储系统时需要在容量、速度和价格之间进行权衡。解决这个问题的方法是采用层次结构，即在一台计算机中，采用各种存取速度、存储容量和访问方式的存储器，这些存储器构成了一个层次结构，如图 5.1 所示。

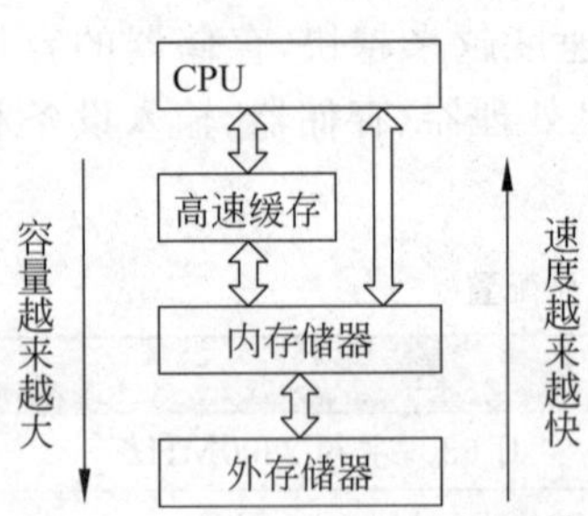

图 5.1 存储器的层次结构

在“高速缓存-内存储器-外存储器”三级存储系统中，各级存储器承担的职能不同。高速缓存主要强调快速存取，以便使存取速度和处理器的运算速度相匹配。外存储器主要强调大的存储容量，以满足计算机大容量的存储要求。内存储器介于高速缓存和外存储器之间，要求选取适当的存储容量和存取速度，使它能容纳系统的核心软件和较多的用户程序。追求整个存储器系统具有更高的性能价格比是三级存储系统的核心思想。

5.1.2　内存储器

CPU 的主要工作是执行程序,某一时刻 CPU 只能处理一条指令和几组数据,因此,计算机需要一个空间存储其余的指令和数据,等待 CPU 处理,这个存储空间就是内存储器。**内存储器也称为内存或主存**,它直接与 CPU 相连,存储容量较小,但存取速度较快,用于保存正在使用(或经常使用)的程序和数据。

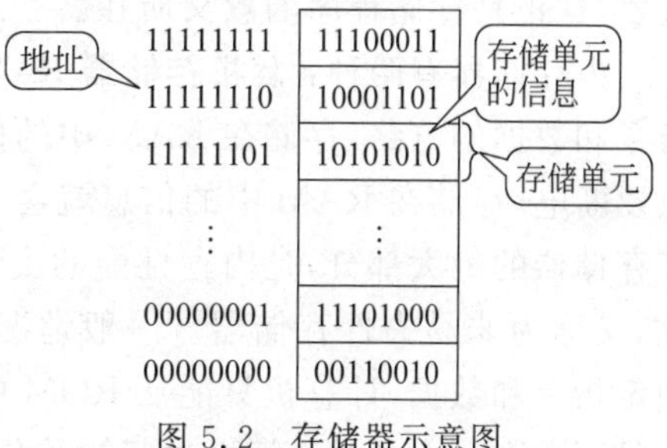

图 5.2　存储器示意图

内存储器是由单独的、可编址的存储单元组成,**存储单元**是可管理的最小单位,典型的存储单元是一个字节,每个存储单元的编号称为**地址**,地址具有唯一标识存储单元的作用,一般从 0 开始连续编号,如图 5.2 所示。

> 可以将内存与宾馆的房间进行类比:位——床位;一个二进制位可以存储一个二进制数——一张床可以容纳一个人(假设男为 0 女为 1);存储单元——房间;内存地址——房间号;内存容量——床位总数。

如果要访问存储器中某个存储单元的信息,就必须知道这个单元的地址,然后按地址存入或取出信息,CPU 对内存的一次存取通常在微秒级时间内完成。向存储器中存入信息也称为**写入**,写入的新内容覆盖了原来的旧内容;从存储器中取出信息也称为**读出**,信息读出后并不破坏原来存储的内容,因此,信息可以重复取出。需要强调的是,存储位不能是空的,必须存放 0 或 1。换言之,任意时刻存储单元的内容都不能是空的,一定是 0 和 1 的编码。

例 5.1　交换地址 A 存储的信息和地址 B 存储的信息。

解:如果直接把地址 A 存储的信息写入地址 B,将会覆盖地址 B 原来存储的信息,反之也是错误的,因为写入会破坏存储单元原来存储的信息。因此,必须再用一个临时单元,例如地址为 C 的存储单元,然后依次执行下述操作:

第一步:将地址 B 存储的信息写入地址 C;

第二步:将地址 A 存储的信息写入地址 B;

第三步:将暂存在地址 C 的信息写入地址 A。

这样就可以实现交换两个存储单元的信息,如图 5.3 所示。

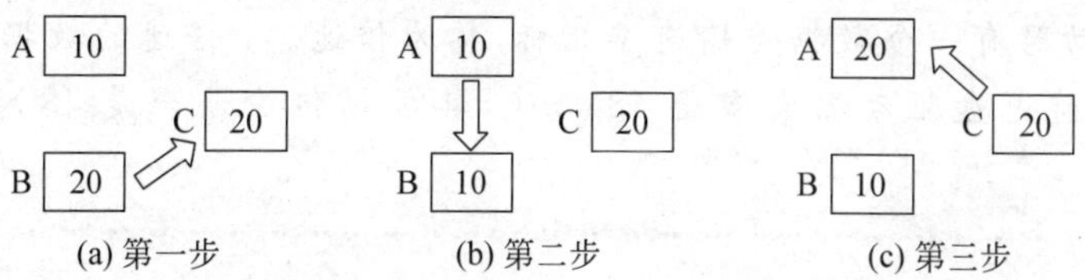

图 5.3　交换两个存储单元的信息

例 5.2 在图 5.2 中,地址为 11111110 的存储单元中的信息 10001101 表示什么?

解:可能是用于计算的数值数据,可能是表示文本字符的编码,可能是图像的一部分,也可能是操作数据的指令,如果没有明确的上下文环境,我们无法正确地回答这个问题。数据和操作数据的指令在逻辑上是相同的,它们存储在相同的地方,意识到这一点很重要,这正是存储程序的意义所在。

内存储器有两种:**随机存储器 RAM** 和**只读存储器 ROM**。RAM 芯片包含可以存储指令和数据的电路,存储在 RAM 中的信息只不过是硅片上流过微电路的电流,这意味着只要断电,存储在 RAM 中的信息就会丢失,因此,RAM 又称为易失性存储器。RAM 占了存储器的绝大部分,是内存性能的决定性因素。ROM 中存储的信息是不会丢失的,因此,又称为非易失性存储器。一般情况下,ROM 中的信息是固化的,是生产厂家写入的固定指令和数据,计算机只能从 ROM 中读取信息,而不能写入任何信息。例如,BIOS 程序是写在 ROM 中对计算机进行初始化的指令集合。

5.1.3 外存储器

由于计算机的内存储器具有易失性,因此需要将数据和程序存储在永久性存储设备上。**外存储器也称为辅助存储器,或简称外存、辅存**,存储容量大,但只能和内存储器交换信息,在脱机状态下不能被计算机系统的其他部件直接访问。常用的辅助存储器有硬盘、光盘、优盘、移动硬盘、磁带等。

> 术语联机(on-line)和脱机(off-line)通常分别用来描述连接于和没有连接于计算机的设备。联机意味着设备已经与计算机相连,不需要人的干预就可以使用;脱机意味着设备在被计算机使用之前需要人的干预——或许需要将这个设备接通电源,或许需要将这个设备与计算机相连接。

1. 硬盘

硬盘是由坚硬的合金盘片组成,存储容量大且存取速度较快,并且具有直接访问文件或记录的功能。

2. 光盘

光盘是用激光在磁光介质上进行读写的存储器,能够存储大量的数据,主要有 CD ROM、WORM CD 和 MO 三种类型。CD ROM 是只读存储器,它只能读取预先录制好的数据,不能改变其内容;WORM CD 是一次写入多次读出存储器;MO 是多次写入多次读出存储器,就像硬盘一样可以反复使用。

> 光盘驱动器有一个数据传输速率指标,称为倍速。1 倍速的数据传输速率是 150KB/s,目前光盘驱动器大多是 48 倍速,其数据传输速率是 48×150KB/s=7.2MB/s。

3. 优盘

优盘也称闪存盘,是一种可擦除的存储芯片,不仅具有可读可写的优点,而且所写入的数据在断电后也不会丢失。随着 USB 接口的出现并逐步流行，优盘逐渐代替了软盘成为最热门的移动存储设备。

4. 移动硬盘

移动硬盘通过一根电缆与计算机的 USB 接口连接，不用重新启动计算机就可以连接或断开，实现完全的即插即用。

5. 磁带

磁带采用顺序存取方式，为了访问某一信息必须从磁带的头部开始顺序检索，因而访问速度较慢，但是，磁带能以较低的成本高密度地存储大量数据。如今，磁带主要用在大型机上备份数据或执行一些对时间要求不是很高的操作。

5.1.4 高速缓冲存储器

计算机存取数据的时间主要取决于内存，据统计，CPU 大约有 70%的工作是对内存进行读写操作，因此，内存的存储容量和存取速度直接影响到系统的速度及整机性能。目前，随着硬件制造水平不断提高，计算机的内存容量越来越大，速度越来越快，但内存的存取速度与 CPU 的处理速度相比仍有很大差距。为了使较慢速的内存与高速的 CPU 相匹配，现代计算机系统大都采用了高速缓冲存储技术。

高速缓冲存储器(cache，简称缓存)介于内存和 CPU 之间，位置可以在 CPU 芯片的内部，也可以在 CPU 芯片的外部。它的存取速度比内存快，但价格昂贵，所以存储容量较小，主要用来存放当前内存中即将使用(或使用最多)的程序块和数据块，并以接近 CPU 的速度向 CPU 提供程序指令和数据。

高速缓冲存储技术基于程序执行的局部性原理，即程序的执行在一段时间内总是集中在程序代码的一个小范围内。因此，当 CPU 读取内存中某一地址的指令时，计算机就自动地将与该地址相近的一段代码从内存传送到缓存中。如果 CPU 执行的指令在缓存中，那么 CPU 对内存的访问就相当于对缓存的访问；如果 CPU 执行的指令不在缓存中，则向缓存传送该指令以及与该指令的地址相近的一段代码。当缓存的命中率在 90%以上时，整个内存可以看作以相当于缓存的速度进行工作，从而加快了整个程序的执行速度。

莫里斯·威尔克斯(Maurice Wilkes)1913 年出生于英国，1934 年毕业于剑桥大学，1938 年获剑桥大学博士学位。他以 EDVAC 为蓝本，设计并制造了世界上第一台真正意义上的存储程序式计算机 EDSAC。在设计和制造 EDSAC 的过程中，威尔克斯创造了许多新的技术和概念，如“变址”、“宏指令”、“微程序设计”、“子例程”、“高速缓冲存储器”等。由于他在计算机技术方面的杰出贡献，威尔克斯获得了 1967 年图灵奖。

思考题

1. 你认为存储在优盘中的数据可以保存多长时间？5 年、10 年、15 年还是更长时间？大量需要长期备份的数据(如银行的资料、人口普查的数据等)该如何存储？

2. 以前的电影都是存储在电影胶片中，所以我们可以看到无声电影时期的卓别林，现在的电影是存储在什么设备中？

3. 20年前，人们普遍使用5寸软盘；10年前，人们普遍使用3寸软盘；现在，个人计算机上已经没有软盘驱动器了。存储设备的变化表示了什么？

5.2 中央处理器 CPU

5.2.1 总线

计算机硬件系统的各个部件为了交换数据和控制信号，需要进行互连，目前最流行的互连方式是使用总线。**总线**是计算机内部传输指令、数据和各种控制信息的公共信息通道，是计算机系统的骨架。例如，中央处理器CPU和内存储器通过一组总线进行连接，如图5.4所示。利用总线，CPU通过给出有关存储单元的地址以及读信号，从内存中的相应单元取出数据，同样，CPU通过给出有关存储单元的地址以及写信号，将数据存放到内存中的相应单元。

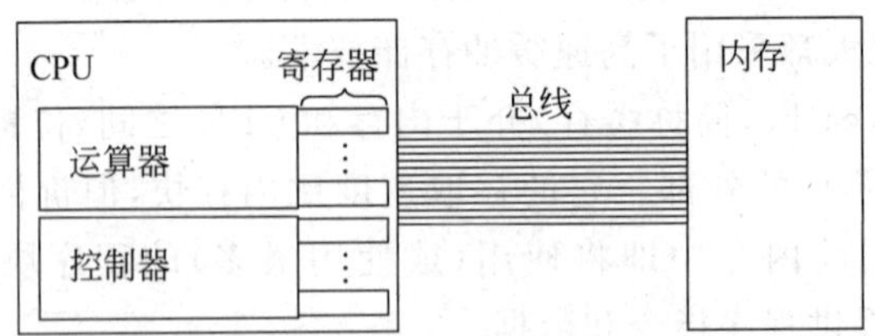

图5.4 CPU与内存通过总线连接

从物理角度看，总线就是一组电导线，这组电导线直接印制在电路板上延伸到各个部件。可以将总线理解为由并行线路组成的“高速公路”，是传送信息所需要的通道。

> 决定CPU速度的第一个要素就是总线宽度，它决定了计算机一次能同时传送数据的位数，即计算机的字长。例如，“32位计算机”是指总线宽度是32位，能同时并行传送32个二进制位。

5.2.2 运算器

运算器又称算术逻辑单元(Arithmetic Logic Unit，ALU)，是计算机对数据进行加工处理的部件。我们知道，计算机所做的每一件事情都是一系列极其简单而又极其快速的算术运算和逻辑运算的结果，运算器在控制器的控制下完成对二进制数的加、减、乘、除等基本算术运算以及与、或、非等基本逻辑运算。

运算器主要由算术逻辑运算部件和寄存器组成。算术逻辑运算部件是可以执行算术运算和逻辑运算的逻辑电路，具体执行哪一种运算则由控制器发来的控制信号决定。寄存器用来保存算术逻辑运算部件正在处理的数据，运算结果可以暂存在寄存器中，也可以在控制器的控制下送到指定的内存单元中。一般来说，寄存器的个数多一些，运算器中可以暂存的信息就多一些，从而减少了访问内存的次数，提高机器的工作速度。

运算器一次能处理数据的字节数称为**字**（word），一个字所包含的二进制位数称为字长。显然，字长越长，计算机的处理能力就越强。目前，一般大型计算机的字长在 128～256 之间，小型计算机的字长在 64～128 之间，微型计算机的字长在 32～64 之间。随着计算机技术的发展，各种类型计算机的字长有增加的趋势。

5.2.3　控制器

控制器是计算机的“神经中枢”，用来控制计算机各部件协调工作。控制器从内存中指定单元取指令进行译码，然后根据该指令的功能向有关部件发出控制命令，执行该指令。另外，控制器在工作过程中还要接收各部件反馈回来的信息。

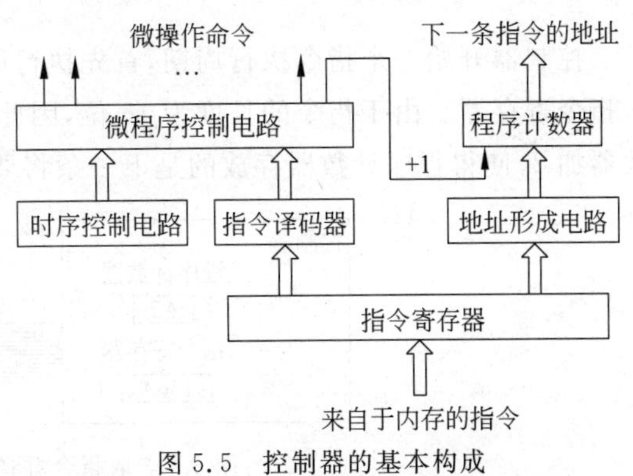

图 5.5　控制器的基本构成

如图 5.5 所示，控制器由程序计数器（PC）、指令寄存器（IR）、指令译码器（ID）、时序控制电路以及微程序控制电路等组成。其中，**程序计数器**用来对程序中的指令进行计数，使得程序计数器存放的是当前指令完成后将要执行的下一条指令在存储器中的地址；根据程序计数器中存放的地址从存储器中取出一条指令，送到指令寄存器中，因此，**指令寄存器**用来暂存正在执行的指令；**指令译码器**用来识别指令的功能，分析指令的操作要求，将指令翻译成控制信号；**时序控制电路**用来生成时序信号，以协调在指令执行周期内各部件的工作；**微操作控制电路**用来产生各种控制操作命令。

例 5.3　假设要把存放在地址为 6A 和 6C 的存储单元中的数相加，结果存放在地址为 6E 的存储单元中，完成该任务的指令序列如表 5.2 所示，请给出程序的执行过程。简单起见，指令的编码采用十六进制。

表 5.2　两个数相加的指令序列

指令编码	含　义
156A	把地址为 6A 的存储单元中的数取出装入寄存器 5
166C	把地址为 6C 的存储单元中的数取出装入寄存器 6
5056	把寄存器 5 和 6 的数相加，结果存入寄存器 0
306E	把寄存器 0 中的数存放到地址为 6E 的存储单元中
C000	停止

解：要执行表 5.2 所示的程序，首先需要将该程序装入内存中，并且把第一条指令的地址放在程序计数器中，从而启动该程序的执行，如图 5.6 所示。

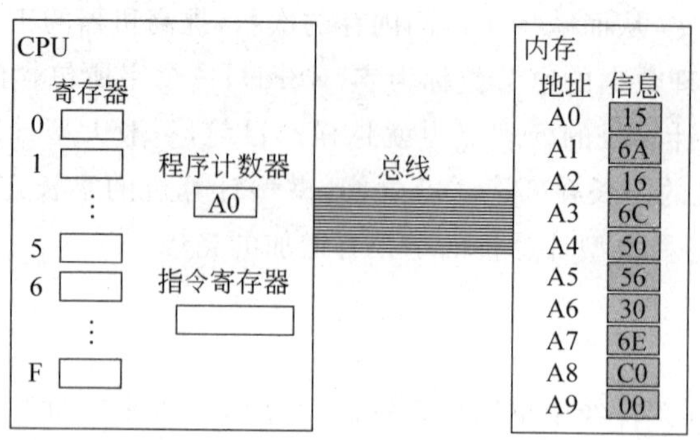

图 5.6 首先将程序装入内存中

控制器开始一个指令执行周期，首先执行取指令，把存放在地址 A0 的指令取出并送入指令寄存器。由于指令的长度为 16 位，因此指令占 A0 和 A1 两个字节，应该将程序计数器加 2，使得程序计数器存放的是下一条将要执行指令的地址，如图 5.7 所示。

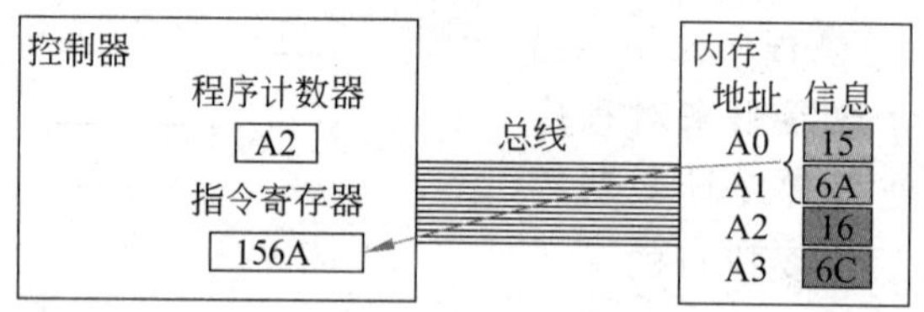

图 5.7 取指令并送入指令寄存器

接着，指令译码器分析指令寄存器中的指令，将指令翻译成控制信号，把地址为 6A 的存储单元的数据取到寄存器 5 中，如图 5.8 所示。由于指令本身被嵌入了电路逻辑中，所以 CPU 中的电路逻辑将决定执行什么操作，这就解释了为什么一台计算机只能执行它自己的指令系统。

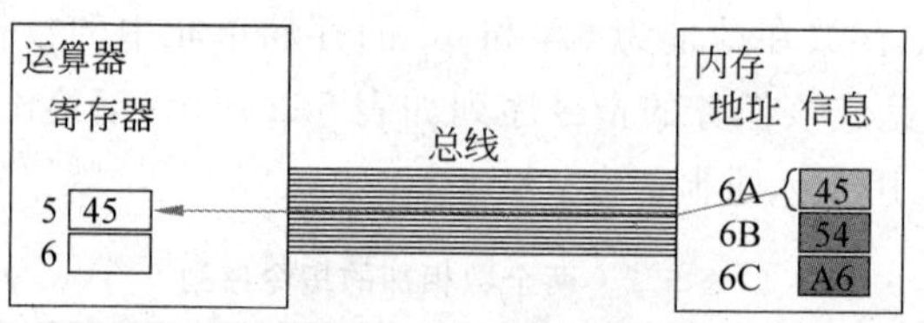

图 5.8 执行指令：从内存中取数据

然后，控制器开始下一个指令执行周期，直到执行停机指令。程序的具体执行过程如表 5.3 所示。

需要强调的是，数据和指令都保存在内存中，都是 0 和 1 的编码，所以，计算机并不知道哪个是数据哪个是指令。如果赋给程序计数器的值不是指令的起始地址，例如，如果在图 5.6 中给程序计数器置初值 A1，那么计算机是不会知道的，CPU 只会忠实地执行命令，控制器在对应的存储单元取出二进制位串后，会把它们当成指令来执行，这时就会出现错误。

表 5.3 程序的具体执行过程

机器周期	操作	
1	取指令	从地址 A0 开始的内存单元读取指令送到指令寄存器，程序计数器加 2
	分析指令	控制器分析指令寄存器中的指令 156A
	执行指令	把地址为 6A 的存储单元的数据取到寄存器 5 中
2	取指令	从地址 A2 开始的内存单元读取指令送到指令寄存器，程序计数器加 2
	分析指令	控制器分析指令寄存器中的指令 166C
	执行指令	把地址为 6C 的存储单元的数据取到寄存器 6 中
3	取指令	从地址 A4 开始的内存单元读取指令送到指令寄存器，程序计数器加 2
	分析指令	控制器分析指令寄存器中的指令 5056
	执行指令	启动算术运算部件实现加法操作，把结果存放在寄存器 0 中
4	取指令	从地址 A6 开始的内存单元读取指令送到指令寄存器，程序计数器加 2
	分析指令	控制器分析指令寄存器中的指令 306E
	执行指令	将寄存器 0 中的内容写入地址 6E 的内存单元
5	取指令	从地址 A8 开始的内存单元读取指令送到指令寄存器，程序计数器加 2
	分析指令	控制器分析指令寄存器中的指令 C000 为停止指令
	执行指令	控制器在这个指令执行周期的执行步骤停止，程序执行完毕

思考题

1. 现在的微处理器是集成在硅片上，是否有更好的替代品，例如在散热、集成、耐用性等方面能够有所提高？

2. 一个指令系统通常包含几百条指令，不同指令的执行速度有所不同，控制器如何知道何时开始一个指令执行周期？

5.3 输入输出设备

输入输出(Input/Output，I/O)操作是通过输入输出设备来完成的，这些设备提供了在外部环境和计算机之间交换数据的一种手段，是实现人机通信的工具。

5.3.1 输入设备

总体上讲，**输入设备接收来自用户的数据和程序并转换为计算机可以识别的二进制形式**。由于现实世界信息的形式各种各样，因此需要设计各种输入设备把这些多样的信息数字化。

1. 键盘

键盘是计算机最常用的输入设备，用户主要通过键盘向计算机输入命令、程序和数据等信息，或使用一些操作键和组合控制键来控制信息的输入、修改和编辑，或使用功能键对系统的运行进行一定程度的干预和控制。

> 现在的QWERTY键盘(以第一行按键的字母命名)是一百多年以前为了减少打字机的键与键之间的拥挤而设计的，许多新键盘的布局都比传统的计算机键盘的布局好，并且易于学习。但是一项技术一旦流行起来就很难消失，传统的QWERTY键盘仍然是大部分计算机上的标准键盘。

2. 定点输入设备

常用的定点输入设备有鼠标、跟踪球、操纵杆、光笔、触摸屏等。

鼠标是一种通过移动光标并做选择操作的输入设备，底部内置一个小球，有1到4个按钮(一般是2个)，由一根电缆与计算机相连。当鼠标在一个光滑的平面上移动时，小球滚动屏幕上的光标也沿同一方向移动。

跟踪球看上去像一个倒置的鼠标，常被附加或内置在键盘上，用法类似于鼠标，其主要优点是比鼠标需要的桌面空间要小。例如笔记本电脑的键盘上常内置一个跟踪球。

操纵杆(也称游戏杆)有一个类似于汽车齿轮变速装置的手柄，用来移动屏幕上的光标，顶端有一个按钮用来执行选择操作，主要用在游戏中。

触摸屏是一种覆盖了一层塑料的特殊显示屏，可以使用手指轻压屏幕特定的区域来选择某个选项，主要在商场、酒店、医院、飞机场等公共场所用于信息查询。

光笔是一种外形类似于圆珠笔的输入设备，通过与屏幕接触来选择或输入信息。例如个人数字助理、高档手机等都配备了光笔。

3. 扫描输入设备

扫描输入设备以图像形式输入文本或图形，并且转换成计算机能显示和识别的机器代码，提供了从数据源直接获取数据的一个有效途径。常用的扫描输入设备有扫描仪、数码相机、传真机、条形码识别器、光学字符阅读器等。扫描仪用于扫描平面文档，例如纸张、照片等，光学字符阅读器通过反射光来识别铅笔的痕迹，例如标准试卷的阅卷，条形码识别器用于识别商品上的条形码。

4. 语音输入设备

语音输入设备能直接将人的声音转换成计算机可以识别和处理的代码。语音输入设备具有巨大的发展潜力，语音识别技术的成熟将彻底改变用户与计算机的沟通方式。常见的语音输入设备有麦克、录音笔等。

5. 传感器

传感器是可以感知温度、湿度、压力、气味等物理数据的设备。目前，传感器应用在机器人技术、天气预报、医学监测、生物反馈以及科学研究领域，是普适计算机必不可少的输入设备。

5.3.2 输出设备

总体上讲，**输出设备将计算机内部的二进制信息转换成人们可以理解的形式提供给用户**。输出设备可以分为两类：软拷贝和硬拷贝。软拷贝是临时性的，没有实体性的东西留下来,例如在显示器上看到的文章或电影;硬拷贝是可以触摸和携带的,通常是以纸张形式保留下来。常用的输出设备有显示器、打印机、绘图仪、投影仪等。

1. 显示器

显示器属于软拷贝。显示器以及和它配套的显卡是计算机系统基本的输出设备之一,计算机运行时的各种状态、操作的结果都要随时显示在显示器上,显卡用于从内存中获取要显示的数据传送到显示器中。显示器主要有CRT(阴极射线管)显示器、LCD(液晶)显示器等。

2. 打印机

打印机属于硬拷贝。打印机分为击打式打印机和非击打式打印机,击打式打印机的噪声大且不能生成图形,常见的有点阵式打印机、行式打印机等。非击打式打印机的噪声小且能生成图形,常见的有激光打印机、喷墨打印机等。

3. 语音输出设备

语音输出设备属于软拷贝。最常见的语音输出设备是微型计算机上配备的立体声喇叭,可以一边工作一边听音乐,可以玩有声的游戏,还可以在计算机上作曲。

4. 绘图仪

绘图仪属于硬拷贝。绘图仪与打印机的原理类似,但能生成高质量的图形,主要用于大幅面输出。常见的绘图仪有笔式绘图仪、喷墨绘图仪、静电绘图仪、直接成像绘图仪等。

5.3.3 输入输出接口

在计算机硬件系统中,通常把**内存储器、运算器和控制器合称为主机**,而**主机以外的装置称为外部设备**(简称外设),外部设备包括输入输出设备和外存储器等。由于计算机的主机与外部设备之间数据传输的速度有很大差异,需要接口来协调二者之间的差异。**接口是指计算机系统中两个硬件设备之间的逻辑电路**,主机与输入输出设备之间的接口称为输入输出接口,简称I/O接口,外设和I/O接口之间通过电缆相连接。

从信息传送的方式来看,接口可分为**串行接口**(简称串口)和**并行接口**(简称并口)两大类。在串行接口中,外部设备和接口之间的信息按位进行传送,例如微机上用来连接鼠标的RS-232C接口就是一种常用的串口;在并行接口中,外部设备和接口之间的信息按字节(或字)进行传送,具有较高的数据传输速度,例如微机上连接打印机的LPT接口就是一种常用的并口。

目前最受欢迎的接口是USB接口,**USB接口**的目的是使所有的低速外设(例如扫描仪、打印机、鼠标、键盘、优盘、外置硬盘、数码相机,甚至显示器)都可以连接到统一的USB接口上。USB接口不需要独立供电(可以从主板上获得电源),支持热插拔(在开机状态下插拔),真正实现了"即插即用"。

思考题

1. 传感器接收的是模拟信息还是数字信息?其难点是什么?为什么普适计算机需要传感器作为输入设备?

2. 条形码、身份证号码的最后一位通常是校验位,为什么要设置校验位?

3. 目前银行个人储蓄窗口使用的打印机大多是击打式还是非击打式打印机？为什么？

4. 关闭正在打印的文档，打印机还能不能输出尚未打印完的资料？关闭打印机的电源呢？为什么？

阅读材料——著名计算机公司

1. 微软公司 http://www.microsoft.com/

Microsoft 缩略为 MS，是全球最著名的软件商，现今 90%以上的微机都装载了 Microsoft 的操作系统，还占据了桌面应用程序领域的主导地位，并且不断超越传统的软件市场，拓展新的发展领域。如今，微软公司的产品已经遍及 50 多个国家。

2. 英特尔公司 http://www.intel.com/

Intel 公司是世界上最大的 CPU 及相关芯片制造商，现今 80%以上的微机都是使用 Intel 公司生产的 CPU。Intel 公司不仅统领了 CPU 的设计，还在 CPU 接口、芯片组、高速缓存甚至主板等方面处于决定性的领导地位。

3. IBM 公司 http://www.ibm.com/

1981 年 IBM 首次推出 PC，引发了一场个人计算机革命。随着计算机行业竞争的日趋激烈，IBM 放弃了非计算机相关的商业，与苹果、Cyrix 和 Motorola 结成同盟，兼并了 Lotus 和 Tivoli 公司。几十年来，IBM 在计算机硬件领域始终保持统治地位。

4. Sun 公司 http://www.sun.com/

Sun 公司的主要业务是图形工作站，拥有超过 30%的国际市场份额，并且每年以 15%～20%的速度增长。Sun 公司致力于网络商品的开发，Sun 成立了 Javasoft 分公司，充分证明了 Sun 致力于建立以 Java 为中心的软件平台的决心。2009 年，Sun 公司并入 Oracle 公司。

5. 惠普公司 http://www.hp.com/

惠普公司(Hewlett Packard，HP 公司)创建于 1938 年，是硅谷始创公司之一，如今惠普已成为打印机市场的领导者，也是 PC 和工作站市场中的顶尖厂家。

6. Cisco 系统公司 http://www.cisco.com/

Cisco 公司在网络市场占有主导地位，80%以上的主干 Internet 路由器是由 Cisco 提供的。Cisco 公司在路由器、交换机和多层交换技术等方面都具有统领地位。

7. Oracle 公司 http://www.oracle.com/

Oracle 公司目前已成为世界上最主要的关系数据库软件厂商，Oracle 数据库拥有超过 40%的数据库市场份额，Oracle 公司的关系数据库产品可运行在从便携机至主机的各种平台下。2009 年，Oracle 公司并购 Sun 公司，其产品线包括服务器/工作站、数据库、Java 和其他很多开源程序。

8. Dell 公司 http://www.dell.com/

Dell 公司目前已成为世界上主要的 PC 机直销商。另外 Dell 还推出了 Dell 财政服务，客户不仅能直接购买到计算机，同时也在国际市场中迅速发展其租赁业务。

9. Adobe公司 http://www.adobe.com/

Adobe公司是桌面出版领域的领导者,主要产品有Acrobat、Photoshop、PageMail和PostScript。Adobe已经把许多Macintosh领域的Adobe产品移植到Windows下。

习 题 5

一、选择题

1. 能对二进制数进行与、或、非等基本逻辑运算,实现逻辑判断的是( )。
   A. 运算器　　B. 控制器
   C. 存储器　　D. 输入输出设备
2. 硬盘属于个人计算机的( )。
   A. 主存储器　B. 输入设备　C. 输出设备　D. 辅助存储器
3. 以下( )不属于计算机的基本组成部件。
   A. CPU　　B. 存储器
   C. 总线　　D. 输入输出设备
4. CPU由( )组成。
   A. 运算器和存储器　　B. 控制器和存储器
   C. 运算器和控制器　　D. 加法器和乘法器
5. 在主存储器和CPU之间增加高速缓存的目的是( )。
   A. 解决CPU和主存之间的速度匹配问题
   B. 扩大主存的容量
   C. 扩大CPU中寄存器的数量
   D. 既扩大主存的容量又扩大CPU中寄存器的数量
6. 以下存储设备中,数据在电源断电以后就消失的部件是( )。
   A. 外存储器　B. 移动存储器　C. 内存储器　D. 硬盘
7. 存储器ROM是( )的设备。
   A. 可读可写数据　B. 可写数据　C. 只读数据　D. 不可读写数据
8. 当谈及计算机的内存时,通常指的是( )。
   A. RAM　B. ROM　C. Cache　D. 虚拟内存

二、简答题

1. 计算机系统的存储器分为哪几个层次?为什么要划分存储器的层次?
2. 在计算机系统中,位、字节、字和字长所表示的含义各是什么?
3. 解释内存中存储单元的概念。
4. 简述控制器的基本工作过程。
5. 假设用一个容量为8GB的优盘存储文字资料,则最多可以存储多少个汉字?假设存储mp3文件,则最多可以存储多少首歌呢?
6. 图5.9(a)给出了内存中某些存储单元的内容,执行图5.9(b)给定的指令序列,写出这些存储单元的变化过程。

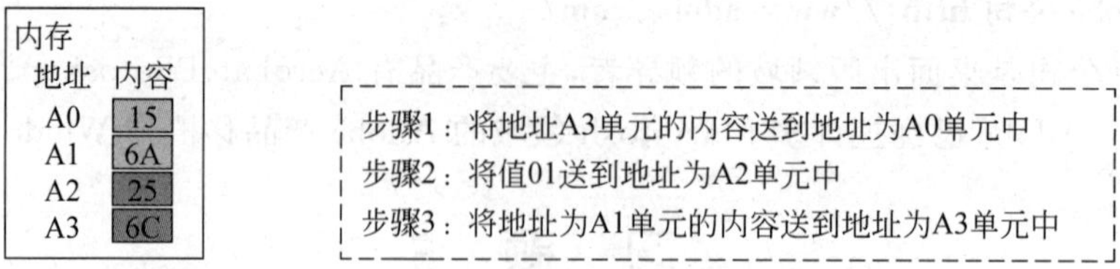

(a) 内存单元的状态　　(b) 指令的执行步骤

图 5.9 第 6 题图

三、讨论题

1. 抄写一份销售计算机的广告,说明其中的技术参数。

2. 在冯·诺依曼计算机中,运算器是整个系统的核心,但随着计算机的发展,存储器成为提高计算机性能的瓶颈,存储器逐渐成为整个系统的核心。你能分析具体的原因吗?

3. 上网查找计算机的存储器、CPU、输入输出等部件的发展趋势,体会每个趋势会给计算机的发展带来什么影响。

4. 惠普等机构的研究人员正在致力于分子级的电子学——分子电子学的研究,它最终能生产出比今天的计算机的运算速度快百万倍的新型计算机。分子电路技术的突破将开启普适计算机的序幕,计算机可以小至能够在衣服的纤维里移动,以人体散发的热量和自然光作为能源。请查找分子电子学方面的资料并讨论其发展前景。

第 3 部分　程 序 设 计

计算机科学研究如何用计算机来解决人类所面临的各种问题。用计算机求解任何问题都离不开程序，人要和计算机有效地交流，必须通过程序。程序设计在计算机系统的位置如下图所示。

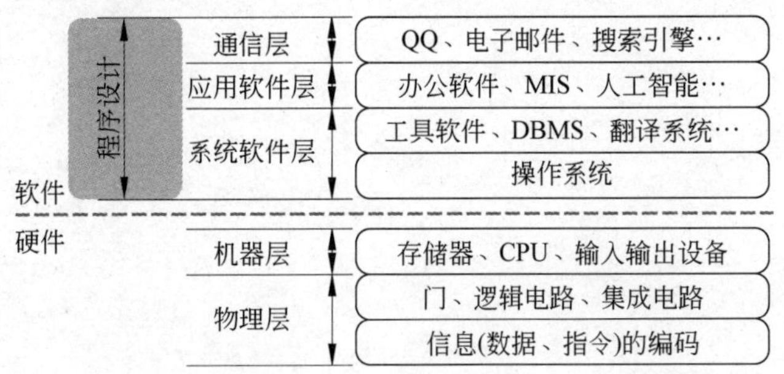

第 6 章讨论程序设计的一般过程以及程序设计涉及的基本知识。程序设计的关键是数据表示和数据处理，数据表示需要从实际问题抽象出数据模型，再用程序设计语言来表示数据模型，这涉及数据结构和程序设计语言的知识；数据处理需要将人的想法描述成算法，再用程序设计语言实现算法，这涉及算法和程序设计语言的知识；现代程序设计通常采用高级语言，高级语言程序需要转换为等价的机器指令才能在计算机上执行，这涉及翻译程序的知识。

第6章 问题求解与程序设计

CHAPTER

冯·诺依曼计算机的基本特征是存储程序，也就是说，用计算机求解现实生活中的具体问题，必须事先设计好程序并存储在计算机中，然后让计算机执行程序才能获得问题的解。本章讨论的主要问题是：

① 什么是程序？什么是程序设计？什么是程序设计语言？

② 程序是怎么设计出来的？程序设计的关键是什么？

③ 计算机运行程序的过程就是对数据的加工处理过程，如何将数据存储到计算机的内存中？如何描述问题的处理方法和具体步骤才能让计算机"看懂"呢？

④ 为了方便编写程序，现代程序设计普遍采用高级程序设计语言，高级语言程序如何转换为等价的机器指令？

【情景问题】 七桥问题

17世纪的东普鲁士有一座哥尼斯堡城（现在叫加里宁格勒，在波罗的海南岸），城中有一座岛，普雷格尔河的两条支流环绕其旁，并将整个城市分成北区、东区、南区和岛区4个区域，全城共有7座桥将4个城区连接起来，如图6.1所示。于是，产生了一个有趣的问题：一个人是否能在一次步行中经过全部的七座桥后回到起点，且每座桥只经过一次？

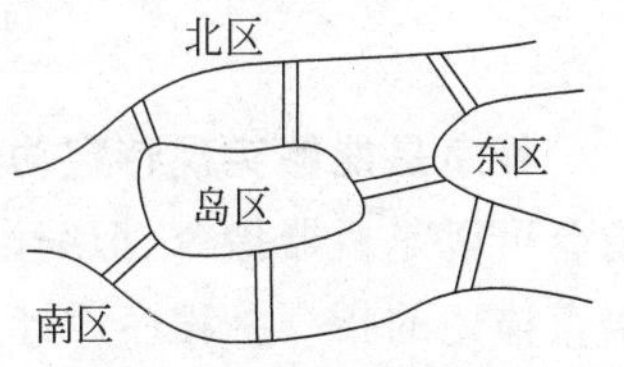

图6.1 七桥问题示意图

伟大的数学家欧拉（Leonhard Euler，1707—1783）于1736年发表了论文《与位置几何有关的一个问题的解》，文中提出并解决了七桥问题，为图论的形成奠定了基础。今天，图论已广泛应用在计算机科学、运筹学、控制论、信息论等学科中，成为对现实世界进行抽象的一个强有力的数学工具。

为了解决七桥问题，欧拉用A、B、C、D表示4个城区，用7条线表示

7座桥，将七桥问题抽象为一个图模型，如图6.2所示。从而将七桥问题抽象为一个数学问题：求经过图中每条边一次且仅一次的回路，后来人们称之为欧拉回路。欧拉论证了这样的回路是不存在的，并且将问题进行了一般化处理，即对于任意多的城区和任意多的桥，给出了是否存在欧拉回路的判定规则：

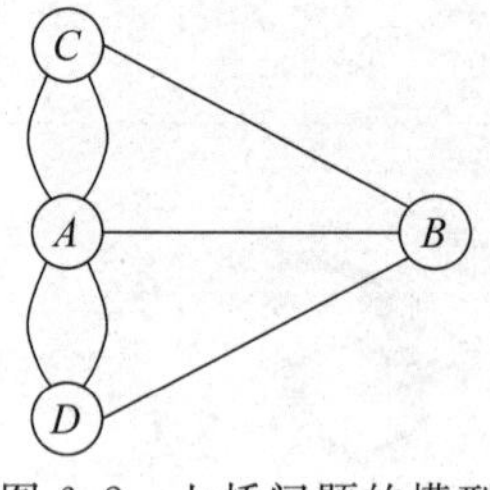

图6.2 七桥问题的模型

(1) 如果通奇数桥的地方多于两个，则不存在欧拉回路；

(2) 如果只有两个地方通奇数桥，可以从这两个地方之一出发，找到欧拉回路；

(3) 如果没有一个地方通奇数桥，则无论从哪里出发，都能找到欧拉回路。

6.1 问题求解与程序设计

6.1.1 程序设计的一般过程

计算机是一个大容量、可以高速运转、但没有思维的机器，计算机看起来聪明是因为它能精确、快速地执行算术运算和逻辑运算。计算机不能分析问题并产生问题的解决方案，用计算机解决某一个特定的问题，必须事先编写程序，告诉计算机需要做哪些事，按什么步骤去做，然后让计算机执行程序，最终获得问题的解。用计算机求解问题的一般过程如图6.3所示。

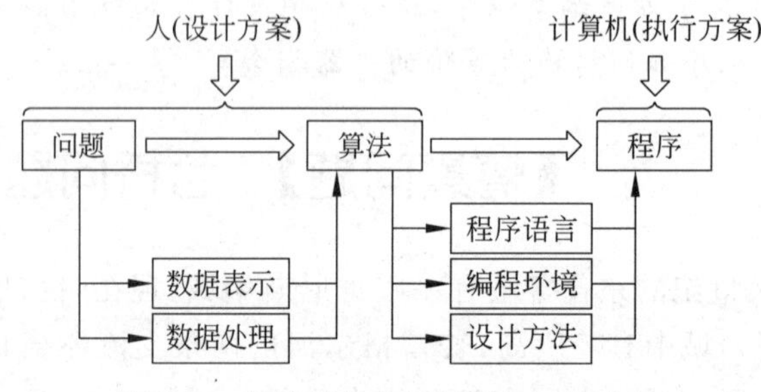

图6.3 用计算机求解问题的一般过程

程序是能够实现特定功能的指令的有限序列，是描述对某一问题的求解步骤。其中，指令可以是机器指令、汇编语言的语句，也可以是高级语言的语句，甚至还可以是用自然语言描述的指令。**程序设计是给出解决特定问题的程序的过程，是软件构造活动中的重要组成部分，程序设计往往以某种程序设计语言为工具，给出这种语言下的程序**。专业的程序设计人员常被称为程序员。

广义上讲，程序可以认为是一种行动方案或工作步骤。在日常生活中，我们经常会碰到这样的程序：某个会议的日程安排、手工制作的说明等。计算机程序实际上也是一种处理事情时按时间顺序的工作步骤。由于组成计算机程序的基本单位是指令，因此，计算机程序就是按照工作步骤事先编排好的指令序列。

6.1.2 程序设计的关键

程序设计的关键是数据表示和数据处理。**数据表示**完成的任务是从问题抽象出数据模型，并将该模型从机外表示转换为机内表示；**数据处理**完成的任务是对问题的求解方法进行抽象描述，即设计算法，再将算法的指令转换为某种程序设计语言对应的语句，转换所依据的规则就是某种程序设计语言的语法。换言之，就是用某种程序设计语言描述要处理的数据以及数据处理的过程。

1. 数据表示

用计算机求解问题首先要抽象出问题的数据模型。计算机能够求解的问题一般可以分为数值问题和非数值问题。数值问题抽象出的数据模型通常是数学方程，例如求解梁架结构中应力的模型是线性方程组，预报人口增长情况的模型是微分方程；非数值问题抽象出的数据模型通常是线性表、树、图等数据结构。

冯·诺依曼体系结构的特征是存储程序，计算机加工处理的数据以及数据之间的关系都要存储到计算机的内存中，所以，需要将抽象出的数据模型从机外表示转换为机内表示，也就是将数据模型存储到计算机的内存中，典型方法就是用程序设计语言描述数据模型。数据表示的一般过程如图 6.4 所示。

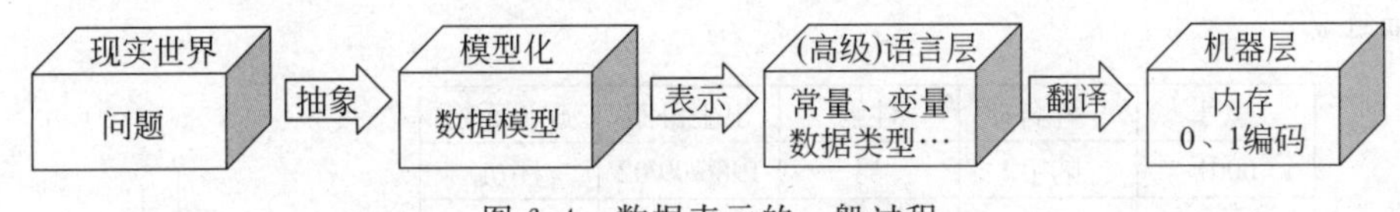

图 6.4 数据表示的一般过程

2. 数据处理

利用计算机解决问题的最重要一步是将人的想法描述成算法，也就是从计算机的角度设想计算机是如何一步一步完成这个任务的。有些问题很简单，很容易就可以得到问题的解决方案。如果问题比较复杂，就需要更多的思考才能得到问题的解决方案。问题的解决方案最终需要借助程序设计语言来表示，也就是将算法转换为程序，只有在计算机上能够运行良好的程序才能为人们解决特定的实际问题。数据处理的核心是算法设计，一般来说，对不同求解方法的抽象描述产生了相应的不同算法，而不同的算法将设计出不同的程序。数据处理的一般过程如图 6.5 所示。

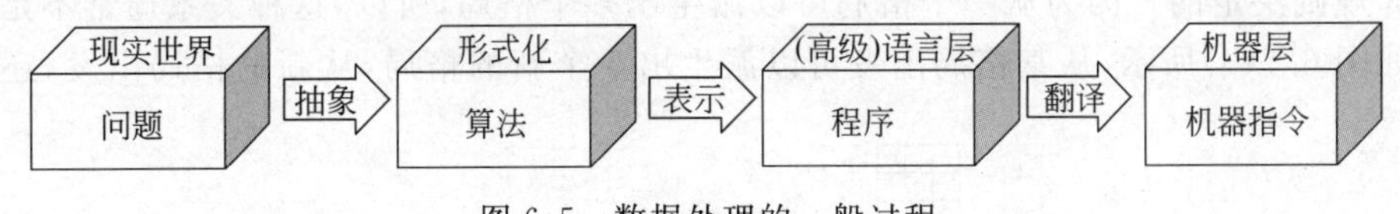

图 6.5 数据处理的一般过程

思考题

1. 用计算机求解问题，实质上计算机只做了一件事——执行程序，其他所有环节必须都由人来完成，为什么计算机不能设计程序而只能执行程序？

2. 在程序设计过程中，数据表示和数据处理都采用了分层方法，为什么采用分层方法？

6.2 数据结构

6.2.1 基本的数据结构

数据是指所有能输入到计算机中并能被计算机程序识别和处理的符号集合，是计算机程序加工处理的对象。数据的含义十分广泛，包括数值、字符、图形、图像、声音等。数据元素是数据的基本单位，在计算机程序中通常作为一个整体进行考虑和处理。

数据结构是指相互之间存在一定关系的数据元素的集合，通常，数据元素之间具有以下三种基本关系：

(1) 一对一的线性关系，具有这种关系的数据结构称为**线性结构**；

(2) 一对多的层次关系，具有这种关系的数据结构称为**树结构**；

(3) 多对多的任意关系，具有这种关系的数据结构称为**图结构**。

例 6.1 为学籍管理问题抽象数据模型。

解：用计算机来完成学籍管理，就是由计算机程序处理学生学籍登记表，实现增、删、改、查等功能。图 6.6(a)所示就是一张简单的学生学籍登记表。在学籍管理问题中，计算机的操作对象是每个学生的学籍信息——称为表项，各表项之间的关系可以用线性结构来描述。

学号	姓名	性别	出生日期	政治面貌
0001	陆宇	男	1986/09/02	团员
0002	李明	男	1985/12/25	党员
0003	汤晓影	女	1986/03/26	团员
⋮	⋮	⋮	⋮	⋮

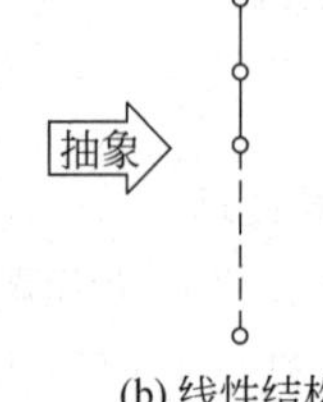

(a) 学生学籍登记表　　(b) 线性结构

图 6.6　学生学籍登记表及其数据模型

例 6.2 为人机对弈问题抽象数据模型。

解：计算机之所以能和人对弈，是因为对弈的策略已存入计算机。在对弈问题中，计算机的操作对象是对弈过程中可能出现的棋盘状态——称为格局，而格局之间的关系是由对弈规则决定的。因为从一个格局可以派生出多个格局，所以，这种关系通常不是线性的。如图 6.7(a)所示，从某格局出发可以派生出 5 个新的格局，从新的格局出发，还可以

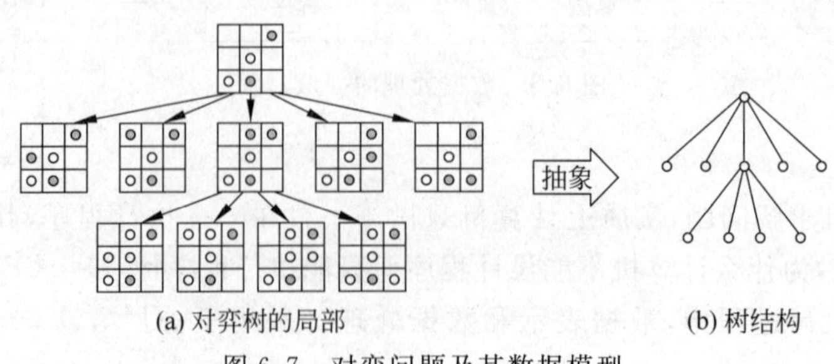

(a) 对弈树的局部　　(b) 树结构

图 6.7　对弈问题及其数据模型

再派生出新的格局，格局之间的关系可以用树结构来描述。

例 6.3 为七巧板涂色问题抽象数据模型。

解：假设有如图 6.8(a)所示的七巧板，使用至多 4 种不同颜色对七巧板涂色，要求每个区域涂一种颜色，相邻区域的颜色互不相同。为了识别不同区域的相邻关系，可以将七巧板的每个区域看成一个顶点。如果两个区域相邻，则这两个顶点之间有边相连，则将七巧板抽象为图结构。

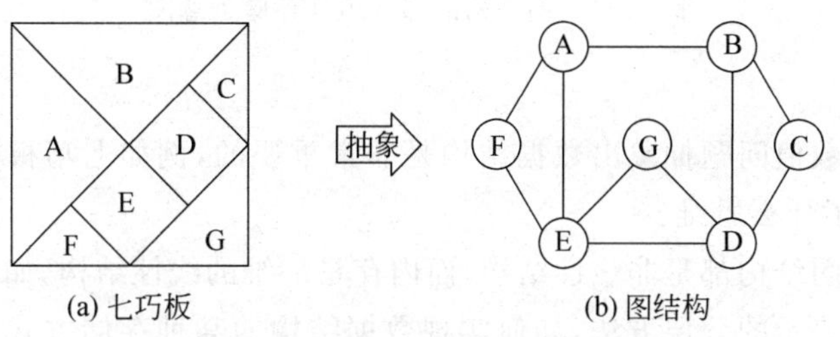

图 6.8 七巧板涂色问题及其数据模型

6.2.2 数据结构的存储表示

为现实世界的问题建立数据模型后，还要将该模型存储在计算机的内存中，也就是将数据从机外表示转换为机内表示。通常有两种存储表示方法：顺序存储方法和链接存储方法。**顺序存储**的基本思想是：用一组连续的存储单元依次存储数据元素，数据元素之间的逻辑关系由元素的存储位置来表示。**链接存储**的基本思想是：用一组任意的存储单元存储数据元素，数据元素之间的逻辑关系用指针来表示。例 6.1 所示线性结构的顺序存储示意图如图 6.9 所示，例 6.2 所示树结构的链接存储示意图如图 6.10 所示，例 6.3 所示图结构的邻接矩阵存储示意图如图 6.11 所示。

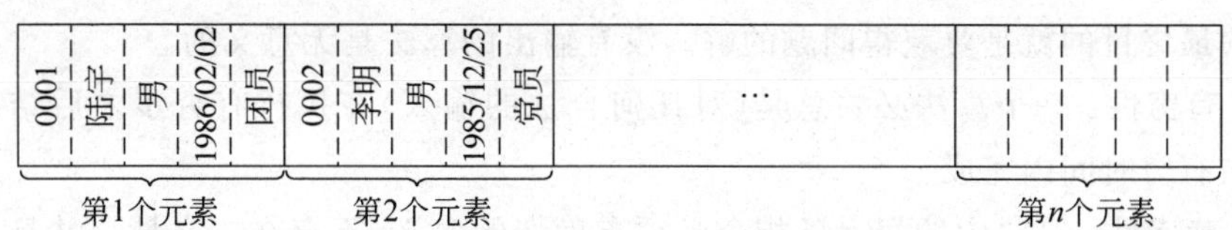

图 6.9 线性结构的顺序存储示意图

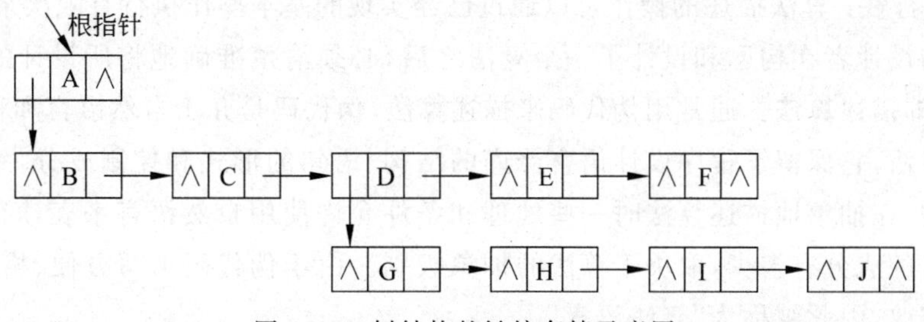

图 6.10 树结构的链接存储示意图

$$
\begin{array}{c} \\ A \\ B \\ C \\ D \\ E \\ F \\ G \end{array}
\begin{array}{c} \begin{array}{ccccccc} A & B & C & D & E & F & G \end{array} \\
\begin{pmatrix}
0 & 1 & 0 & 0 & 1 & 1 & 0 \\
1 & 0 & 1 & 1 & 0 & 0 & 0 \\
0 & 1 & 0 & 1 & 0 & 0 & 0 \\
0 & 1 & 1 & 0 & 1 & 0 & 1 \\
1 & 0 & 0 & 1 & 0 & 1 & 1 \\
1 & 0 & 0 & 0 & 1 & 0 & 0 \\
0 & 0 & 0 & 1 & 1 & 0 & 0
\end{pmatrix} \end{array}
$$

图 6.11 图结构的邻接矩阵存储示意图

思考题

1. 从一个非数值问题抽象出数据结构是非常重要的，例如七巧板涂色问题，你认为这其中主要采用了什么思维？

2. 树结构和图结构都是非线性结构，而内存是一维的线性结构，如何解决这个矛盾？

3. 按照数据表示的分层方法，如何实现数据结构的某种存储方式？例如，如何实现图的邻接矩阵存储？

6.3 算法和算法分析

6.3.1 算法及描述算法的方法

通俗地讲，算法是解决问题的方法。严格地说，**算法是对特定问题求解步骤的一种描述，是指令的有限序列**，此外，算法还必须满足下列5个重要特性。

(1) **输入**：一个算法有零个或多个输入。算法的输入来源于两种方式：一种是从外界获得数据，另一种是由算法自己产生被处理的数据。

(2) **输出**：一个算法有一个或多个输出。既然算法是为解决问题而设计的，那么算法实现的最终目的就是要获得问题的解。没有输出的算法是无意义的。

(3) **有穷性**：一个算法必须总是(对任何合法的输入)在执行有穷步之后结束，且每一步都在有穷时间内完成。

(4) **确定性**：算法中的每一条指令必须有确切的含义，不存在二义性。并且，在任何条件下，对于相同的输入只能得到相同的输出。

(5) **可行性**：算法描述的操作可以通过已经实现的基本操作执行有限次来实现。

算法的设计者在构思和设计了一个算法之后，必须清楚准确地将所设计的求解步骤记录下来，即**描述算法**。通常用伪代码来描述算法，**伪代码**是介于自然语言和程序设计语言之间的方法，它保留了程序设计语言严谨的结构、语句的形式和控制成分，忽略了繁琐的变量说明，在抽象地描述算法时一些处理和条件允许使用自然语言来表达。至于算法中自然语言的成分有多少，取决于算法的抽象级别。由于伪代码书写方便、格式紧凑、容易理解和修改，因此被称为“算法语言”。

例 6.4 设计算法，在一个含有 n 个元素的集合中查找最大值元素。

解：设最大值为 max，可以假定第1个元素为最大值元素，依次将第 2，3，…，n 个元素与 max 比较，max 中保存的始终是每次比较后的最大值元素，算法用伪代码描述如下：

```
step1: max←第 1 个元素；
step2: 初始化被比较元素的序号 i←2；
step3: 当 i 小于等于 n 时重复执行下述操作：
    step3.1: 如果第 i 个元素大于 max,则 max←第 i 个元素；
    step3.2: i←i+1；
step4: 输出 max；
```

例 6.5　设计算法，实现欧几里得算法。

解：设两个自然数是 m 和 n，欧几里得算法的基本思想是将 m 和 n 辗转相除直到余数为 0。例如，$m=35$，$n=25$，m 除以 n 的余数用 r 表示，计算过程如下：

除数 m	被除数 n	余数 r
35	25	10
25	10	5
10	5	0

当余数 r 为 0 时，被除数 n 就是 m 和 n 的最大公约数。算法用伪代码描述如下：

```
step1: r←m mod n;
step2: 循环直到 r 等于 0
    step2.1: m←n;
    step2.2: n←r;
    step2.3: r←m mod n;
step3: 输出 n;
```

6.3.2　算法分析

算法分析指的是对算法所需要的两种计算机资源——时间和空间进行估算，所需要的资源越多，该算法的复杂度就越高。不言而喻，对于任何给定的问题，设计出复杂度尽可能低的算法是设计算法时追求的一个重要目标；另一方面，当给定的问题有多种解法时，选择其中复杂度最低者，是选用算法时遵循的一个重要准则。随着计算机硬件性能的提高，一般情况下，算法所需要的额外空间已不是我们需要关注的重点了，但是对算法时间效率的追求仍然是计算机科学不变的主题。下面讨论算法时间复杂度的分析方法，对空间复杂度的分析是类似的。

> 算法设计有一个重要的原则：时空权衡。牺牲空间或其他替代资源，通常都可以减少时间代价。

为了客观地反映一个算法的执行时间，可以用算法中基本语句执行次数的数量级来度量算法的工作量。**基本语句**是执行次数与整个算法的执行次数成正比的语句,基本语句对算法运行时间的影响最大,是算法中最重要的操作。这种衡量效率的方法得出的不是时间量,而是一种增长趋势的度量,称作算法的**渐进时间复杂度,简称时间复杂度**,通常用大 O(读作"大欧")记号表示。

定理 6.1 若 $A(n)=a_m n^m+a_{m-1}n^{m-1}+\cdots+a_1 n+a_0$ 是一个 m 次多项式,则 $A(n)=O(n^m)$。

定理 6.1 说明,在计算任何算法的时间复杂度时,可以忽略所有低次幂和最高次幂的系数,这样能够简化算法分析,并且使注意力集中在最重要的一点增长率上。

分析算法的时间复杂度的基本方法是:找出所有语句中执行次数最大的那条语句作为基本语句,计算基本语句的执行次数,取其数量级放入大 O 中即可。

例 6.6 分析例 6.4 算法的时间复杂度。

解:基本语句是 step3.1 的比较语句,即第 i 个元素是否大于 max,该语句需要重复执行 $n-1$ 次,因此,算法的时间复杂度是 $O(n)$。

思考题

1. 算法是程序设计的关键,换言之,针对一个实际问题,如果找不到解决问题的算法,就一定写不出程序,你认同这个观点吗?

2. 算法分析常常是一件很困难的事情,你能分析欧几里得算法的时间复杂度吗?

3. 对事物的分析通常有两种方法:定性分析和定量分析。请说明定性分析和定量分析各适用于什么情况?算法的时间复杂度属于哪种分析方法?

6.4 程序设计语言

语言是思维的工具,思维是通过语言来表达的,程序设计语言是计算机可以识别的语言,是人与计算机交流的工具。人把要计算机完成的工作告诉计算机,就需要使用程序设计语言编写程序,让计算机执行程序完成相应的工作。

6.4.1 程序设计语言的发展

程序设计语言的发展是一个不断演化的过程,其根本的推动力是对抽象机制的更高要求,以及对程序设计思想的更好的支持。具体地说,就是把机器能够理解的语言提升到也能够很好地模仿人类思考问题的形式。

1. 第一代程序设计语言(First Generation Language,1GL)——机器语言

在程序设计语言发展史上首先出现的是机器语言,世界上第一台可执行程序计算机诞生后便产生了机器语言。**机器语言使用内置在计算机电路中的指令,计算机能够执行的全部指令集合构成计算机指令系统**,不同型号的计算机有不同的指令系统,从而形成了不同型号计算机的特点和相互间的差别。例如,某计算机规定用"00000100"表示加法指令,遇到这样的二进制位串就执行一次加法操作。

用机器语言编写程序相当繁琐，程序生产率很低，质量难以保证并且程序不能通用。想象一下如何在图 6.12 所示的机器语言程序中查找错误！

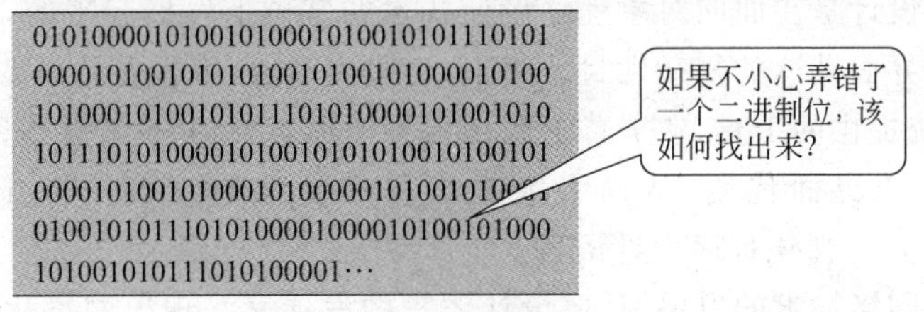

图 6.12　机器语言程序示例

2. 第二代程序设计语言（Second Generation Language，2GL）——汇编语言

用机器语言进行程序设计不仅枯燥费时，而且容易出错。20 世纪 50 年代初出现了**汇编语言，它使用助记符表示每条机器语言指令**，例如 ADD 表示加，SUB 表示减，MOV 表示传送数据，还可以使用十进制数或十六进制数。

因为程序最终在计算机上执行时采用的都是机器指令，所以需要用一种称为汇编器的翻译程序，把用汇编语言编写的程序翻译成等价的机器指令。相对于机器语言，汇编语言简化了程序的编写。汇编语言程序与硬件密切相关，因此程序也不能通用。图 6.13 是一个汇编语言程序的例子。

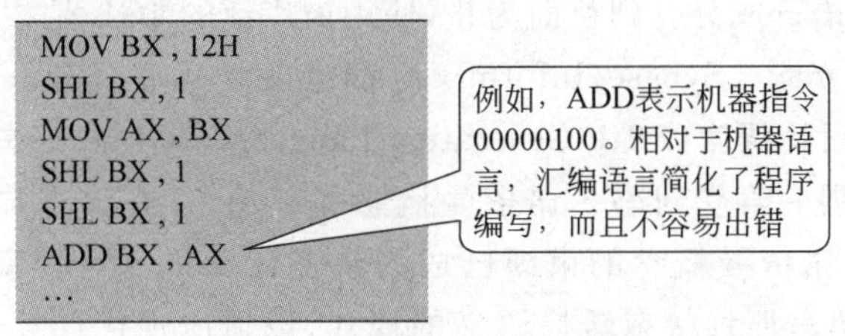

图 6.13　汇编语言程序示例

3. 第三代程序设计语言（Third Generation Language，3GL）——高级语言

当硬件变得更强大时，就需要更强大的软件使计算机得到更有效的使用。20 世纪 50 年代中期出现了第一个高级程序设计语言（简称**高级语言**，相应地，机器语言和汇编语言称为**低级语言，低级意味着要求程序员从机器的层次上考虑问题**）——FORTRAN 语言，后来又相继出现了 COBOL、ALGOL60、BASIC 等高级语言。

高级语言的指令形式类似于自然语言和数学语言，不仅容易学习，方便编程，也提高了程序的可读性。每种高级语言都有相应的翻译程序，把高级语言程序翻译成等价的机器指令。高级语言程序不依赖于计算机硬件，是面向过程（即描述相应的计算过程）的语言，通常又称为过程语言。

1968 年，荷兰计算机科学家迪杰斯特拉发表了论文《GOTO 语句的害处》，指出调试和修改程序的困难与程序中包含 GOTO 语句的数量成正比，从此，各种**结构化程序设计**理念逐渐确立起来。Pascal 语言和 Modula-1 语言都是采用结构化程序设计规则制定的，Basic 语言也被升级为具有结构化的版本，此外，还出现了灵活且功能强大的 C 语言。

面向对象的程序设计最早是在 20 世纪 70 年代提出的，当时主要是用在 Smalltalk 语言中。20世纪90年代，面向对象的程序设计逐步代替了结构化程序设计，成为目前最流行的程序设计技术，Java、C++、C#等都是面向对象程序设计语言。

可视化程序设计是在面向对象程序设计技术的基础上发展起来的，可视化程序设计语言把图形用户界面设计的复杂性封装起来，定义为对象，编程人员只需根据设计要求的屏幕布局，用系统提供的工具，在屏幕上画出各种图形对象，并设置这些图形对象的属性，系统就会自动产生界面代码，从而大大提高程序设计的效率。Visual Basic、Delphi、Visual C++等都是可视化程序设计语言。

随着计算机网络技术的发展，程序设计语言的发展又呈现出网络化的发展趋势。**网络程序设计**语言是在网络环境下进行程序设计，包括服务器端程序设计和客户端程序设计，常用的服务器端程序设计语言有ASP(Active Server Pages)、PHP(Perl Hypertext Preprocessor)和JSP(Server Pages)等，常用的客户端程序设计语言有JavaScript和VBScript等。

4. 第四代程序设计语言(Forth Generation Language,4GL)——非过程式语言

20世纪70年代末到80年代初，随着数据库技术和微型计算机的发展，出现了面向问题的非过程式程序设计语言。与前三代程序设计语言相比，4GL上升到一个更高的抽象层次，利用4GL开发软件只需要考虑"做什么"而不必考虑"如何做"，不涉及太多的算法细节，从而大大提高软件生产率。许多4GL为了提高对问题的表达能力和语言的效率，引入了过程化的语言成分。到目前为止，使用最广泛的4GL是数据库查询语言，许多大型数据库语言如Oracle、Sybase、Informix等都包含有4GL成分。

5. 第五代程序设计语言(Fifth Generation Language,5GL)——知识型语言

由于3GL的发展一直受到冯·诺依曼概念的制约，存在许多局限性，进入20世纪80年代后，摆脱冯·诺依曼概念的束缚已成为众多计算机语言学家为之奋斗的目标。5GL力求摆脱传统语言那种状态转换语义的模式，以适应现代计算机系统知识化、智能化的发展趋势。目前，5GL主要应用在人工智能研究上，典型代表是LISP语言和PROLOG语言。PROLOG语言属于逻辑型语言，以形式逻辑和谓词演算为基础，LISP语言属于函数型语言，以λ演算为基础。

目前，4GL和5GL的发展都不是很成熟，在效率、应用等方面都存在诸多问题，常用的程序设计语言仍然是3GL。由于高级语言程序需要转换为机器语言程序来执行，因此，高级语言程序对软硬件资源的消耗就更多，运行效率也较低。由于汇编语言和机器语言可以利用计算机的所有硬件特性并直接控制硬件，同时，汇编语言和机器语言的运行效率较高，因此，在实时控制、实时检测等领域的许多应用程序仍然使用汇编语言和机器语言来编写。

6.4.2 程序设计语言的基本要素

程序设计语言是为了方便描述计算过程而人为设计的符号语言，设计程序设计语言的根本目标在于使人类能够以熟悉的方式编写程序，因此，程序设计语言与自然语言之间有很多相似之处。自然语言的一篇文章由段落、句子、单词和字母组成，类似地，程序设计语言的一个程序由模块、语句、单词和基本字符组成。例如，C程序由一个或多个函数组成，函数由若干条语句构成，语句由单词构成，单词由基本符号构成。C 程序的基本构成如图 6.14 所示。

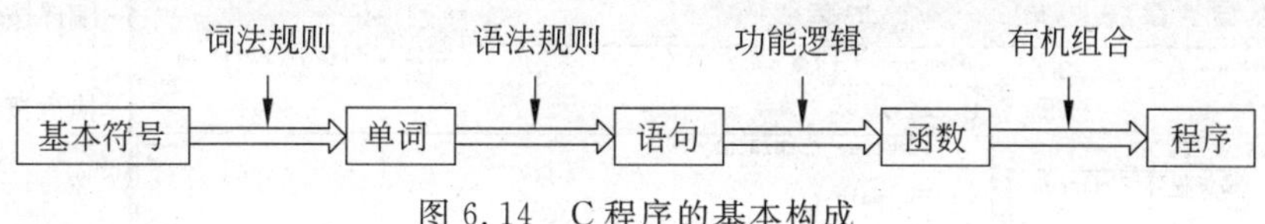

图 6.14　C 程序的基本构成

同自然语言一样，程序设计语言也是由语法和语义两方面定义的。其中，**语法包括词法规则和语法规则**，词法规则规定了如何从语言的基本符号构成词法单位（也称单词），语法规则规定了如何由单词构成语法单位（例如表达式、语句等），这些规则是判断一个字符串是否构成一个形式上正确的程序的依据；**语义规则**规定了各语法单位的具体含义，程序设计语言的语义具有上下文无关性，程序文本所表示的语义是单一的、确定的。从某种角度来说，学习程序设计语言主要就是学习这些规则。

> 有人这样形容：程序设计就像神话中的巫术，只要在键盘上键入正确的咒语，屏幕上就会变幻，就会出现前所未有的事物。的确，在编写程序时，必须严格按照语法规则构造语句，因为计算机是以这样的方式来实现巫术：如果咒语中的一个字符、一个停顿没有与正确的形式一致，巫术就不会出现。实际上，编程是一个要求非常苛刻的过程，学习编程最困难的部分，是将做事的方式向追求完美的方向调整，聪明、理性、简单、细致是程序员的共同特征。

程序设计的过程就是利用计算机求解问题的过程，这个过程最终需要借助程序设计语言来表示解决方案，因此，学习程序设计语言的最终目的是能够表示问题的解决方案。实际上，所有程序设计语言的最终目的都是一样的，就是控制计算机按照人们的意愿去工作。共同的目的使各种各样的程序设计语言具有共同的基本内容，无论哪一种程序设计语言，都是以**数据的表示**（常量、变量、数据类型等）、**数据的组织**（数组、结构体、类等）、**数据处理**（赋值运算、算术运算、逻辑运算等）、程序的**流程控制**（顺序、分支、循环等）、**数据传递**（全局变量、函数调用、消息传递等）为基本内容，只是不同的语言采用不同的方法实现上述基本内容，体现为不同的程序设计语言具有不同的表述格式（即语法规则）。

6.4.3　程序设计的环境

广义上，程序设计的环境包括所有与程序设计相关的硬件环境和软件环境，狭义上，**程序设计的环境是指利用程序设计语言进行程序开发的编程环境**。这里只讨论狭义上的编程环境。有些语言需要指定的编程环境（例如 Visual Basic 语言），有些语言只需要一个文本编辑器（例如 JavaScript 语言），有些语言有很多可供选择的编程环境（例如 C/C++ 语言常用的编程环境有 Turbo C、Microsoft C、Microsoft Visual C++ 、Borland C++ 、Dev C++ 等）。

目前的编程环境大都是**交互式集成开发环境**（Integrated Design Environment，IDE），包括程序编辑、程序编译、运行调试等功能。此外，还包括许多编程的实用程序。熟练使用编程工具和环境，也是提高编程效率的因素之一，初学者应该尽快熟悉编程环境。Microsoft Visual C++ 6.0 集成开发环境如图 6.15 所示。

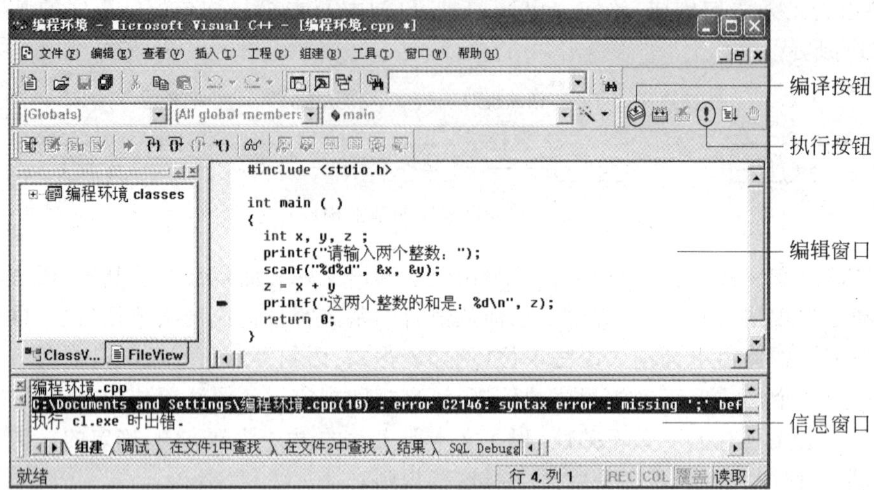

图 6.15　VC＋＋集成开发环境

思考题

1. 未来的程序能不能用自然语言编写？能不能由算法自动生成程序？

2. 为什么会存在这么多程序设计语言？众多的程序设计语言从哪里开始学习？是学习 C 语言、C++ 语言还是 Java 语言？这些语言是否应该有一些共性的基本知识？

6.5　翻译程序

6.5.1　翻译程序的工作方式

利用高级语言编写的程序不能直接在计算机上执行，因为计算机只能执行二进制的机器指令，所以，必须将高级语言编写的程序（称为**源程序**）转换为在逻辑上等价的机器指令（称为**目标程序**），实现这种转换的程序称为**翻译程序**。不同的程序设计语言需要有不同的翻译程序，同一种程序设计语言在不同类型的计算机上也需要配置不同的翻译程序，如图 6.16 所示。

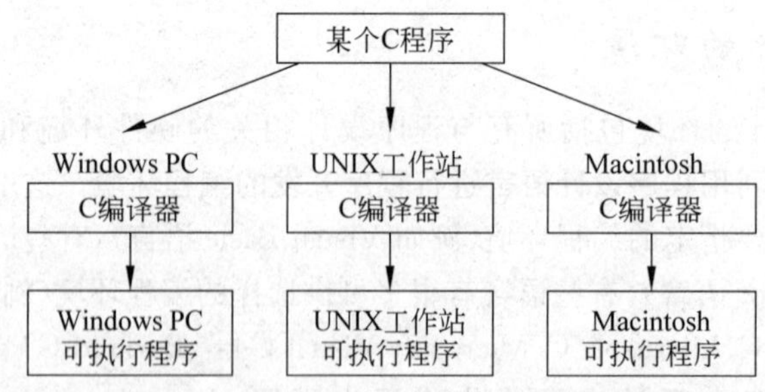

图 6.16　不同类型的计算机上需要配置不同的翻译程序

翻译程序的工作方式通常分为两种：解释方式和编译方式。

解释一般是翻译一句执行一句，即在翻译过程中，并不把源程序翻译成一个完整的目标程序，而是按照源程序中语句的顺序逐条语句翻译成机器可执行的指令并立即予以执行，如图6.17所示。由于解释方式不产生目标代码，所以，源程序的执行不能脱离其解释环境，并且每次运行都需要重新解释，早期的BASIC语言和近年来流行的Java语言都具有逐条解释执行程序的功能。

编译是一个整体理解和翻译的过程，即先由编译程序把源程序翻译成目标程序，然后再由计算机执行目标程序，如图6.18所示。由于编译后形成了可执行的目标代码，所以，目标程序可以脱离其语言环境独立执行，但对源程序修改后需要重新编译，C语言、C++语言都是编译型语言。

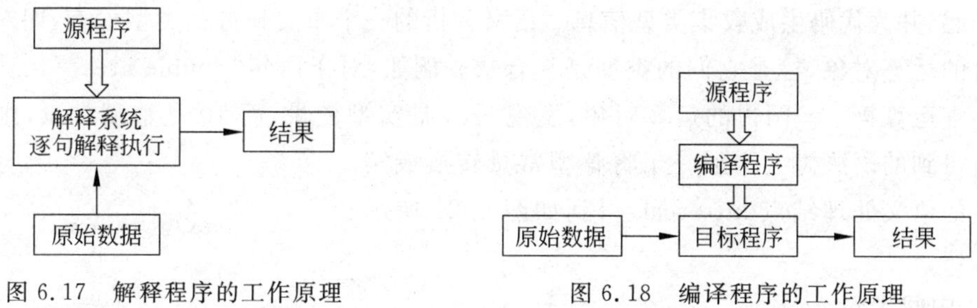

图6.17　解释程序的工作原理　　图6.18　编译程序的工作原理

6.5.2　编译程序的基本过程

下面以编译程序为例介绍翻译程序的基本过程，编译程序的设计原理与方法同样也可以用于解释程序。

编译程序是把源程序翻译成目标程序，因此，编译程序需要根据源语言的具体特点和对目标程序的具体要求来设计。如同自然语言的翻译，**编译程序的翻译规则是源语言的语法规则和语义规则**。C语言编译程序的处理过程如图6.19所示。

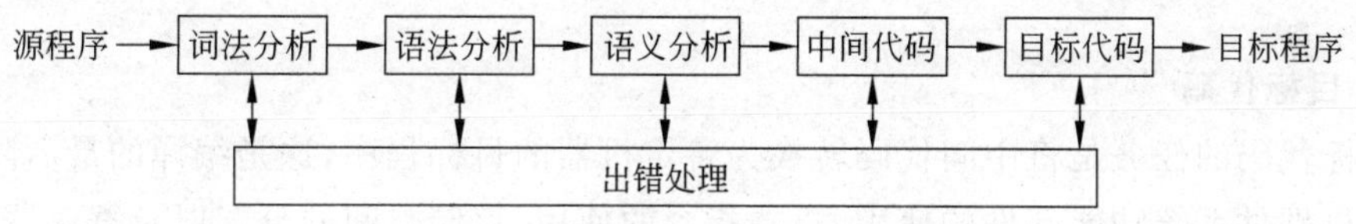

图6.19　C语言编译程序的处理过程

1. 词法分析

词法分析的任务是对源程序进行扫描和分解，按照词法规则识别出一个个的单词，如关键字、标识符、运算符等，并将单词转化为某种机内表示。例如，C语言的编译程序在词法分析阶段将语句“double area=10;”分解为如下5个单词。

double　area　=　10　;
①　②　③　④　⑤

其中，单词①是关键字，单词②是标识符，单词③是运算符，单词④是常量，单词⑤是分隔符。

如果发现词法错误，则指出错误位置，给出错误信息。为此，词法分析还需要标记源程序的行号，以便可以将错误信息和行号联系到一起。

2. 语法分析

语法分析是编译程序的核心部分，它的任务是对词法分析得到的单词序列按照语法规则分析出一个个的语法单位，如表达式、语句等。如果发现语法错误，则指出错误位置，给出错误信息。例如，语法分析将语句“double area＝10;”表示成如图 6.20 所示的语法树，并得出分析结果：是一个语法上正确的变量初始化语句。

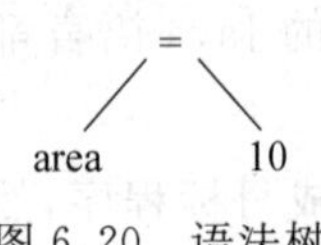

图 6.20 语法树

3. 语义分析

语义分析的任务是检查程序中语义的正确性，以保证单词或语法单位能有意义地结合在一起，并为代码生成收集类型信息。语义分析的一个重要任务是类型检查，即对每个运算符的运算对象，检查它们的类型是否合法。例如，对于语句“double area＝10;”语义分析检查运算符“＝”两边的运算对象，发现 area 是实型变量，而 10 是整型常量，则在语法分析得到的语法树上增加一个将整型常量转换成实型常量的语义处理结点 inttoreal，得到如图 6.21 所示的语法树。

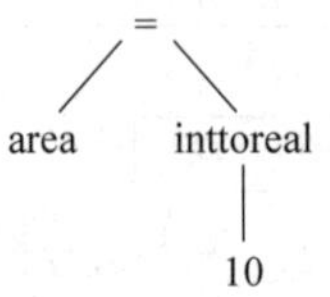

=
area inttoreal
10

图 6.21 增加语义处理的语法树

4. 中间代码

为了降低编译的难度，一般先将源程序转换为某种中间形式，然后再转换为目标代码。**中间代码**是复杂性介于源语言和机器语言之间的一种表现形式，常用的中间代码有三元式（运算符，运算对象 1，运算对象 2）、四元式（运算符，运算对象 1，运算对象 2，结果）、逆波兰式（运算对象 1，运算对象 2，运算符）等。

Java 程序的编译过程只到中间代码阶段，然后再由安装在计算机上的 Java 虚拟机把中间代码形式的 Java 程序转换为特定机器上的目标程序，以实现 Java 程序的跨平台特性。

5. 目标代码

目标代码的任务是将中间代码转换为特定机器的目标程序，这是编译的最后阶段，涉及计算机硬件系统功能部件的使用、机器指令的使用、存储空间的分配以及寄存器的调度等。显然，高级语言和计算机的多样性为目标代码生成的理论研究和实现技术带来很大的复杂性。

思考题

1. 程序的翻译过程和构造过程有相似之处吗？以 C 程序为例，对比 C 程序的构造过程和翻译过程。

2. 翻译程序的工作过程被分成词法分析、语法分析等多个阶段，这也是运用了分层的思想，为什么要分阶段完成？阶段划分的原则是什么？

3. 在 Visual C++ 6.0 编程环境下调试通过的程序，拿到 Dev C++ 编程环境下调试可能会出现错误，为什么？

阅读材料——几种经典的高级语言

FORTRAN：FORTRAN的名字是由英文FORmular TRANslation缩写而成，其含义是公式翻译。在20世纪50年代初期，人们考虑如何有效地把数学公式描述的计算过程翻译成计算机程序，设计FORTRAN语言的主要目的是为了描述科学计算的算法。FORTRAN语言诞生在1954年，它的编译器在1957年完成，是科学计算方面最主要的编程语言。

COBOL：1960年推出的COBOL(Common Business Oriented Language，通用事务处理语言)是在美国国防部推动下，由政府机构和工业界联合开发的一种语言，主要用于编制商业企业管理信息系统的处理程序和各种软件。COBOL语言曾经使用非常广泛，目前它已经走向衰败。

BASIC：1964年推出的BASIC(Beginner's All-purpose Symbolic Instruction Code，初学者通用符号指令代码)可能仍然是世界上使用人数最多的语言，设计者当时的设计思想是开发一个简单的交互式语言，用于学习程序设计。由于语言简单，BASIC语言可以在很低档的微机上实现，因此得到广泛普及。

Pascal：1968年推出的Pascal语言是由著名的瑞士计算机科学家N. Wirth设计的一种语言，从20世纪70年代末往后的很长一段时间中，Pascal语言被称为世界范围的计算机专业教学语言，对计算机科学技术的发展产生了巨大影响。

C/C++：C语言是由美国贝尔实验室的Ken Thompson和Dennis Retchie在1972年开发的，其目的是成为一种编制系统软件的工具语言。虽然当时高级语言已经有了很大发展，但是在写系统软件时仍然使用汇编语言。这主要有两方面的原因：一方面系统软件要求比较高的执行效率；另一方面，系统软件需要做许多与硬件密切相关的操作，当时的高级语言不能满足这些要求。C++是由Bjarne Stroustrup在美国贝尔实验室于1983年开发的，是C语言的超集。它一方面修正了C语言的一些弱点，另一方面，支持面向对象的程序设计。C++语言是目前使用最广泛的一种面向对象的程序设计语言。

Ada：Ada这个名字是为了纪念历史上第一位程序员Ada Lovelace，Ada语言开发的主要目的是作为新一代的美国军用程序设计语言。Ada语言自1983年作为标准提出后，虽然美国国防部大力推行，但由于它太复杂，不像预想的那样成功。

Java：1991年，SUN公司成立了由Jame Gosling、Bill Joe等人组成的绿色开发小组，负责开发消费电子产品，因为已存在的高级语言C/C++等不适合开发小型电子产品，于是开发了名为Oak的软件。1994年下半年，Internet的迅猛发展，万维网WWW的快速普及，使得SUN公司把Oak技术应用于网络，并命名为Java。Java语言在网络上的独特优势使它逐渐成为Internet上最受欢迎的一种编程语言。

C#：微软推出的C#语言是在更高层次上重新实现了C/C++，是一种面向对象的程序设计语言，可以让开发人员快速构建基于微软网络平台的应用，并且提供了大量的开发工具和服务帮助开发人员开发基于计算和通信的各种应用。

可视化编程语言:基于目前比较流行的视窗操作系统,存在很多可视化程序设计语言,其中很多是在上述高级语言的基础上发展起来的。目前比较流行的可视化编程工具有 Visual Basic、Visual C++、Eclipse、PowerBuilder 等。

习 题 6

一、选择题

1. 程序设计的关键是(　　)。

A. 数据表示　　B. 数据处理

C. 程序设计语言　　D. A 和 B

2. 排序是将一个记录的任意序列重新排列成一个有序的序列。排序问题抽象出的数据模型是(　　)。

A. 集合　　B. 线性结构　　C. 树结构　　D. 图结构

3. 以下(　　)不属于算法的基本特性。

A. 有穷性　　B. 确定性　　C. 健壮性　　D. 可行性

4. 第四代程序设计语言 4GL 属于(　　)语言。

A. 过程性　　B. 非过程性　　C. 知识型　　D. 以上都不是

5. (　　)是判断一个字符串是否构成一个形式上正确的程序的依据。

A. 词法规则　　B. 语义规则　　C. 语法　　D. 以上都是

6. 编译程序的作用是(　　)。

A. 把源程序翻译成目标程序　　B. 解释并执行源程序

C. 把目标程序翻译成源程序　　D. 对源程序进行编辑

二、简答题

1. 针对给定的实际问题,如何才能写出程序?关键环节是什么?

2. 对非数值处理问题,抽象出的模型有哪些?举例说明。

3. 高级语言一般指的是第几代程序设计语言?高级语言包含哪几类语言?

4. 用伪代码描述下列问题的算法,并分析时间复杂度:

(1) 求三个数中的最小值。

(2) 在一个含有 n 个元素的集合中查找最小值元素和次小值元素。

(3) 判定一个年份是否是闰年。闰年满足的条件是:①能被 4 整除,但不能被 100 整除的年份;②能被 400 整除的年份。

(4) 计算 1+2+3+…+100。

(5) 判定一个整数 n 能否同时被 3 和 5 整除。

三、讨论题

1. 你认同本章 6.1 节给出的用计算机求解问题的一般过程吗?如何理解这个一般过程?

2. 你认为程序设计语言和自然语言最大的不同点是什么?如何才能学会用程序设

计语言和计算机进行交流？

3. 算法的设计过程是一个灵活的充满智慧的过程，设计解决问题的算法对计算机专业人员来说通常是最具挑战的任务。但是，算法是一个很难的主题，学习算法涉及很多交叉学科的知识，怎样才能学好算法并写出优秀的程序？谈谈你的看法。

4. 由实际问题抽象出数据模型是模型化的过程，由实际问题抽象出算法是形式化描述解决方案的过程，模型化和形式化是计算机专业学生必须掌握的学科基本能力之一。谈谈你对模型化和形式化的理解。

第 4 部分　系统软件层

系统软件用于扩展计算机的硬件功能，维护整个计算机系统，为应用开发人员提供平台支持，主要包括操作系统、语言翻译系统、数据库管理系统以及病毒防治、文件压缩等各种工具软件。系统软件在计算机系统的位置如下图所示。

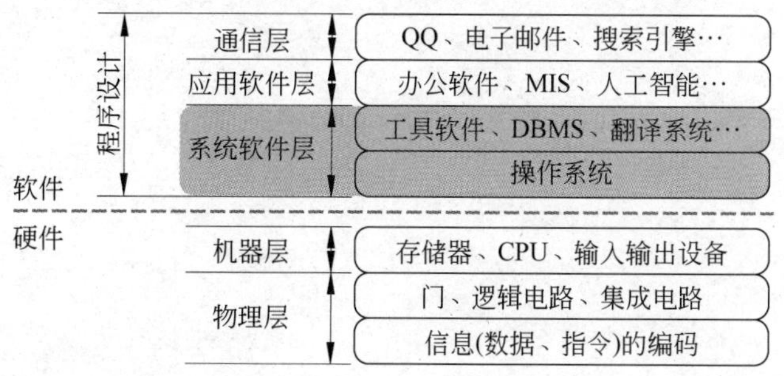

第 7 章介绍操作系统的定义、使用界面和启动过程，以及适用于不同体系结构和应用的操作系统；讨论存储器管理、处理器管理、设备管理、文件管理等操作系统的核心功能。

第 8 章从一个实际问题入手介绍数据库的定义以及使用数据库集中存储和管理数据的好处；说明用户通过数据库管理系统操作数据库的基本过程；讨论将现实世界的事物转换为计算机世界的数据并建立数据库的一般过程；介绍 SQL 语言以及用 SQL 语言处理数据库中的数据。

第7章 操作系统

CHAPTER

操作系统在用户和计算机硬件之间提供了一个附加层，负责管理计算机的软硬件资源，并为用户使用计算机提供方便。本章讨论的主要问题是：

① 什么是操作系统？为什么要在计算机硬件之上设置操作系统？

② 操作系统启动后就接管了计算机，操作系统的启动过程是什么？

③ 为了方便用户使用计算机，操作系统应该提供什么样的用户界面？

④ 计算机的软硬件资源有哪些？操作系统如何管理计算机的软硬件资源？

【情景问题】 操作系统为我们做了什么

操作系统为用户使用计算机搭建了一个最基本的工作环境。如果没有操作系统，用户直接使用计算机不仅要熟悉计算机硬件系统，而且还要了解各种外部设备的物理特性，对于普通用户来说，这几乎是不可能的。操作系统就是为了填补人与计算机之间的鸿沟而配置在计算机硬件上的一种软件，计算机只有加载了相应的操作系统之后，才能构成一个可以协调运转的计算机系统。换言之，计算机只有加载了相应的操作系统之后，用户(尤其是普通用户)才可以使用计算机。

例如，在 Windows 环境下，用户双击一个 Word 文档的图标，屏幕上就会出现该文档的窗口。如果用户想要打印这个文档，只需单击打印菜单，在对话框中进行相应设置后，即可完成打印。其实，用户的双击操作只不过是向操作系统发出一个操作请求，操作系统要确定相应的应用程序存放在磁盘的什么位置，启动对磁盘的读操作，按照内存空间的当前状态把应用程序加载到合适的存储区域，然后启动应用程序；用户的打印操作也是向操作系统发出一个打印请求，操作系统启动打印驱动程序并将要打印的文档传送到打印缓冲区，最后由打印驱动程序控制打印机完成打印操作，如图 7.1 所示。

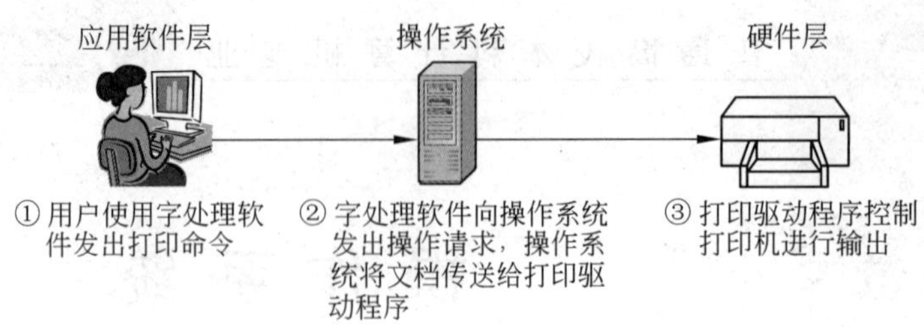

图7.1 操作系统接收和分配用户的操作请求

操作系统就好比是一个大管家，接收来自应用软件和用户的操作请求，然后把请求分配给执行具体操作的硬件，硬件才会开始工作完成指定操作。

7.1 什么是操作系统

7.1.1 操作系统的定义

任何一个正在使用计算机的用户都不可避免地使用计算机的资源，其中**硬件资源包括处理器、内存和各种外部设备，软件资源包括各种以文件形式存在的程序、数据和文档**。例如，为了运行程序，需要占用一块内存存放这段程序，程序运行时需要从外界输入数据，程序运行的结果需要输出到屏幕上、打印出来或存到磁盘上。在多道多任务环境下，内存中同时存放几道程序，为了提高系统效率，它们是并发执行的，这样就产生了对处理器的竞争、对内存的竞争、对外部设备的竞争，总之对计算机资源的竞争。凡是在供不应求的地方都应该有一个管理者。操作系统是计算机系统的管理者，它按照一定的策略管理和调度计算机的软硬件资源来满足用户对计算机的基本操作需求。显然，资源越多，用户需求越多，操作系统就越复杂。

从资源管理的角度，操作系统的描述性定义是：**操作系统是负责管理计算机的软硬件资源、提高计算机资源的使用效率、方便用户使用的程序集合。**

操作系统是一个程序集合，这个程序集合应该包含哪些功能没有严格定义。1997年10月，美国司法部指控Microsoft公司把Internet Explorer与Windows操作系统捆绑到一起，违反了为保护正常竞争而制定的反托拉斯法。但Microsoft公司声称Internet Explorer本就是Windows的一部分，如果从操作系统中删除将对操作系统造成损害。最终Microsoft公司胜诉。

操作系统的作用主要有三个：一是**方便性**，一个未配置操作系统的计算机是极难使用的，因为计算机硬件只认识0和1，用户要想与计算机交流就必须使用机器指令，要想输入数据或打印数据，也必须自己启动并控制相应的外部设备；二是**有效性**，CPU的高速和外部设备的相对低速是计算机硬件无法逾越的基本矛盾，如果没有操作系统的管理，CPU和外部设备就会经常处于空闲状态，尤其CPU更是“一天打鱼，千天晒网”，操作系统通过合理地组织计算机的工作流程，改善系统的资源利用率并提高系统的吞吐量；三是

提供应用软件的运行环境，操作系统位于应用软件和硬件之间，应用软件不能脱离操作系统而独立运行，所以，**应用软件的兼容性通常由硬件和操作系统共同定义**，人们经常使用"软硬件平台"这个术语来描述运行应用软件所依赖的硬件系统和操作系统，如图7.2所示。

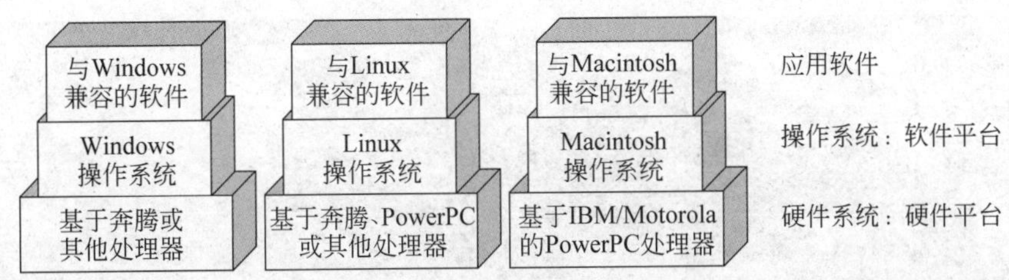

图7.2 运行应用软件的软硬件平台

可以看出，操作系统是紧邻硬件的第一层软件，其他软件（包括各种系统软件、工具软件和应用软件）则是建立在操作系统之上的。因此，操作系统在计算机系统中占据着非常重要的地位，操作系统的性能高低，决定了计算机的潜在硬件性能是否能发挥出来，操作系统的安全可靠程度，决定了计算机系统的安全性和可靠性。

7.1.2 操作系统的用户界面

作为用户和计算机之间的操作接口，操作系统应该提供方便友好的用户界面，以改善用户与计算机的交互环境。通常有两种用户界面：命令行用户界面和图形用户界面。

1. 命令行用户界面

所谓命令行用户界面是指用户通过键盘在终端上键入命令和操作系统进行交互，操作系统执行命令的结果以字符界面的形式提供给用户，如图7.3所示，因此，也称为面向字符的操作系统。DOS和UNIX都属于命令行用户界面。

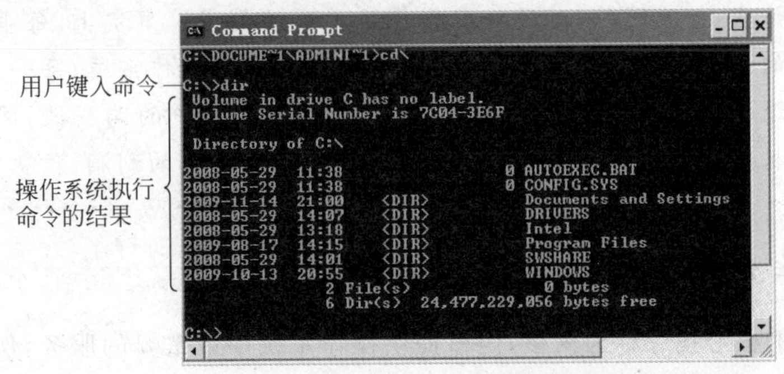

图7.3 DOS的命令行用户界面

在命令行用户界面下，用户能够灵活而高效地操纵计算机，但是通常需要记忆大量的命令语句。目前，命令行用户界面并没有过时，在手机、微波炉、立体音响以及其他内存和功能都很有限的消费设备上还是采用命令行界面，通过网络传送数据的应用程序也常常采用命令行界面。事实上，互联网的爆炸式发展使得命令行界面的UNIX操作系统大受欢迎。

2. 图形用户界面

图形用户界面主要由窗口、图标、菜单和指点设备(如鼠标)组成,如图7.4所示。用户不仅可以用键盘操作计算机,也可以用鼠标对出现在图形界面上的对象直接进行操作。Windows就属于图形用户界面,UNIX和Linux也提供了图形界面形式。

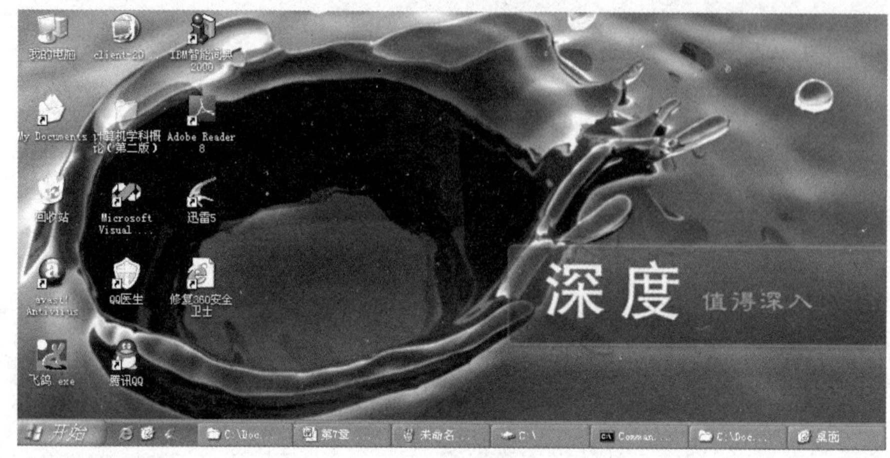

图7.4 Windows的图形用户界面

从用户角度看,图形用户界面至少有两点好处:直观化——可视化的图标(如垃圾站、文件夹等)比键入命令更容易操作;人性化——几乎所有对话框都有撤销功能,允许用户反悔。但是这些好处是需要代价的,需要更贵的图形显示系统、更大的内存空间、更大的磁盘空间、更快的处理器以及更复杂的软件来做支持。

MS-DOS开始时只支持20多条命令,只能显示黑白的简单字符,只能支持BASIC语言。后来不断发展成熟,能支持100多条命令,能显示彩色的简单图形,支持多种高级语言,与此同时,对硬件也提出了更高的要求。事实上,每当Intel公司推出一款新的微处理器,Microsoft公司也推出一款新的操作系统,每一款在功能上都有一定的进步,但对机器性能要求也提高了,刺激了用户的购买欲,同时,也推动了个人计算机的发展。Wintel联盟瓜分了PC机市场60%的利润。

7.1.3 操作系统的启动

操作系统的核心指令称为内核,内核提供操作系统中最重要的服务,例如内存管理、设备驱动程序等。**启动操作系统实质上是将操作系统的内核加载到内存中**,在计算机运行的过程中,内核会一直驻留在内存中,操作系统的其他部分则存储在硬盘上,需要时才被载入。

操作系统的启动过程是指将操作系统从辅助存储器(如硬盘)加载到内存中并开始运行的过程。操作系统的启动是由驻留在BIOS(Basic Input Output System,基本输入输出系统)中的引导程序来完成的,具体过程如下:

① 打开与计算机相连的外部设备（如显示器、打印机）的电源开关，然后打开计算机的电源开关；

② CPU 执行 BIOS 中的系统启动程序进行机器自检，检测系统的各个部件，如总线、时钟、键盘、鼠标等部件是否正常连接，同时显示检测信息；

③ CPU 执行 BIOS 中的引导程序，将操作系统的内核加载到内存中，然后将系统的控制权交给操作系统，接下来由操作系统控制计算机的所有活动；

④ 操作系统根据系统配置信息，启动并执行一些系统程序，如提示用户输入用户名和密码；

⑤ 出现操作系统的用户界面（如 Windows 的桌面）后，用户就可以使用计算机了。

BIOS 与 CMOS 的区别　BIOS 是一组设置计算机硬件的程序，保存在主板上的一块 ROM 芯片中，它直接对计算机系统中的输入输出设备进行控制，是连接软件程序和硬件设备之间的枢纽。就 PC 机而言，BIOS 包括控制键盘、显示屏幕、磁盘驱动器、串行通信设备和其他功能的程序代码，在每次开机或重新启动计算机时，BIOS 便会自动开始运行。CMOS 是计算机主板上的一块可读写的芯片，用来保存当前系统的硬件配置情况和用户对某些参数的设定。CMOS 由主板上的充电电池供电，即使系统断电参数也不会丢失。

7.1.4　操作系统的分类

随着大规模集成电路和计算机体系结构的发展，以及计算机应用领域的不断扩展，形成了微机操作系统、网络操作系统、分布式操作系统和嵌入式操作系统等适用于不同体系结构和应用的操作系统。任何操作系统都以自己特定的方式管理计算机资源。

1. 微机操作系统

配置在微型计算机上的操作系统称为微机操作系统，分为单用户单任务操作系统、单用户多任务操作系统和多用户多任务操作系统。所谓**任务指的是计算机完成的一项工作，计算机执行一个任务通常就对应着运行一个应用程序**。目前，在 32 位微机上配置的操作系统大多数是单用户多任务操作系统。

单用户单任务操作系统的含义是：只允许一个用户使用，且只允许用户程序作为一个任务运行，如 DOS 和 CP/M。**单用户多任务操作系统**的含义是：只允许一个用户使用，但允许将一个用户程序分成若干个任务并发执行，如 Windows 和 OS/2。**多用户多任务操作系统**的含义是：允许多个用户通过各自的终端使用，且允许将每个用户程序分成若干个任务并发执行，如 UNIX 和 Linux。

2. 网络操作系统

网络操作系统是用户和计算机网络之间的接口，也就是说，用户通过网络操作系统使用计算机网络资源。与单机操作系统不同，网络操作系统是开放系统，它除了具有单机操作系统的功能外，还应该支持网络通信、网络资源共享以及其他网络服务功能。典型的网络操作系统有 UNIX 和 NetWare。

3. 分布式操作系统

在分布式系统上配置的操作系统称为分布式操作系统。所谓分布式系统是指由多个处理单元连接而成的系统，其中，每个处理单元既具有高度的自主性又相互协同，能在系统范围内实现资源管理、动态地分配任务、并行地运行分布式程序。与网络操作系统的不同之处在于：分布式操作系统淡化了所访问资源的位置，用户使用分布式系统资源或请求系统服务就像在使用本机资源或请求本机服务一样。

4. 嵌入式操作系统

在嵌入式系统上配置的操作系统称为嵌入式操作系统，例如，在手机、工控机、汽车等电子设备中都运行着相应的嵌入式操作系统。嵌入式操作系统具有单机操作系统的功能，但同时具有占用空间小、实时性强、专用性强、执行效率高、软件固化等特点。

思考题

1. 如何理解软件的跨平台特性？你使用过的哪些软件具有跨平台特性？

2. 每次开机时都要重新启动操作系统是不是很麻烦，是否可以将操作系统整体固化到硬件中？

3. 现代计算机在关机时通常都要花费几分钟的时间，开机时启动操作系统需要时间，关机为什么也需要时间呢？

7.2 操作系统的基本功能

操作系统是计算机系统的管理者，从资源管理的角度，操作系统应该具有处理器管理、存储管理、文件管理、设备管理等功能。

7.2.1 处理器管理

处理器是计算机系统的核心硬件资源，为了提高处理器的利用率，现代操作系统一般都允许计算机同时执行多个任务，在单处理器系统中，任务是并发执行的。例如Windows 操作系统启动成功后，就进入了多任务处理状态，如图 7.5 所示。

在多任务环境下，系统内通常会有多个任务并发地使用处理器，这就需要系统对处理器进行调度。操作系统应该能够按照有效的策略采用合理的调度算法组织多个任务在系统中运行，其中，有效主要指系统的运行效率和资源的利用率，合理主要指操作系统对于不同的用户程序要公平，以保证系统不发生“饥饿”和“死锁”。

进程是操作系统进行资源分配的基本单位，图 7.6 所示是 Windows 环境下正在执行的进程。**进程是程序在一个数据集合上的一次运行过程**，这里的数据集合可以理解为程序要处理的数据。例如，用户打开不同的 Word 文档，则对应不同的进程。为了能够对进程进行有效的控制，操作系统必须记录每个进程的有关信息，这些信息存储在进程控制块中，显然，每个进程都有对应的进程控制块。操作系统依据进程控制块的内容对进程进行控制，调度和管理进程的整个生存周期，包括创建进程、调度进程执行、转变进程状态、撤销进程并回收进程所占用的系统资源等。

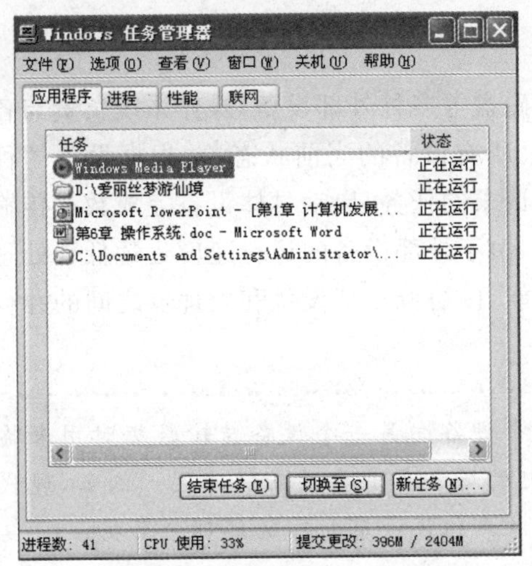

图 7.5　Windows 操作系统可同时执行多个任务

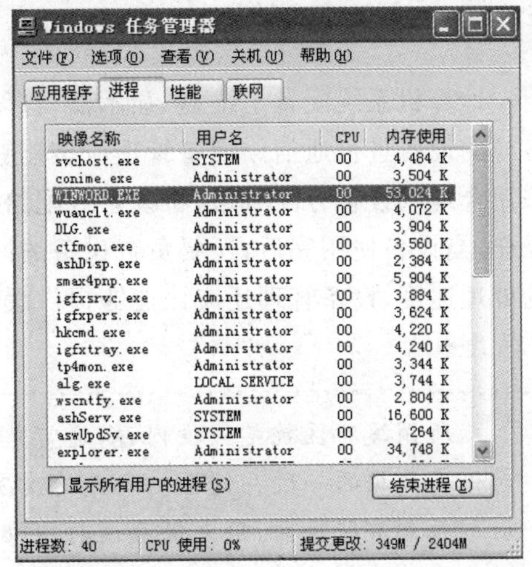

图 7.6　Windows 环境下正在执行的进程

7.2.2　存储管理

在冯・诺依曼体系结构下，计算机处理的数据和指令都必须存储在内存中，因此，内存是计算机最重要的资源之一，存储管理主要指内存管理。

1. 操作系统应该能够对内存资源进行分配和回收

在多任务环境下，由于操作系统和多个应用程序共存于内存之中(注意，操作系统本身也是程序，也需要占用内存空间)，存储管理应该为正在运行的程序分配内存，使得这些程序都占有各自的内存空间，如图 7.7 所示。当程序运行结束后，存储管理还应该能够回收这些程序占用的内存空间。

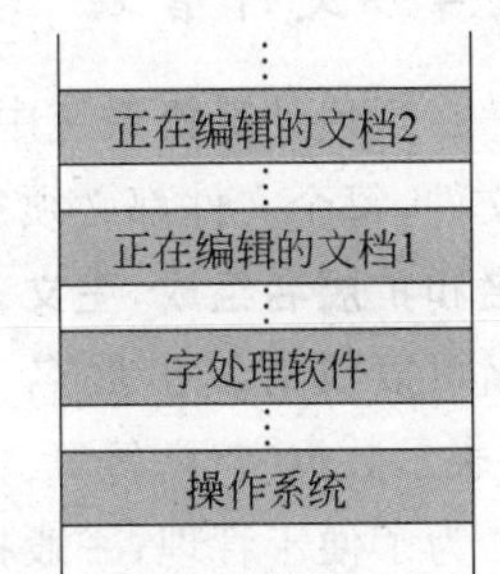

图 7.7　操作系统为正在运行的每一个程序分配内存空间

2. 操作系统应该能够对已分配的内存进行存储保护

由于系统中有多个程序在运行，为了保证操作系统和应用程序之间以及应用程序和应用程序之间互不冲突，存储管理应该提供内存保护机制，使得每个程序只在自己的内存空间内运行。如果指令和数据从一个内存区域“泄露”到另一个程序的内存区域，那么，另一个程序的指令和数据就有可能被破坏并且“崩溃”。可以同时按住 Ctrl 键、Alt 键和 Del 键来关闭被破坏的程序，重新将该程序载入内存就能够修复内存泄露的问题。

3. 存储管理应提供内存扩充功能

由于计算机系统中的物理内存容量有限，而应用程序往往需要大量的内存空间，为了在有限的物理内存上运行内存需求远远超过物理内存容量的程序，存储管理还应该提供内存扩充功能。扩充指的是对物理内存进行逻辑上的扩充，通常采用交换技术将内存、外存结合起来，让执行程序的一部分驻留内存，其他部分运行时根据需要在内存、外存之间进行交换，从而完成整个程序的运行。

7.2.3 设备管理

计算机系统配备了键盘、显示器、打印机、磁盘等多种外部设备，操作系统负责与各种各样的设备进行通信。设备管理应该能够记录所有设备的当前状态，并根据设备的种类采用合理的设备分配策略，将设备分配给提出请求的任务，启动具体设备完成数据传输等操作，当设备使用完后，还要负责设备的回收。由于外部设备的运行速度远远低于处理器的处理速度，设备管理还应该能够提供缓冲功能，以协调外部设备和处理器之间的并行工作程度。

所谓缓冲区就是一段内存，通常是在一个设备向另一个设备传输数据时用来临时保存数据的一段存储区。凡是速度不匹配的场合都需要设立缓冲区。例如，现代打印机都有缓冲区，用来保存该打印机已经收到但还没有打印的那部分数据。

通常，操作系统与外部设备的通信是在设备驱动程序的协助下完成的。例如，用键盘输入数据是通过键盘驱动程序把键盘的机械接触转换为系统可以识别的 ASCII 码并存放到内存的键盘缓冲区，显示器输出信息也是通过显示器驱动程序从内存中取出要显示的信息并输出到显示器上。所谓**设备驱动程序就是能够控制特定设备接收和发布信息的程序**。每个设备驱动程序必须与特定的设备类型和物理特性相关，因此，当一个新设备安装到计算机上就需要安装这个设备的驱动程序。例如，安装了一个新的打印机，如果不是操作系统已有驱动程序支持的，就必须安装配套的打印驱动程序。

7.2.4 文件管理

在现代计算机系统中，程序和数据都是以文件的形式存储在磁盘上。为了区别不同的文件，每个文件都必须有一个名字，即文件名。**文件名**是存取文件的依据，通常**由主文件名和扩展名组成，主文件名和扩展名之间用"."分开**。主文件名至少要有一个字符，扩展名可以没有。扩展名一般用于区分文件的类型，例如，doc 表示 Word 文档文件，dat 表示数据文件，等等。

为了便于管理，一般把文件存放在不同的文件夹中，就像在日常工作中把不同类型的文件资料用不同的文件夹来分类整理和保存一样。在文件夹中除了包含文件外还可以包含文件夹，所包含的文件夹称为子文件夹。在磁盘上，所有文件夹以**树结构**组织，最顶层的文件夹称为根文件夹。图 7.8 所示是 Windows 操作系统的文件系统示例。

文件是操作系统进行数据管理的基本单位，换言之，要读取磁盘中的数据，必须首先按照文件名找到相应的文件，然后从这个文件中将数据读取出来；要将数据存储到磁盘中，必须首先在磁盘上建立一个文件，然后将数据写入这个文件。操作系统就像一个敬业的档案管理员，它记得磁盘上所有文件的名字和位置，并且知道哪里有可以存储新文件的空闲空间。

操作系统对磁盘文件的存取速度远远小于对内存的存取速度，为了提高数据的存取效率，应用程序一般通过文件缓冲区对磁盘文件进行读写操作。所谓**文件缓冲区就是一**

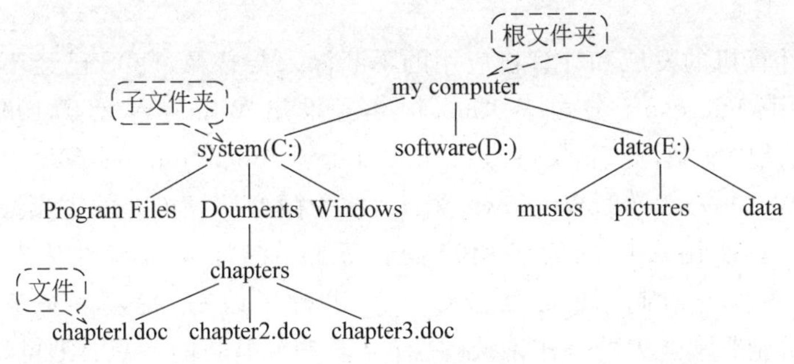

图 7.8 文件系统示例

段连续的内存空间,应用程序与磁盘文件的数据交换通过文件缓冲区来完成,即在应用程序和磁盘文件之间设置一个文件缓冲区,如图 7.9 所示。

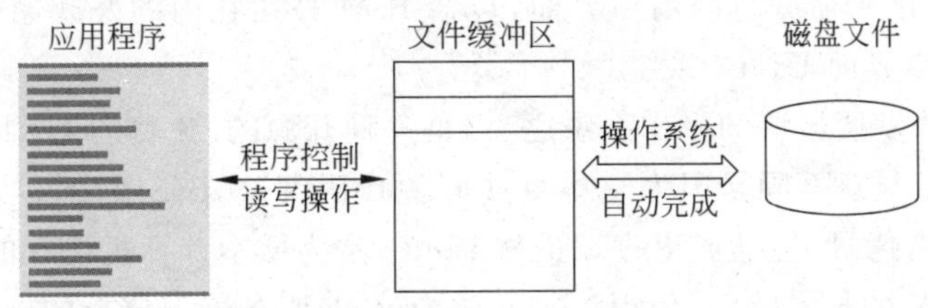

图 7.9 文件缓冲区的工作原理

在打开一个文件时,系统自动在内存中开辟一个文件缓冲区,每一个打开的文件都会占用一个文件缓冲区。对文件操作结束时一定要关闭文件,因为操作系统需要对每一个打开的文件进行管理,可同时打开的文件是有限的,如果不及时关闭文件就会耗尽操作系统的文件资源。关闭文件的另一个重要作用是强制将文件缓冲区的数据写入文件,因为数据不是直接写入文件,而是先写入文件缓冲区,当文件缓冲区满时再写入文件。如果文件缓冲区不满时发生程序异常终止,缓冲区中的数据就会丢失。

思考题

1. 通过使用设备驱动程序,操作系统不必直接管理每个设备运行的细节问题,这也是运用了抽象的方法,请说明抽象方法在操作系统中还有哪些运用。

2. 在图 7.6 中,可以从进程 WINWORD. EXE 猜测到是哪个应用软件在运行?

3. 你是否有过这样的经历:正在用计算机进行文字处理等工作,由于忙于编辑而忘记保存文件,结果突然断电,辛辛苦苦输入的信息付之东流。你能解释背后的道理吗?

阅读材料——几种流行的操作系统

DOS 是磁盘操作系统(Disk Operating System)的简称。DOS 有很多版本,DOS 4.0 以下版本为单用户单任务操作系统,DOS 4.0 以上版本具有多任务功能。DOS 在过去很长一段时间是最广泛使用的微机操作系统,主要是 Microsoft 公司的 MS-DOS 和 IBM 公司的 PC-DOS,当时我国的汉字操作系统(如 UCDOS、CCDOS)都是以 DOS 为基础的汉化版本。

随着微型计算机的发展和计算机应用的不断深入与普及，DOS已经不能适应微型计算机的广泛应用，Microsoft公司于1990年5月推出Windows 3.0，1995年8月推出Windows 95及其中文版，此后，又陆续推出Windows 98、Windows ME、Windows 2000、Windows XP、Windows 2003、Windows Vista，成为微型计算机上的主流操作系统。

UNIX是目前使用最广泛的多用户操作系统，在计算机专业人员中较为流行。1969年由贝尔实验室研制，1972年用C语言进行了改写，提高了兼容性和可读性。UNIX是一个功能非常强大的操作系统，具有以下三个显著的特点：①可移植性强，可以不经过较大的改动而方便地从一个硬件平台移植到另一个硬件平台；②拥有一套功能强大的工具，能够解决很多实际问题；③设备无关性，UNIX本身包含了很多设备驱动程序。UNIX提供了分别针对个人计算机、工作站、服务器、大型计算机和超级计算机的不同版本，而且不局限于命令行的用户界面，包括IBM公司在内的好几家公司都发布了不同版本的图形用户界面UNIX系统。

Linux是当今发展最快的操作系统之一，是一种开源的、免费的UNIX类型的操作系统。Linux之所以与众不同是因为它本身连同源代码都遵守公用许可协议（GPL），也就是说允许用户自由拷贝、传播或出售。虽然Linux是为微型计算机设计的操作系统，但由于它还具有UNIX的技术特性，使得Linux成为Web服务器上流行的操作系统。目前比较流行的Linux版本主要有Red Hat Linux、“红旗”Linux等。

习 题 7

一、选择题

1. 操作系统是一种（　　）。
   A. 操作应用程序的接口　　B. 应用软件的接口
   C. 工具软件　　D. 系统软件
2. 应用软件的兼容性通常取决于（　　）。
   A. 程序设计语言　　B. 硬件系统　　C. 操作系统　　D. B和C
3. 在操作系统的启动过程中，以下说法正确的是（　　）。
   A. CPU先进行机器自检，再加载操作系统
   B. CPU先加载操作系统，再进行机器自检
   C. 操作系统接管计算机后，再进行机器自检
   D. CPU根据CMOS中的参数来启动操作系统
4. 目前，在32位微机上配置的操作系统大多数是（　　）。
   A. 单用户单任务操作系统　　B. 单用户多任务操作系统
   C. 多用户多任务操作系统　　D. 以上都是
5. 采用树型文件目录结构组织文件的主要目的是（　　）。
   A. 提高文件搜索效率
   B. 允许文件重名

C. 便于分类管理

D. 既提高文件搜索效率又解决文件重名问题

二、简答题

1. 目前主流的操作系统有哪些？主要特点是什么？

2. 操作系统的作用是什么？操作系统接管计算机的过程是什么？

3. 与命令行界面相比，图形界面有什么优缺点？

4. 简述操作系统的主要功能。

三、讨论题

1. 目前流行的程序设计语言不下几百种，而流行的操作系统却只有几种，为什么操作系统不能像程序设计语言那样百花齐放呢？

2. 为什么操作系统的性能高低决定了计算机的潜在硬件性能是否能发挥出来？

3. Windows 操作系统的漏洞使得计算机系统有很多安全隐患，Windows 操作系统可能没有漏洞吗？这些漏洞产生的原因是什么？

第8章 数据库管理系统

CHAPTER

在当今信息化社会中,每时每刻都在生成大量数据,对于大批量数据的存储和管理,数据库技术是非常有效的。数据库技术作为数据处理的主要技术已广泛应用于各个领域,数据库系统已经成为计算机系统的重要组成部分。本章讨论的主要问题是:

① 什么是数据库?为什么用数据库来存储大批量的数据?

② 如何将现实世界中大量的、复杂的数据存储到数据库中?

③ 如何有效地获取和处理数据库中的数据?

④ 数据的集中存储和管理会带来什么问题?如何保护数据库中的数据?

【情景问题】 查找肇事车辆

上午十点,某交通大队接到一个报警电话,在春城大街和上海路交汇处发生一起严重交通事故,肇事车辆违反交通规则肇事后逃逸。交警第一时间赶到现场,目击者提供了如下信息:肇事者是一名男性青年,驾驶一辆红色轿车,牌照是吉 A P???9,肇事后向东南方向逃走。交警立即采取措施查找肇事车辆:一方面从车辆管理系统中查找出所有颜色是红色、车型是轿车、牌照所属地是吉 A、牌照首号是 P 尾号是 9 的所有车辆信息,另一方面从摄录系统中沿着事发地点的东南方向查找十点左右的所有疑似轿车。

上述措施的有效执行必须有数据库技术的支持。首先,车辆的基本信息需要存储在数据库中,我们买了车都需要到相关部门进行登记,就是将该车辆的基本信息录入到数据库中;其次,数据库系统要提供有效的查询技术,例如,在车辆管理系统中查找牌照吉 A P???9 属于模糊查询,在摄录系统中查找某个车辆属于图像查询。

数据库的出现是计算机应用的一个里程碑,它使得计算机应用从以科学计算为主转向以数据处理为主。从 ATM 机中提取现金、购买火车票和飞机票、网上购物、情报检索、数字图书馆、电子政务、办公自动化,等等,如果没有数据库的帮助,人们就不可能享受到这些便利,也正是在应用的驱动下,数据库技术成为计算机技术中发展最快、应用最广泛的领域之一。

8.1 什么是数据库

8.1.1 数据库 DB

在早期的数据处理程序中,同一个单位的不同部门各自独立地管理自己的业务数据。以高校教师管理系统为例,人事处管理教师的档案信息,教务处管理教师的任课信息,财务处管理教师的工资信息,科研处管理教师的科研信息,如图 8.1 所示。显然,各部门会使用大量相同的数据,大量共享的数据存储在不同的文件中,这不仅是数据重复存储的问题,更严重的问题是修改不一致,因为无法保证所有重复存储的数据在更新时保持同步。例如,人事处、教务处、财务处和科研处都存储了教师的职称信息,某位教师由副教授评为教授,人事处修改了相应的档案信息,但教务处、财务处和科研处都没有及时同步更新该教师的职称信息,该教师的课时费、薪级工资等仍旧按照原来的职称进行核算。

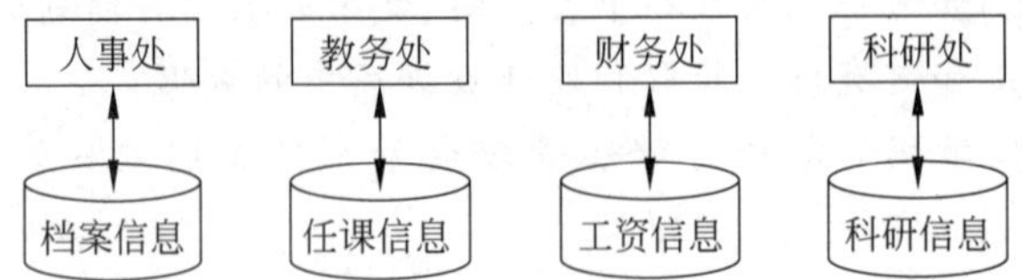

图 8.1 数据独立存储,产生冗余和修改不一致

为了满足同一个单位(通常称为企业)的不同部门共享数据的要求,解决数据重复存储和修改不一致等问题,可以将企业的数据信息组织到一起并存储到数据库中,对数据进行集中的存储和管理,如图 8.2 所示。这种组织数据的好处是显然的。

图 8.2 数据集中存储和管理,各部门共享数据

数据库(Data Base,DB)是能够被统一管理的相关数据集合,这些数据具有一定的结构,能够长期存储,具有较小的冗余度、较高的数据独立性和易扩展性,并可为多个用户共享。

> 如果将文字处理软件看做是计算机化的打字机,把电子表格软件看作是计算机化的账簿,那么可以把数据库看做是计算机化的文件橱柜。过去用索引卡或文件夹等工具来管理信息,现在可以将信息存储到数据库中,使用计算机进行管理,而且信息量越大,数据库发挥的作用也就越大。

8.1.2　数据库管理系统 DBMS

数据库管理系统(Data Base Management System,DBMS)是为数据库的建立、使用和维护而配置的系统软件,是用户和数据库之间的一个接口,用户通过数据库管理系统定义和操纵数据库中的数据,并保证数据的安全性、完整性、并发操作以及故障发生后的系统恢复。目前,流行的数据库管理系统有 Oracle、DB2、Sybase、SQL Server 和 Access 等。

DBMS 位于操作系统之上,如图 8.3 所示。用户对数据库的操作过程是:①用户(通过应用程序)向 DBMS 提出操作请求并提交必要的参数,控制转入 DBMS;②DBMS 分析用户提交的命令和参数向操作系统发出相应的执行命令,控制转移到操作系统;③操作系统分析命令参数,确定数据库所在的存储位置,在数据库上实现具体的操作,将操作结果送入系统缓冲区,控制返回给 DBMS;④DBMS 将系统缓冲区中的数据取出送给应用程序,应用程序将数据以某种合适的方式呈现给用户。

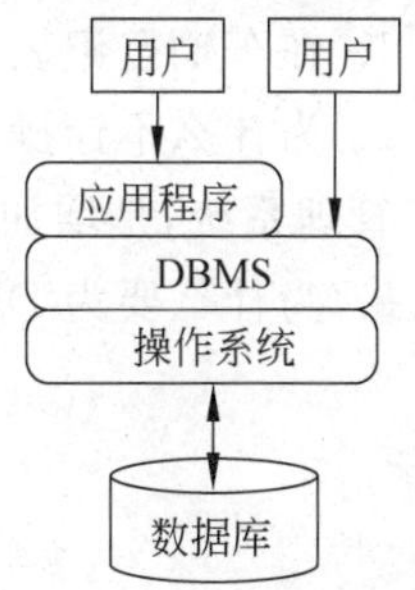

图 8.3　DBMS 在计算机系统中的位置

作为对数据库进行统一管理和控制的系统软件,数据库管理系统应该支持用户对数据库的各种操作,数据库管理系统通常具有以下基本功能。

① 数据库定义功能。能够对数据库的数据模型进行定义,能够对数据库的完整性、安全性和保密性进行定义。

② 数据操纵功能。提供操作接口,使得用户能够方便地对数据进行增加、删除、修改、查询、统计和打印等各种操作。

③ 数据库事务管理功能。通过并发控制、存取控制、完整性控制、安全性控制、系统恢复等机制,实现事务管理功能,以保证数据库的完整性和有效性。

④ 数据库维护功能。能够对数据库进行各种维护,包括数据库的初始化、数据转储、数据库性能监测、数据库重组等。

⑤ 其他功能。为了扩大数据库的应用,数据库管理系统还应提供与其他类型数据库之间的格式转换以及网络通信等功能。

8.1.3　结构化查询语言 SQL

数据库管理系统主要采用数据库语言作为数据库存取语言和标准接口,目前,关系数据库管理系统普遍采用结构化查询语言(Structured Query Language,SQL 语言)作为数据库语言。**SQL 语言**是一种通用的国际标准数据库语言,用户可以使用 SQL 语言对来自不同厂商的数据库进行操作。SQL 语言可以在终端上直接键入 SQL 命令来对数据库进行操作,还可以嵌入到某种程序设计语言中使用,例如,在 PowerBuilder、VB、Java 等程序设计语言中都可以嵌入 SQL 语言实现对数据库的操作。

SQL 语言属于 4GL,是非过程式程序设计语言。当用户提出某项操作请求时,只需指明“做什么”,而不必指明“如何做”,由 DBMS 来决定对指定数据使用何种存取手段以保证最快的操作速度。显然,这减轻了用户的负担,同时提高了数据的独立性和安全性。

SQL 语言不仅功能强大，而且语法接近英语口语，符合人类的思维习惯，因此，较为容易学习和掌握。同时又由于它是一种通用的标准语言，使用 SQL 语言编写的程序也具有良好的可移植性。

思考题

1. 在车辆登记表中是否有车形（车的形状）这个属性？为什么？

2. 为什么不让操作系统来管理数据库？在操作系统和应用程序之间再设置一个数据库管理系统，是增加还是降低了设计的复杂性？

3. 为什么要为 DBMS 设计一种程序设计语言？SQL 语言的作用是什么？

8.2 数据库的建立和使用

8.2.1 数据表示——建立数据库

由于计算机不能直接处理现实世界中的具体事物，所以，需要将现实世界的事物转换为计算机世界的数据，也就是进行数据表示，转换过程如图 8.4 所示。首先将现实世界的事物进行收集、分类和抽象，建立 E-R 模型，再将 E-R 模型映射为关系模型，最后通过 SQL 语言定义关系模型，执行 SQL 语句就在计算机中建立了数据库。

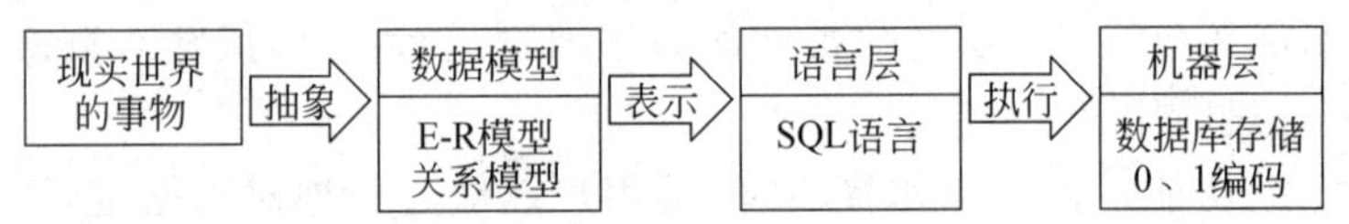

图 8.4 建立数据库的过程

1. 将现实世界的事物抽象为 E-R 模型

现实世界有形形色色的事物，一个人、一门课程、一份合同、一场球赛等都是客观存在的事物，计算机科学用**实体**这个概念来表示**客观存在的事物**。一般说来，一种事物都会有各种各样的特征，表示事物不同方面的性质。我们从业务处理的需要出发，从事物的特征中选取出有限个特征作为**属性来刻画这个实体**，这样就将现实世界中事物-特征抽象为实体-属性，同类实体的集合称为**实体集**。

现实世界中事物和事物之间总是有联系的，这些联系反映为不同实体之间的联系。实体之间的联系通常有以下三种。

① **一对一联系**：如果对于实体集 A 中的每一个实体，在实体集 B 中至多有一个实体与之联系，反之亦然，则称实体集 A 与实体集 B 具有一对一联系。例如，对于班级实体和班长实体，一个班级只能有一个班长，一个班长也只能在一个班级任职，则班级与班长之间具有一对一联系。

② **一对多联系**：如果对于实体集 A 中的每一个实体，在实体集 B 中有 $n(n \geqslant 0)$ 个实体与之联系，反之，对于实体集 B 中的每一个实体，在实体集 A 中至多有一个实体与之联系，则称实体集 A 与实体集 B 具有一对多联系。例如，对于学生实体和学院实体，一个学院有多个学生，每个学生只能属于一个学院，则学院和学生之间具有一对多联系。

③ **多对多联系**：如果对于实体集A中的每一个实体，在实体集B中有$n(n\geqslant 0)$个实体与之联系，反之，对于实体集B中的每一个实体，在实体集A中有$m(m\geqslant 0)$个实体与之联系，则称实体集A与实体集B具有多对多联系。例如，对于学生实体和课程实体，一门课程可以有多个学生选，一个学生可以选多门课程，则学生和课程之间具有多对多联系。

通常用**实体-联系图(Entity Relationship，E-R图)来描述实体以及实体之间的联系**。在E-R图中，用矩形表示实体，用椭圆形表示属性，用菱形表示联系并在边上标出联系的种类。需要强调的是，联系也是一种实体，也可以有属性。

例8.1　为学生选课系统建立实体-联系图。

解：学生选课系统涉及的主要事物有学生和课程。可以用身高、姓名、性别、籍贯等特征来表示学生这种客观事物，在学生选课系统中，可以从学生事物的各种特征中选取学号、姓名、所在学院、所学专业、班级这几个属性来描述学生实体。可以用课程名、学时、学分、开课学期、课程内容、所用教材等特征来表示课程这种客观事物，在学生选课系统中，可以从课程事物的各种特征中选取课程号、课程名、学时、学分这几个属性来描述课程实体。学生实体和课程实体之间的联系为：一名学生可以选修若干门课程，一门课程可以有多名学生选修，学生选修了某门课程就应该有成绩，则学生选课系统所需处理数据的实体-联系图如图8.5所示。

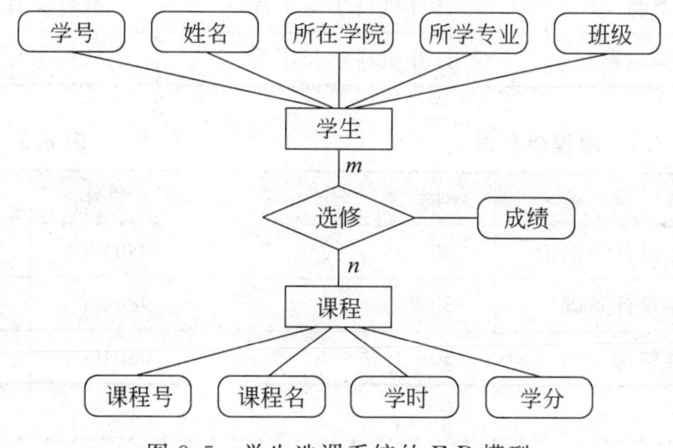

图8.5　学生选课系统的E-R模型

2. 将E-R模型映射为关系模型

在数据库技术中，目前使用最广泛的数据模型是关系模型。**关系模型的基本思想是把实体以及实体之间的联系都看成是关系，以二维表的形式描述，称为数据表**，如图8.6所示。表中的列对应实体的属性，每一列的数据总是取自同一个集合，这个集合称为**域**，每个实体对应表中的行，称为**记录**，可以唯一标识一个记录的属性称为**主键**。

例8.2　将例8.1抽象出的E-R模型映射为关系模型。

解：图8.5所示的E-R模型对应三个关系：

学生关系——学生信息表(学号，姓名，所在学院，所学专业，班级)

课程关系——课程信息表(课程号，课程名，学时，学分)

选课关系——学生成绩表(学号，课程号，成绩)

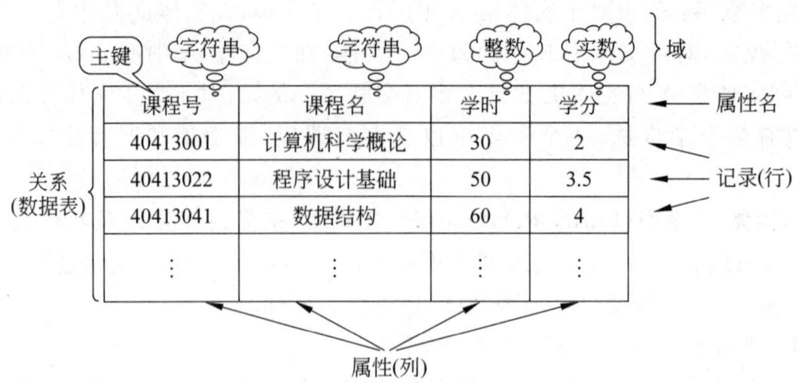

图 8.6 关系模型的基本概念

其中有下划线的属性为主键。实际上，关系只是定义了数据表的结构，数据表中的记录是在实际应用中录入的，如表 8.1、表 8.2 和表 8.3 所示。

表 8.1 学生信息表

学号	姓名	所在学院	所学专业	班级
0804001	陆宇	计算机科学与工程	软件工程	080401
0804002	李明	计算机科学与工程	软件工程	080401
0804003	汤晓影	计算机科学与工程	软件工程	080401

表 8.2 课程信息表

课程号	课程名	学时	学分
40413001	计算机科学概论	30	2
40413022	程序设计基础	50	3.5
40413041	数据结构	60	4

表 8.3 学生成绩表

学号	课程号	成绩
0804001	40413001	86
0804002	40413022	92
0804001	40413022	85

埃德加·科德(Edgar Codd)是密执安大学哲学博士，IBM 公司研究员，被誉为“关系数据库之父”，于 1981 年获图灵奖。1970 年，科德在论文“大型共享数据库的关系模型”中首次提出了数据库的关系模型。由于关系模型简单明了、具有坚实的数学理论基础，一经推出就受到了学术界和产业界的高度重视和广泛响应，并很快成为数据库市场的主流。

3. 采用 SQL 语言定义数据库

SQL 语言使用 CREATE TABLE 语句定义数据表。例如，定义学生选课系统的学生信息表，其 SQL 语句为：

```
CREATE TABLE student
              (Sno CHAR(5),
```

```
        Sname CHAR(10),
        Sdept CHAR(15),
        Smajor CHAR(10),
        Sclass CHAR(8))
```

这个 SQL 语句的语义是：创建一个数据表，表的名字是 student，属性 Sno 的域是 5 个字符，属性 Sname 的域是 10 个字符，属性 Sdept 的域是 15 个字符，属性 Smajor 的域是 10 个字符，属性 Sclass 的域是 8 个字符。

8.2.2 数据处理——操作数据库

对数据库的操作主要是通过 SQL 语言向 DBMS 发出操作请求，通常对数据库可以进行以下操作。

1. 数据查询

查询是数据库系统中最重要的操作，SQL 语言使用 SELECT 语句进行数据查询。例如，从 student 数据表中查找 080401 班级的所有学生，其 SQL 语句为：

```
SELECT Sno, Sname, Sdept, Smajor
FROM student
WHERE Sclass="080401"
```

这个 SQL 语句的语义是：在数据表 student 中找出属性 Sclass 等于“080401”的那些记录，查询结果是满足条件的记录行组成的关系，即一个二维表。

2. 数据更新

数据更新主要包括对记录进行增加、删除和修改等操作。例如，在数据表 student 中删除陆宇同学的记录信息，其 SQL 语句为：

```
DELETE
FROM student
WHERE Sname="陆宇"
```

这个 SQL 语句的语义是：在数据表 student 中找出属性 Sname 等于“陆宇”的那条记录，并将这行记录删除。

3. 数据控制

数据控制主要实现用户对数据的存取权限进行控制，包括数据表的授权、完整性规则的描述和事务控制等。例如，把数据表 student 的查询权限授予用户 U2，其 SQL 语句为：

```
GRANT SELECT
ON TABLE student
TO U2
```

这个 SQL 语句的语义是：授予用户 U2 对数据表 student 的查询权限，用户 U2 可以对数据表 student 进行查询，但不可以进行修改等其他操作。

8.2.3 数据保护机制

数据库集中存储了企业的数据，是企业重要的信息资源，如何保证数据的正确性和安全性是数据库应用极其关键的课题。现代数据库系统主要从安全性、完整性、并发控制、故障恢复等方面保护数据库。**事务是并发控制和故障恢复的基本单位，所谓事务是由用户定义的一个数据库操作序列，是一个不可分割的逻辑工作单元，这些操作要么全部执行成功，要么一个也不执行。**

数据库的安全性主要通过控制数据库的访问权限，防止非法入侵和破坏。用户身份识别（例如设置口令或密码）是数据库最基本的安全保护措施，对有权进入数据库的用户要进一步进行存取控制，事先规定允许用户访问数据的范围以及有权执行的操作，然后在用户发出数据库操作请求的时候进行合法权限的检查。在对安全性要求非常高的应用系统，也可以将数据进行加密后存储在数据库中。

数据库的完整性在于保证数据库中的数据语义是正确的。在对数据库进行操作时首先要进行完整性约束检验。例如，在数据库中要执行一个转账事务：

① 从一个账户减去一笔钱；

② 在另外一个账户里加上同样数目的钱。

转账事务隐含着一个约束条件，即转账前后两个账户的余额之和要保持不变。如果不进行完整性检验，则可能出现对这两个账户的更新操作只做了其中之一或转账的数目不同，显然，破坏了数据的完整性。其次，对数据库的并发操作可能会破坏数据库的完整性，一个典型的例子是飞机售票事务：

① A售票点读出某航班的余票数T，设T为100；

② B售票点读出同一航班的余票数T，则T也为100；

③ A售票点售出一张机票，修改余票数T为99，把T写回数据库；

④ B售票点售出一张机票，修改余票数T为99，把T写回数据库。

显然，写回数据库中的数据是错误的，明明卖出了两张机票，可是数据库中余票只减少了1张。通常采用**并发控制**来保证数据库的完整性，主要技术是封锁。所谓**封锁**是指事务A在对某个数据对象操作之前，先向系统发出操作请求，并对其进行加锁。于是事务A对该数据对象具有一定的控制权，其他事务不能更新此数据对象直到事务A释放这个锁。

任何系统都免不了会发生故障，可能是硬件失效，可能是软件运行故障，也可能是外部故障（如掉电）。运行的突然中断使数据库处在错误状态，而故障排除后通常没有办法让系统精确地从断点继续执行下去，这就要求数据库管理系统有一套故障后的数据恢复机制。任何数据修复的方法都要基于**数据备份**，其核心是记录运行日志，记录每个事务的关键操作信息。如果发生故障时事务未执行完，恢复时就要把做了一半的事务取消，这称为回滚。例如银行转账事务，从一个账户减去了一笔钱，没来得及写入另一个账户就发生了故障，那么就需要从日志上把转出账户的余额找出来再写回到数据库中。也就是将数据库的状态恢复到故障发生之前的状态。

思考题

1. 在例8.2中，选课关系为什么不包括姓名、课程名等属性？为什么用学号和课程号作为主键？

2. 尽管没有系统地学习SQL语言，你能看懂本章的SQL语句吗？

3. 对数据库的并发操作可能破坏数据库的完整性，对于飞机售票事务，你还能举出破坏数据库完整性的其他例子吗？

阅读材料——常用的数据库管理系统

目前有许多数据库产品，如Oracle、DB2、Sybase、Informix、SQL Server、Access等产品以自己特有的功能，在数据库市场上占有一席之地。下面简要介绍几种常用的数据库管理系统。

Oracle是一个最早商品化的关系型数据库管理系统，也是应用广泛、功能强大的数据库管理系统。Oracle作为一个通用的数据库管理系统，不仅具有完整的数据管理功能，还是一个分布式数据库系统，支持各种分布式功能，特别是支持Internet应用。Oracle提供了一套界面友好、功能齐全的数据库开发工具，具有可开放性、可移植性、可伸缩性、支持面向对象等优点，适用于各类大、中、小企业使用，在电子政务、电信、证券和银行中使用比较广泛。

SQL Server是Microsoft公司推出的大型数据库管理系统，可以在许多操作系统上运行。由于Microsoft SQL Server是开放式的系统，其他系统可以与它进行完好的交互操作，具有可靠性、可伸缩性、可用性、可管理性等特点，为用户提供完整的数据库解决方案。

除Oracle和SQL Server外，还有其他一些大型数据库管理系统，如IBM公司的DB2、Sybase公司的Sybase和Informix公司的Informix等。这些数据库管理系统都支持标准的SQL语言和ODBC接口，通过ODBC接口，应用程序可以透明地访问数据库。

Access是Microsoft公司推出的面向办公自动化的数据库管理系统，作为Microsoft Office组件之一，无需编写任何代码，只需通过直观的可视化操作就可以完成大部分数据管理任务。Access不仅可以通过ODBC与其他数据库相连，实现数据交换和共享，还可以与Word、Excel等办公软件进行数据交换和共享，并且通过对象链接与嵌入技术在数据库中嵌入和链接声音、图像等多媒体数据。

开源数据库是指开放源代码的数据库，Linux系统下开源数据库的优秀代表是MySQL和PostgreSQL。MySQL可运行在多种操作系统平台上，适用于网络环境。目前，MySQL被广泛地应用在Internet上的中小型网站中。由于其体积小、速度快、总体拥有成本低，尤其是开放源码这一特点，许多中小型网站为了降低成本而选择MySQL作为网站数据库。PostgreSQL是一种相对较复杂的数据库管理系统，也是目前功能最强大、特性最丰富和最复杂的开源数据库之一，主要用在UNIX或Linux平台上，目前也推出了Windows版本。

习 题 8

一、选择题

1.（　　）是统一管理的相关数据集合，这些数据以一定的结构存放在磁盘等存储介质中。

A. 数据库系统　　B. 数据库　　C. 数据库管理系统　　D. 文件

2. 数据库管理系统与文件系统的主要区别是（　　）。

A. 数据独立化　　B. 数据整体化　　C. 数据结构化　　D. 数据文件化

3.（　　）是并发控制和故障恢复的基本单位。

A. 操作　　B. 语句　　C. 指令　　D. 事务

4. 关系模型的基本思想是把（　　）看成是关系，以二维表的形式描述。

A. 实体　　B. 属性

C. 实体之间的联系　　D. 实体以及实体之间的联系

5. SQL语言属于（　　）。

A. 第2代程序设计语言2GL　　B. 第3代程序设计语言3GL

C. 第4代程序设计语言4GL　　D. 第5代程序设计语言5GL

6. 假设一个图书馆有多本图书，一个学生可以借阅多本图书，而一本图书只能借给一个学生，那么，图书和学生之间的联系属于（　　）。

A. 一对一　　B. 一对多　　C. 多对多　　D. 不能确定

二、简答题

1. 什么是数据库？请说明数据库的特点。

2. 数据库是存储在磁盘中的数据集合，用户如何操作数据库中的数据？

3. 什么是数据库的完整性？如何保证数据库的完整性？

三、讨论题

1. 数据库中存储的大多是个人信息，而本人却对它几乎没有任何控制权，具有讽刺意味的是，将我们从日常生活中解放出来的数据库技术，同时也是剥夺了我们个人隐私的工具。请你结合自己的亲身经历剖析数据库技术的利和弊。

2. 建立数据库的过程就是数据表示的过程，请分析图6.4和图8.4，说明分层方法在数据表示中的运用。

第 5 部分　应用软件层

应用软件扩展了人们在某些方面的能力，使得人们做到了利用传统的工具不容易做到或完全做不到的事情。应用软件的这种能够扩展人们某些方面能力的特点才是计算机革命的真正驱动力。应用软件在计算机系统的位置如下图所示。

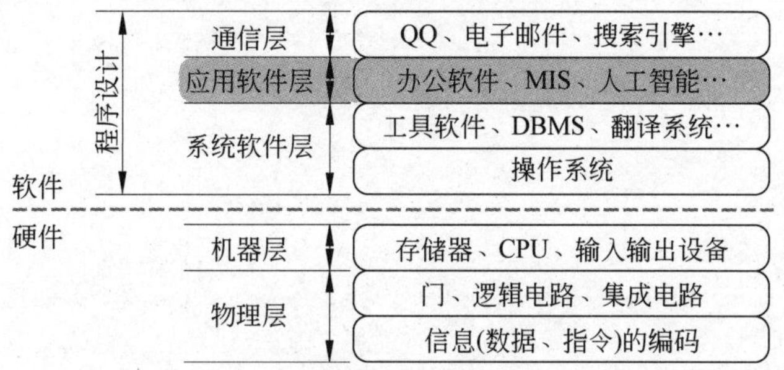

本书没有介绍各种应用软件（例如 Office）的使用方法，而是介绍软件工程、人机交互和人工智能。因为学生应该了解软件工程的相关知识，知道用户界面在应用软件中的作用，了解智能化是应用软件的发展趋势。

第 9 章说明软件开发的复杂性以及软件危机的表现；给出软件工程的定义和软件工程的基本原理；介绍软件工程化开发的特征——软件生命周期，以及软件生命周期的基本要点——分阶段和文档，介绍常用的软件开发模型；给出了软件质量特性，说明软件测试对于保证软件质量的重要性。

第 10 章介绍人机交互的定义，借鉴人类交互给出人机交互的基本形式，探讨人机交互的发展趋势；介绍目前流行的命令行交互界面和图形交互界面，探讨尚未达到实用阶段的多媒体交互界面和虚拟现实交互界面。

第 11 章介绍人工智能的定义和研究意义，说明判定人工智能的两种观点——弱人工智能和强人工智能；探讨人工智能的主要研究方法；介绍人工智能的主要研究和应用领域。

第9章 软件工程

CHAPTER

自1968年首次提出“软件工程”一词以来，软件工程已成为计算机软件的一个重要分支和研究方向。软件工程是从工程的角度研究大型软件系统的开发过程。本章要讨论的主要问题是：

① 什么是软件危机？软件危机有哪些典型表现？为什么会产生软件危机？

② 什么是软件工程？为什么要用工程的方法来管理软件的开发过程？

③ 应该按照什么样的过程来开发软件？如何考核这个过程？

④ 软件质量指的是什么？软件测试在保证软件质量中的作用是什么？

【情景问题】“著名”软件错误

我们这个社会已经过于依赖计算机技术，当我们把从财务管理到卫星发射这样的事情都交给复杂的计算机系统时，系统崩溃带来的代价也就逐渐增大起来。下面是一些惊人的实例：

① 在1985年6月到1987年1月之间，用于追踪癌变细胞的 Therac-25型放射治疗仪由于软件重新启动的操作错误导致了意外辐射，结果造成一名患者死亡，一名患者严重受伤。

② 1990年1月，AT&T(美国电话电报公司)经历了一场令人难忘的通信大灾难，AT&T的长途电话网瘫痪9个小时，导致了几十亿美元的损失，并引发了各种骚乱。最后技术人员发现问题出在100万行编码中的一条错误的语句上，一个函数接收了一个错误的参数。

③ 1991年2月，海湾战争期间，一枚伊拉克“飞毛腿”导弹袭击了靠近沙特阿拉伯城市达兰的一个美军基地，造成28名美军士兵死亡，100多人受伤，而位于达兰的美国“爱国者”导弹发射器没有能够成功地跟踪并拦截“飞毛腿”导弹。原因是“爱国者”导弹发射软件的一个运算涉及十进制数0.1，而这个数没有被精确地转换为对应的二进制数，在大约100个小时的发射操作中，这个算术运算的累计误差是0.34秒，足以使导弹偏离目标。

④ 1996年6月,欧洲空间局发射的无人火箭 Ariane 5 在升空40秒后就爆炸了,原因是一个相对于平台的水平速率是64位的浮点数,结果被转换成16位的整数,导致火箭偏离了航道,然后解体、爆炸。

⑤ 1999年9月,美国发射的火星气候探测仪在接近火星时被烧毁,原因是混淆了英国计量单位和国际计量单位,使飞船进入火星大气层的进入点比预计的低了大约100km。

软件作为一种思维产品和其他工程产品相比,有着很多不同的特性,几乎所有的软件在特定条件下都会有意想不到的行为。目前,开发低成本、高可靠性的软件仍然是一件十分困难的工作。

9.1 软件危机

9.1.1 软件危机的表现

在计算机的发展过程中,计算机硬件的成本在持续下降,与此同时,开发计算机软件的成本却在不断攀升。虽然软件成本在上升,但是软件质量却没有得到相应的提高,软件的可靠性始终在困扰着计算机界。**软件危机是指在计算机软件的开发和维护过程中遇到的一系列严重问题**,其典型表现是:

① 软件开发成本和进度无法预测。实际开发成本超出预算、实际开发进度拖期的现象时常发生,而为了节约成本和追赶进度往往会影响软件产品的质量。

② 用户对已完成的软件系统不满意。软件需求在开发初期未能得到确切的表达,在软件开发过程中开发人员和用户之间未能及时交换意见,导致最终的软件产品不符合用户的实际需要。

③ 软件可靠性没有保证。软件开发的能见度较低,软件质量缺乏定量的评价标准,在软件开发过程中缺少软件质量保证技术,导致软件产品的可靠性无法保证,软件中常常存在质量问题。

④ 软件没有适当的文档资料。软件开发早期阶段形成了"软件开发就是编写程序并设法使它运行"的错误观点,软件开发组织和软件开发人员不重视软件文档,缺少相应的文档使得软件开发后的维护工作很难进行。

⑤ 软件维护费用不断上升。软件维护通常意味着修改原来的设计,客观上增加了软件维护的复杂性,而软件规模的增长更是增加了软件维护的难度。

软件危机不仅仅是不能正常运行的软件才具有的,实际上,几乎所有软件都不同程度地存在这些问题。

9.1.2 软件开发的复杂性

软件系统不是自然界的有形物体,软件作为人类智慧的产物有其自身的特点,开发软件的过程是将思想转化为计算机程序的过程,是人类所做的最具智力挑战的活动之一。软件开发的复杂性主要体现在以下几个方面。

1. 开发环境的复杂性

现代企事业单位、政府部门等组织一般来说结构复杂，软件开发通常涉及组织内部各级机构、管理人员及组织面临的外部环境。软件开发者必须深刻理解组织面临的内、外环境及发展趋势，考虑到管理体制、管理思想、管理方法和管理手段的相互配合，才能开发出高质量的软件。

2. 用户需求的多样性

软件的最终用户通常是各级各类管理人员，满足这些用户的信息需求，支持他们的日常管理及决策工作，是系统开发的直接目的。然而，一个组织内部各类机构和管理人员的信息需求不尽相同甚至相互矛盾，一些用户提出的需求往往十分模糊，用户需求在系统开发过程中经常发生变化，开发出的系统必须能够满足不同用户的信息需求。

事实上，对用户需求没有完整准确的认识就匆忙着手编写程序是许多软件项目失败的主要原因之一。只有用户才真正了解他们自己的需要，但是许多用户在开始时并不能准确具体地叙述他们的需要，软件开发人员需要做大量深入细致的调查研究工作，反复多次地和用户交流信息，才能真正全面、准确、具体地了解用户的需求。

3. 技术手段的综合性

软件是当代利用先进技术解决社会经济问题的范例之一。当代的先进技术成果，如计算机硬件技术和软件技术、数据通信与网络技术、数据采集与存储技术、多媒体技术等，都是进行软件开发的技术手段，如何有效地掌握和综合使用这些技术，是软件开发者面临的主要任务之一。

4. 软件的复杂性

当代软件的一个显著特点是规模庞大，而且软件的复杂性随着软件规模的增加呈指数上升。为了在预定时间内开发出规模庞大的软件，必须由许多人分工合作。然而，如何保证每个人完成的工作合在一起确实能构成一个高质量的大型软件系统，更是一个极端困难的问题，这不仅涉及专业技术问题，更重要的是必须有合理而科学的管理。

例如，在 OS/360 的开发中，当项目进行到顶峰时，有超过 1000 人在为它工作——程序员、文档编制人员、操作人员、职员、秘书、管理人员、支持小组等。从 1963 年到 1966 年，设计、编码和文档工作花费了大约 5000 人/年。

5. 程序的不可见性

软件不同于硬件，它是计算机系统中的逻辑部件而不是物理部件。由于软件缺乏“可见性”，在写出程序代码并在计算机上运行之前，软件开发过程的进展情况较难衡量，软件质量也较难评价，因此，管理和控制软件开发过程相当困难。

6. 无法保证软件的正确性

程序的正确性证明至今未得到圆满解决，软件测试不可能检测出程序中的所有错误，因此，在交付使用的软件中都可能隐藏着某些尚未发现的错误，而这些错误在某种使用环境下才会暴露出来。

思考题

1. 当代软件的一个显著特点是规模庞大，增加了软件开发的复杂性。为什么当代软件的规模会如此庞大？软件规模越大越好吗？

2. 为什么无法用定量的标准来衡量软件的可靠程度？

9.2 什么是软件工程

在现代工业社会，工程技术已经十分成熟。人类可以建造摩天大楼，可以建造水电站，甚至还可以登上月球。软件工程的核心思想是把软件产品当作一个工程产品来处理，希望用工程化的原则和方法来克服软件危机。

9.2.1 软件工程的定义

1968年，在北大西洋公约组织召开的学术会议上，软件工程作为一个概念被首次提出，此后，有关软件工程的思想、方法和工具不断被提出，软件工程逐步发展成为一门独立的学科。**软件工程是研究和应用如何以系统性的、规范化的、可定量的工程化方法去开发和维护软件，把经过时间考验而证明正确的管理技术和当前能够得到的最好技术方法结合起来**。概括而言，软件工程包含三个基本要素：方法、工具和过程。

1. 方法

软件工程的方法指的是完成软件开发各项任务的技术方法，回答"如何做"的问题。目前有两种流行的软件开发方法：结构化方法和面向对象方法。**结构化方法**的基本思想是"自顶向下，逐步求精"，核心是模块化。即从问题的总体目标开始，抽象低层的细节，然后再一层一层地分解和细化，将复杂问题划分为一些功能相对独立的模块，各个模块可以独立地设计，在模块与模块之间定义相应的调用接口。结构化方法的设计思想如图9.1所示。

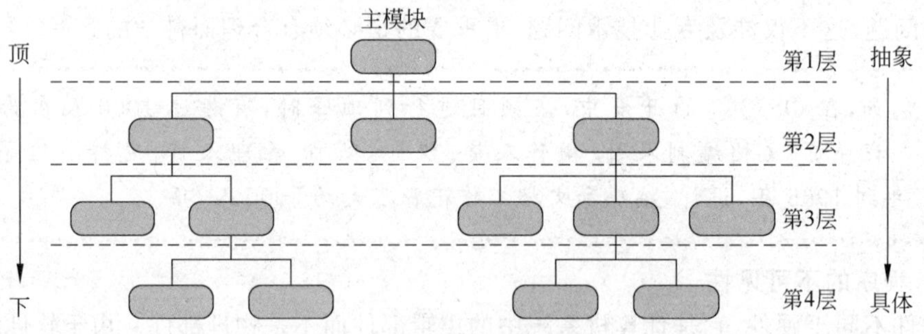

图9.1 自顶向下的解释

面向对象方法的基本思想是"自底向上"，先将问题空间划分为一系列对象的集合，再将对象集合进行分类抽象，将那些具有相同属性和行为的对象抽象为一个类，采用继承来建立这些类之间的联系，同时对于每个具体类的内部结构，采用"自顶向下，逐步求精"的设计方法。面向对象方法的设计思想如图9.2所示。

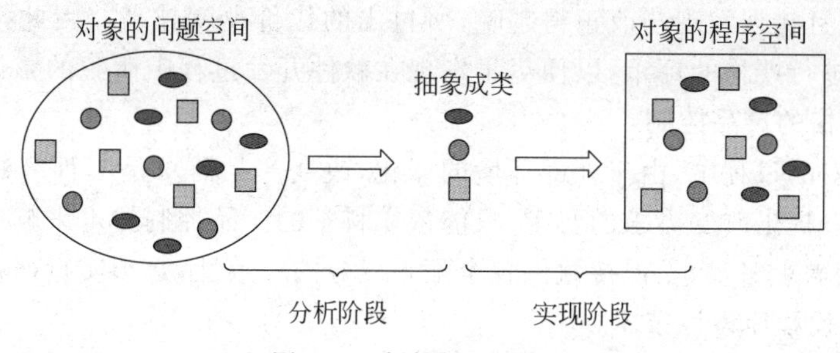

图 9.2 自底向上的解释

近年来流行**基于构件的开发方法**。所谓构件就是可以进行内部管理的一个或多个类组成的群体，每个构件包括一组属性、事件和方法。基于构件的开发方法借鉴了硬件设计的思想，软件开发人员可以利用现有的构件，再加上自己的业务逻辑，就可以开发出应用软件，增强了软件的重用能力。

2. 工具

软件工程的工具是为软件工程方法的运用提供自动或半自动的软件支撑环境。软件工程的研究重点之一就是提出可以在开发过程中使用的各种支持工具，例如，用于数据分析的实体-联系图，用于结构化方法的数据流图、模块结构图，用于面向对象方法的类图、UML 建模，以及能够对软件开发全过程提供支持的软件工程环境，例如 Rational 公司提供的 RUP(Rational 统一过程)和 Rose。

3. 过程

软件工程的过程是为了获得高质量的软件所需的一系列任务框架，它定义了运用方法的顺序、应该交付的文档资料、为保证软件质量和协调变化所需要采取的管理措施以及标志软件开发各个阶段任务完成的里程碑。管理者在软件开发过程中要能够对软件开发的质量、进度、成本等进行评估和管理，包括人员组织、计划跟踪与控制、成本估算、质量保证、配制管理等。

9.2.2 软件工程的基本原理

自 1968 年正式提出并使用了软件工程这个术语以来，研究软件工程的专家学者们陆续提出了 100 多条关于软件工程的准则(或信条)。著名的软件工程专家 B. W. Boehm 综合这些学者们的意见和软件开发的经验，于 1983 年提出了软件工程的 7 条基本原理，这 7 条基本原理是确保软件产品质量和开发效率的最小集合。

1. 用分阶段的生存周期计划严格管理

统计资料表明，在不成功的软件项目中，有一半左右是由于计划不周造成的，可见，把完善的计划作为第 1 条基本原理是吸取了前人的教训而提出来的。这条基本原理意味着应该把软件开发与维护的整个过程划分成若干阶段，并相应地制定出切实可行的计划，然后严格按照计划对软件的开发和维护工作进行管理。

2. 坚持进行阶段评审

软件质量的保证工作不能等到编码阶段完成之后再进行，因为大部分错误是在编码之前造成的，而且错误发现与改正得越晚，所付出的代价也就越高。因此，在软件开发的每个阶段都要进行严格的评审，以便尽早发现在软件开发过程中所犯的错误。

3. 实行严格的产品控制

在软件开发的过程中，由于外部环境的变化，改变产品需求是一种客观需要，显然不能硬性禁止客户提出改变需求的要求，只能依靠科学的产品控制技术来顺应这种要求，也就是说，当改变需求时，为了保持软件各个配置成分的一致性，必须实行严格的产品控制。

4. 采用现代程序设计技术

从提出软件工程的概念开始，人们一直把主要精力用于研究各种新的程序设计技术。20 世纪 60 年代末提出的结构化程序设计技术在当时成为一种先进的程序设计技术，以后又进一步发展出各种结构化分析、结构化设计技术。20 世纪 90 年代后，面向对象程序设计技术在许多领域中取代了传统的结构化程序设计技术。实践表明，采用先进的程序设计技术不仅可以提高软件开发和维护的效率，而且可以提高软件产品的质量。

5. 结果应能清楚地审查

软件产品不同于一般的物理产品，是看不见摸不着的逻辑产品。软件开发人员（或开发小组）的工作进展情况可见性差，难以准确度量，从而使得软件产品的开发过程比一般产品的开发过程更难以评价和管理。为了提高软件开发过程的可见性，更好地进行管理，应该根据软件开发项目的总目标及完成期限，规定开发组织的责任和产品标准，从而使得所得到的结果能够清楚地审查。

6. 开发小组的人员应该少而精

开发小组人员的素质和数量是影响软件产品质量和开发效率的重要因素，素质高的人员与素质低的人员相比，开发效率可能高几倍甚至几十倍，而且素质高的人员开发出的软件中的错误明显少于素质低的人员开发出的软件中的错误。此外，随着开发小组人员数量的增加，相互交流的通信开销也急剧增加。因此，组成少而精的开发小组是软件工程的一条基本原理。

7. 承认不断改进软件工程实践的必要性

遵循上述六条基本原理就能够按照现代软件工程的基本原理实现软件的工程化生产，但是，软件开发与维护的过程要想赶上时代前进的步伐，不仅要积极主动地采纳新的软件技术，而且要注意不断总结经验。

思考题

1. 软件工程有三个基本要素：方法、工具和过程，这三个要素之间是什么关系？
2. 软件行业和其他行业（如建筑行业）相比，工程化的难度在哪里？

9.3 软件过程

在完成软件开发任务时必须进行一系列的活动，并且使用适当的资源（人员、时间、计算机、软件工具等），在开发过程结束时将输入（软件需求）转化为输出（软件产品）。因此，ISO 9000 把过程定义为“把输入转化为输出的一组彼此相关的资源和活动”。为了获得高质量的软件产品，必须采用科学、合理的软件开发过程。

9.3.1 软件生命周期

软件生命周期是软件工程中最基本的概念，它是指一个软件从提出开发要求开始，到开发完成投入使用，直至废弃为止的整个时期。**软件生命周期有两个要点：分阶段和文档**。

1. 分阶段

从时间进程的角度，整个软件生命周期被划分为若干个阶段，每个阶段有明确的目标和任务，要确定完成任务的理论、方法和工具，要有检查和审核的手段，要规定每个阶段工作完成的标志，即所谓的里程碑，阶段的里程碑由一系列指定的软件工作产品构成，作为开发成果的软件工作产品表现为文档、程序和数据。软件生命周期一般包括软件定义、软件开发和软件维护等阶段。

软件定义阶段主要解决的问题是"做什么"，也就是要确定软件的处理对象、软件与外界的接口、软件的功能和性能、界面，并对资源分配、进度安排等做出合理的计划。可以将软件定义进一步划分为问题定义、软件项目计划、需求分析等阶段。

软件开发阶段主要解决的问题是"怎么做"，也就是把软件定义阶段得到的需求转变为符合成本和质量要求的系统实现方案，用某种程序设计语言将软件设计转变为程序，进行软件测试，发现软件中的错误并加以改正，最终得到可交付使用的软件产品。可以将软件开发进一步划分为软件设计、编码、软件测试等阶段。

软件维护的任务是在软件可交付使用的整个期间，为适应外界环境的变化以及扩充功能和改善质量，对软件进行修改。软件维护过程本质上是修改和压缩了的软件定义和软件开发过程。一个软件的使用时间可能有几年或几十年，在整个使用期间可能都需要进行软件维护，软件维护的代价是很大的，因此，如何提高软件维护的效率、降低维护的代价成为十分重要的问题。

需要强调的是，在实际从事软件开发工作时，软件规模、种类、开发环境、开发团队以及开发使用的技术方法等因素，都影响软件生命周期的阶段划分。承担的软件项目不同，应该完成的任务也有差异，没有一个适用于所有软件项目的任务集合。适用于大型复杂项目的任务集合，对于小型且较简单的项目而言，往往就过于复杂了。因此，一个科学、合理、有效的软件过程应该定义一组适合于所承担软件项目特点的任务集合。

2. 文档

伴随着软件产品从无到有的整个过程，在软件生命周期的每个阶段都要得出最终产品的一个(或几个)组成部分，这些组成部分通常以文档资料的形式存在。**文档是指以某种可读形式存在的技术资料和管理资料**。文档应该是在软件开发过程中产生的，而且应该是最新的(即与程序代码完全一致)。软件开发组织和管理人员可以将文档作为里程碑，来管理和评价软件开发过程的进展状况；软件开发人员可以利用文档作为通信工具，在软件开发过程中准确地交流信息；软件维护人员可以利用文档资料理解被维护的软件。

> 汽车是汽车行业的产品，伴随着汽车的生产过程，会产生很多图纸、工艺规范、加工单、检验报告、使用手册，等等。文档的建立和使用是工程化方法的特征之一，只有手工的生产方式才不会使用文档，生产的一切过程都隐藏在手工艺人的头脑中。

9.3.2 软件开发模型

在软件开发的整个过程中,为了从宏观上管理软件的开发和维护,必须对软件的开发过程从总体上进行描述,即对软件过程建模。软件开发模型能够清晰、直观地表达软件开发的全过程,明确规定要完成的主要活动和任务,成为软件项目开发工作的基础。为了指导软件的开发过程,在软件工程的实践中形成了不同的开发模型以适应不同软件开发的需要。

早期使用**瀑布模型**,强调软件生命周期各阶段的固定顺序,上一阶段完成后才能进入下一阶段,整个开发过程就像流水下泻,故称之为瀑布模型。由于在瀑布模型中不允许回溯,因此,每个阶段完成后都要进行严格的评审,以避免最终交付的产品不能满足用户的真正需要。

针对事先不能完整定义需求的软件项目开发,通常使用**快速原型模型**,通过快速构建一个可运行的原型(即试验性软件)系统,让用户试用原型系统并收集用户的反馈意见,获取用户的真实需求,从而减少由于需求不明给开发工作带来的风险。也可以将原型系统作为最终产品的一部分,经过用户评测后增加新的内容,软件以递增的方式进行开发,在渐进开发过程中不断演进,直至进化为最终的软件产品,这种开发过程称为**增量模型**。显然,使用增量模型的困难是要求软件具有开放结构。

近年较有影响的是Rational公司提出的**RUP软件统一过程**,RUP使用统一建模语言UML为主要工具,以渐增和迭代的方式进行软件生命周期的各种活动。

主流的开发模型强调软件过程不同阶段的划分,强调开发人员的明确分工,但是,也出现了一些较为另类的开发模式,如**极限编程**主张团队成员自由地交换想法,通过设计、实现、测试的轮转,渐进地开发软件,当软件规模不太大时,极限编程是一种可取的开发模型。

思考题

1. 软件开发团队的个人素质以及整体和谐程度对软件开发有什么影响?

2. 软件开发人员通常都不愿意写文档,如果开发环境能够提供自动生成文档的工具不是省掉很多麻烦吗?哪些文档无法自动生成?

9.4 软件质量

9.4.1 软件质量特性

软件质量是指软件与明确叙述的功能和性能需求、明确描述的开发标准以及任何专业开发的软件产品都应该具有的隐含特征相一致的程度。虽然软件质量是难以定量度量的软件属性,但是,仍然能够提出许多重要的软件质量特性(其中大多数还处于定性度量阶段)。软件质量可以用6个特性来评价:功能性、可靠性、可用性、有效性、可维护性和可移植性。

① 功能性:系统满足需求规格说明和用户目标的程度,换言之,在预定的环境下能

正确完成预期功能的程度。例如,能否得到正确的结果,是否完成规定的功能,是否具备和其他指定系统的交互能力,能否避免对程序及数据的非授权访问等。

② 可靠性:在规定的一段时间内和规定的条件下,软件维持其性能水平的能力。例如,能否避免由软件故障引起系统失效,是否能在软件错误的情况下维持指定的性能,能否在故障发生后重新建立其性能水平并恢复受影响的数据等。

③ 可用性:系统在完成预定功能时令人满意的程度。例如,理解和使用该系统的容易程度,用户界面的易用程度等。

④ 有效性:为了完成预定的功能,系统需要多少计算机资源。例如,系统的响应和处理时间,软件执行其功能时的数据吞吐量,软件执行时消耗的计算机资源等。

⑤ 可维护性:修改或改进正在运行的系统需要多少工作量。例如,诊断和改正在运行现场发现的错误所需要工作量的大小等。

⑥ 可移植性:把程序从一种计算环境(硬件配置或软件环境)转移到另一种计算环境下,需要多少工作量。例如,系统是否容易安装,系统是否容易升级等。

随着计算机越来越深入地应用于社会的各个方面,软件系统本身的可靠性也越来越成为非常关注的问题。由于软件是一种极端复杂的事物,到目前为止,计算机科学家还没有研究出有效的质量保证手段,还没有足够的可靠性保证理论和可靠的实用软件开发技术,对软件开发理论、技术和工具的研究是未来信息技术发展中的重要问题。

9.4.2　软件测试

无论怎样强调软件测试的重要性和它对软件可靠性的影响都不过分,大量统计资料表明,软件测试的工作量往往占软件开发总工作量的40%以上,在极端情况,测试那种关系到人的生命安全的软件所花费的成本,可能相当于软件工程其他开发阶段总成本的3~5倍。目前,**软件测试仍然是保证软件质量的关键步骤,它是对软件规格说明、设计和编码的最终审核**。通常在编写出每个模块之后就需要进行必要的测试(称为单元测试),通常模块的编写者和测试者是同一个人。此外,还应该对软件系统进行各种综合测试(称为集成测试),通常由专门的测试人员承担这项任务。

软件测试的根本目标是尽可能多地发现并排除软件中潜藏的错误,最终把一个高质量的软件系统交付给用户。著名软件工程专家G. Myers给出了关于测试的一些规则,这些规则可以看做是测试的目标或定义:

① 测试是为了发现程序中的错误而执行程序的过程;

② 好的测试方案是极可能发现迄今为止尚未发现的错误的测试方案;

③ 成功的测试是发现了迄今为止尚未发现的错误的测试。

经过业界多年努力和来自其他工程技术的启发,确立了软件工程学的一些基本原则,提出了很多实用的方法和工具,制定了软件开发应该遵从的标准规范,但至今未能彻底解决软件开发所面临的种种问题。软件工程尚未构成坚实的基础理论体系,大部分的软件特性仍然无法用定量的方法测量,软件产品的质量仍然无法保证。尽管如此,软件开发人员仍然要自觉地运用软件工程目前已经取得的成果,用工程化的方法来指导和管理软件的开发过程,减少软件错误,保证软件质量。

思考题

1. 为什么业界找不到对软件质量进行定量度量的标准？
2. 软件测试人员和软件开发人员应该是同一组人员吗？为什么？

阅读材料——软件、硬件和人件

信息时代每天都会遇到大量的词汇，大多数是旧有词汇的新解，而“人件”这个词是罕有的必须重新创造的词。1976年，Peter G. Newmann在《系统中的人件》(*Peopleware in System*)中第一个正式使用了“人件”这个词，但是直到1987年，Tom DeMarco和Tim Lister合著的《人件》(*Peopleware*)一书的出版，才使人件正式成为软件工程领域中的一个专业名词。

人件，是第三次计算机革命的真正起源。第一次计算机革命源于硬件危机，在一段时间内，人们一直认为自己遇到的所有计算机问题都源自硬件方面，因此，只要有了运行更快、功能更强大的计算机，有了更多的内存和更好的外部设备，就能建立更好的系统，也就能解决所有的问题。渐渐地，人们有了更好的计算机，处理器的运行速度越来越快，内存越来越大，外部设备也越来越便宜而且好用，可是，计算机问题依然存在，我们仍然在使用运行不稳定的系统，仍然无法及时、有效地在预算范围内完成任务。于是，人们将遇到的问题归咎于软件方面，而第二次计算机革命也随之被称为软件危机，人们开始认为，只要有了优秀的编程工具、高级的编程语言、丰富的构件库和辅助工具，就能解决所有问题，及时、有效地在预算范围内开发出运行良好的软件系统。现在，第三代编程语言变得越来越精密，并出现了第四代编程语言，编译器变得越来越快、越来越智能，计算机辅助软件工程工具随处可见，面向对象技术也变得更成熟，但是，计算机问题依然存在，软件开发依然在经常改动计划、追加预算。现在，人们不得不重新考虑：问题究竟出现在什么地方？人件就是问题的症结所在。既然软件是由人创造的，也是由人来使用的，那么只有更好地了解人是如何工作、如何解决工作中的问题、如何协调工作中的关系，才有可能设计、开发出更好的软件。

人件的范围包罗万象，在软件开发过程中，凡是与人有关的任何事物都可以归于人件：质量和生产率、合作、团队动力、个性和程序设计、方案管理和组织、界面设计和人机交互、认知心理学、思维过程，等等。

习 题 9

一、选择题

1. 对于软件危机，以下正确的是（　　）。

   A. 所有软件都不同程度地存在软件危机

   B. 只有不能正常运行的软件存在软件危机

   C. 在交付使用的所有软件中都可能隐藏着某些尚未发现的错误

   D. 软件中存在致命错误才是软件危机

2. 软件工程的目标是(　　)。

A. 生产满足用户需要的产品

B. 以合适的成本生产满足用户需要的产品

C. 以合适的成本生产满足用户需要的、可用性好的产品

D. 生产正确的、可用性好的产品

3. 简单地说,软件质量是指(　　)。

A. 软件满足需求说明的程度　　B. 软件性能指标的好坏

C. 用户对软件的满意程度　　D. 软件可用性的程度

4. 软件生命周期是从(　　)开始。

A. 用户需求　　B. 软件项目计划　　C. 软件定义　　D. 软件设计

5. 使用文档的人员可以是(　　)。

A. 软件开发人员　　B. 软件维护人员　　C. 软件管理人员　　D. 以上都是

二、简答题

1. 什么是软件危机？软件危机有哪些具体表现？

2. 简述软件工程的核心思想。

3. 简述软件生命周期的要点。

三、讨论题

1. 布鲁斯在《人月神话》中描述了软件开发这个职业的乐趣和苦恼,请阅读相关资料,写出你自己的感受。

2. 软件工程包含三个要素：方法、工具和过程。从某种角度说,学习软件工程就是学习各种软件工具,因为软件工具蕴涵了方法和过程。你同意这个观点吗？

3. "牛仔"实际上是倔犟和桀骜不驯的代名词,这样的人在各个领域中都普遍存在,谈谈你对牛仔程序员的看法。

第10章 人机交互

CHAPTER

人机交互是研究人与计算机之间如何交互和协同的技术。人机交互是一门交叉性、边缘性、综合性的学科，它的研究内容很广，包括心理学领域的认知科学、软件工程领域的系统构架技术、信息处理领域的语音处理技术和图像处理技术、人工智能领域的智能控制技术，等等。本章讨论的主要问题是：

1. 什么是人机交互？为什么要研究人机交互？
2. 人机交互的基本形式有哪些？人机交互应该朝什么方向发展？
3. 人机交互主要是通过人机交互界面来实现的，有哪些类型的人机交互界面？

【情景问题】 用户界面的作用

应用程序与用户之间的信息交流是通过用户界面来进行的，如图10.1所示。就像电灯没有开关，电视机没有遥控器或控制面板，应用程序如果没有用户界面，用户就无法方便地使用。用户界面作为应用程序的窗口，其可用性、适应性和自然性直接影响着应用程序的使用效果和计算机系统的工作效率。调查表明，由于不理解计算机正在做什么，计算机用户浪费了12%以上的机器时间。

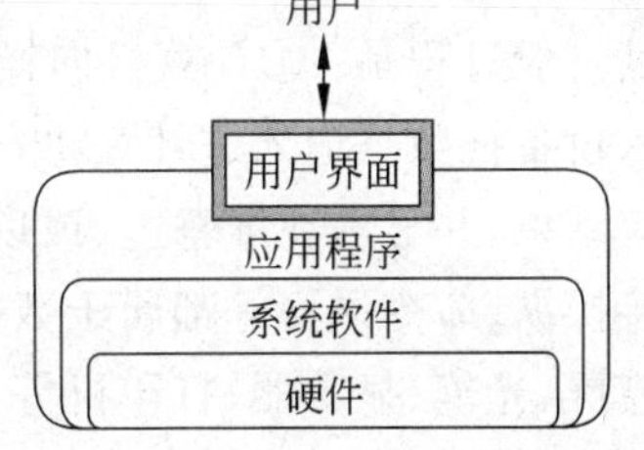

图10.1 用户界面在计算机系统中的位置

一个好的用户界面应该是一个对用户透明的界面，应该把应用程序的计算细节对用户隐藏起来，加强有利于相互理解的信息提示。一个好的用户界面应该是一个易于使用、符合行业标准的界面，用户首次接触这个界面就觉得亲切自然、一目了然，不需要多少培训就可以轻松地上手使用。每一个开发人员在设计过程中都应当遵循某些最基本的标准，对基于Windows环境的开发人员而言，微软公司出版的《窗口界面：应用设计指南》是在微软平台上界面设计的公认标准。

10.1 什么是人机交互

10.1.1 人机交互的定义

交互（也称**对话**）是两个或两个以上相关的同时又是自主的实体间进行的一系列信息交换过程，这里强调实体的自主性是为了在行为上保证对话是独立的。交互的启动者是主动发起交互的一方，一个交互过程总是由启动者和响应者双方组成，如果只有启动者一方，另一方没有响应则不会形成交互。**人机交互（也称人机对话）是指人与计算机之间使用某种对话语言，以一定的交互方式，为完成确定任务而进行的人与计算机之间的信息交换过程**。作为人机交互的参与者，人（用户）和计算机都可以作为交互的启动者和响应者。

从是否具有适应性的角度，可以将人机交互分为以下三种：①系统适应：计算机系统具有自适应能力，可以逐渐调整系统来适应人（用户）；②用户适应：计算机系统不具有适应能力，人（用户）必须逐渐适应计算机系统；③互相适应：计算机系统具有一定的适应能力，人机交互是互相适应。目前的人机交互大多属于相互适应。

在人机交互方面，实质上存在着本质性困难。人与人之间的对话习惯是使用非形式化的、模糊的、连续的、反复的交流方式，而计算机能直接处理的是形式化的、严格的、系统的、数字化的信息，这二者之间的距离极大。目前，人机交互的研究主要集中在自然语言理解、语音识别、文字识别、手势识别、表情识别、虚拟现实等方面，其根本目标就是拉近计算机与人之间的距离。

10.1.2 人机交互的基本形式

人机交互的基本形式有数据交互、语音交互、图像交互和行为交互等。

1. 数据交互

数据交互是人通过输入数据的方式与计算机交互，是人机交互的重要内容和形式。其一般过程是：①计算机向操作者发出提示，提示用户输入及如何输入；②用户通过输入设备把数据输入进计算机；③计算机对用户输入进行检查和响应，给出反馈信息或响应结果，并显示在屏幕上（或以其他方式给出结果）。问答式对话、菜单选择、填充表格、直接操纵、命令语言等都属于数据交互，数据交互设备主要有键盘、鼠标、跟踪球、操纵杆、触摸屏、光笔、显示器、打印机等。

2. 语音交互

语音一直被公认为是最自然、最流畅、最方便的信息交流方式，在日常生活中人类的沟通大约有75％是通过语音来完成的。语音交互就是研究人们如何通过自然的语音或机器合成的语音与计算机交互的技术。人机之间的语音交互不仅需要基于语音识别、语音合成和语音理解等技术，还涉及人在语音通道下的交互机理、交互行为等。

3. 图像交互

图像交互就是计算机根据人的行为去理解图像，然后作出反应，其中让计算机具备视觉感知能力是首先要解决的问题。目前人们研究的机器视觉系统由低到高可以分为三个层次：图像处理、图像识别和图像感知。图像处理主要是对图像进行各种加工以改善视觉效果；图像识别主要是对图像中感兴趣的目标进行检测和测量，建立对图像的描述；图像感知的重点是在图像识别的基础上，进一步研究图像中单个目标的性质以及与周围场景的关系，从而理解图像内容并解释客观场景。图像交互取得进展成果的有人脸识别、指纹识别、虹膜识别等。

4. 行为交互

人们在相互交流的过程中，除了使用自然语言还常常使用肢体语言，即通过身体的姿态和动作来表达意思，这就是所谓的人体行为交互。人体行为交互不仅能够加强语言的表达能力，有时还能起到语言交互所不能起到的作用，如时装表演、舞台小品等。人机行为交互是指计算机通过定位和识别技术、跟踪人类的肢体运动和表情特征，从而理解人类的动作和行为，并作出响应的过程。行为交互使计算机通过用户行为能够预测用户想要做什么，因此将带来全新的交互方式。

上述人机交互形式很多都沿用了人与人之间的交互所采用的技术，但是，作为人机交互的计算机一方，由于其内部结构以及理解能力、表达能力等方面的限制，人机交互还不能像人与人之间的交互那样丰富、生动。目前的计算机还不能理解人的手势、表情、语音、语调等。

10.1.3　人机交互的发展趋势

从计算机的角度看，人机交互的本质是计算机认知，只有计算机的认知能力增强了，才能使人机交互变得更自然、更和谐，人机对话才有可能如同人与人之间的对话一样方便、高效。

迄今为止，人机交互的主要手段依然是键盘和鼠标，所依赖的人类感觉器官仍然是手和眼，人机交互需要人适应计算机。下一代人机交互正逐步向计算机适应人的方向发展，未来的人机交互可以充分利用人体丰富多彩的感知和动作器官。计算机不仅能听、看、说、写，还能理解和适应人的情绪变化，使人能以语言、文字、图像、手势、表情等自然的方式与计算机进行交互。人机交互的发展趋势如图 10.2 所示。

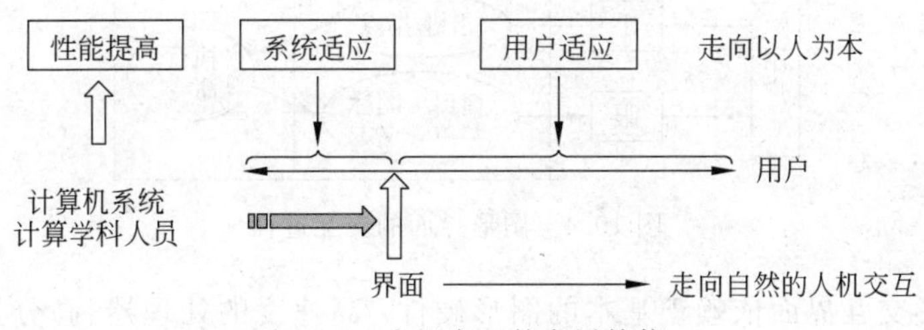

图 10.2　人机交互的发展趋势

思考题

1. 你认为人与计算机之间的交流能做到和人与人之间的交流一样流畅、自然吗？

2. 你在使用计算机系统的过程中是否遇到过不知道计算机在做什么的情况？你采取了什么措施？

10.2 人机交互的接口——用户界面

“界面”一词最早出现于人机工程学。广义的人机交互界面是指人与计算机之间相互施加影响的区域，凡参与人机交流的一切区域都属于人机交互界面。狭义的人机交互界面指的是计算机系统的用户界面。本节讨论狭义的人机交互界面。

10.2.1 命令行交互界面

在20世纪60年代中期出现的交互式终端和分时系统中，已经开始考虑如何提供给用户方便、实用的人机交互界面，这个时期的人机交互界面称为命令行界面。它主要采用问答式对话、文本菜单和命令语言进行交互，用户通过键盘在命令行界面键入命令和操作系统或应用程序对话，如图10.3所示。

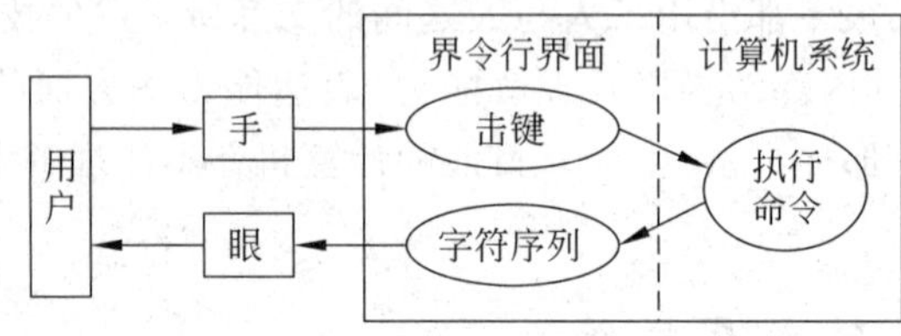

图10.3 命令行界面的交互过程

10.2.2 图形交互界面

随着超大规模集成电路的发展，高分辨率显示器、鼠标的出现和广泛应用，人机交互界面进入了图形交互界面的时代。在图形界面中，用户不仅可以用键盘操作计算机，也可以用鼠标对出现在界面上的对象直接进行操作。人机交互过程极大地依赖视觉和手动控制的参与，因此具有强烈的直接操作特点，如图10.4所示。

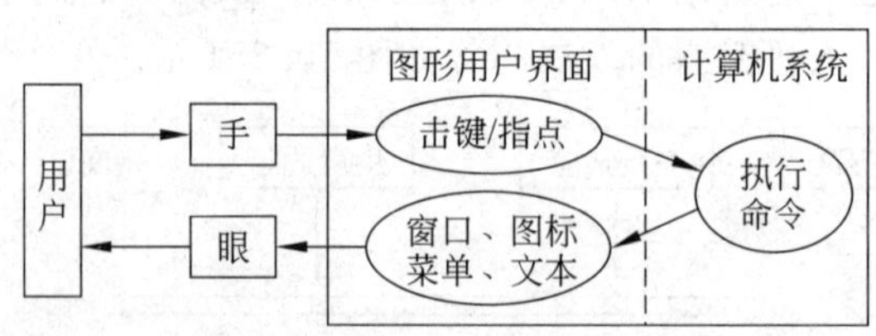

图10.4 图形界面的交互过程

显然，图形交互界面依赖于基本的图形硬件：高速度的处理器、高分辨率的显示器、高性能的图形接口部件(即显卡)等。在这些图形硬件成为计算机的普通配置后，主要的问题就是需要有支持和建立图形交互界面的软件系统。目前，图形交互界面的主要技术和基础软件系统已经逐渐成熟。

10.2.3 多媒体交互界面

媒体是指信息的载体，如文本、图形、图像、声音、动画、视频等。**多媒体是两种以上媒**

体组成的结合体，多媒体技术被认为是在自然交互技术取得突破之前的一种过渡技术。如图10.5所示，在多媒体界面的交互过程中，用户可以交替或同时利用多种感觉通道，不仅可以用键盘和鼠标操作计算机，而且可以综合采用语音、视线、手势等视觉和听觉通道，通过整合来自多个通道的输入来捕捉用户的交互意图，并以多媒体的表现形式反馈给用户。

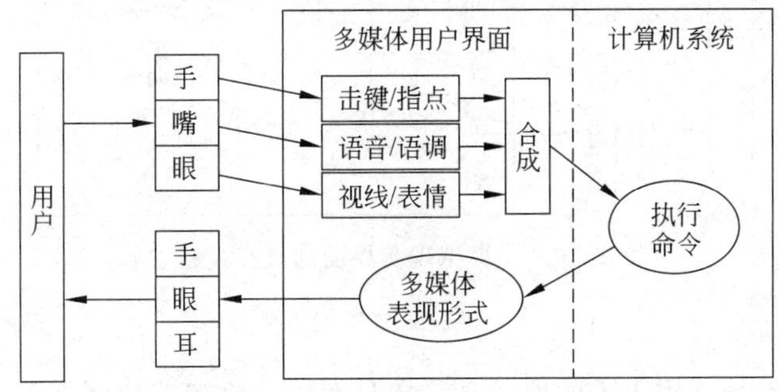

图10.5　多媒体界面的交互过程

多媒体交互界面大大丰富了计算机信息的表现形式，使用户可以交替或同时利用多个感觉通道，拓宽了计算机输出的带宽，提高了用户接收信息的效率，而且并行使用多种媒体可消除人机交互过程中的歧义性和噪声。多媒体技术不仅极大地改变了计算机的使用方法，而且使计算机的应用深入到前所未有的领域，开创了计算机应用的新时代。

10.2.4　虚拟现实交互界面

1965年，美国高等研究计划局萨德兰德(Ivan Sutherland)在论文《终极显示》(The Ultimate Display)中提出使计算机的显示器成为观察客观世界窗口的设想，并研制了头盔式图形显示器，被看做是研究虚拟现实技术的开端。**虚拟现实是一种可以创建和体验虚拟世界的计算机系统**，虚拟现实技术实际上是计算机图形学、人机接口技术、传感器技术以及人工智能技术等交叉和综合的结果。

虚拟现实除了一般计算机所具有的视觉感知外，还有听觉感知、力觉感知、触觉感知、运动感知，甚至包括味觉感知、嗅觉感知等，理想的虚拟现实就是具有人类所具有的所有感知功能。虚拟现实界面的交互过程如图10.6所示，用户通过传感装置直接对虚拟环境进行操作，虚拟现实技术进行多通道整合，并得到实时三维显示信息和其他反馈信息。

以虚拟现实技术为代表的新型人机交互技术旨在探索自然和谐的人机关系，使人机交互界面从以视觉感知为主发展到包括视觉、听觉、触觉、嗅觉和动觉等多种感觉通道感知，从以手动输入为主发展到包括语音、手势、姿势和视线等多种效应通道输入。作为一种新型人机交互方式，虚拟现实技术比以往任何人机交互方式都有希望彻底实现和谐的、以人为中心的人机交互界面。

虚拟现实技术具有广阔的应用前景，如虚拟战场、产品设计与性能评价、城市规划、教育和娱乐、高难度和危险环境下的训练、建筑装饰、服装展示等。虚拟现实技术为探索微观形态等科学研究提供了形象直观的工具，如各种分子结构模型、大坝应力计算的结果、地震石油勘探数据处理等，均需要三维(甚至是多维)图形可视化的显示和交互浏览。

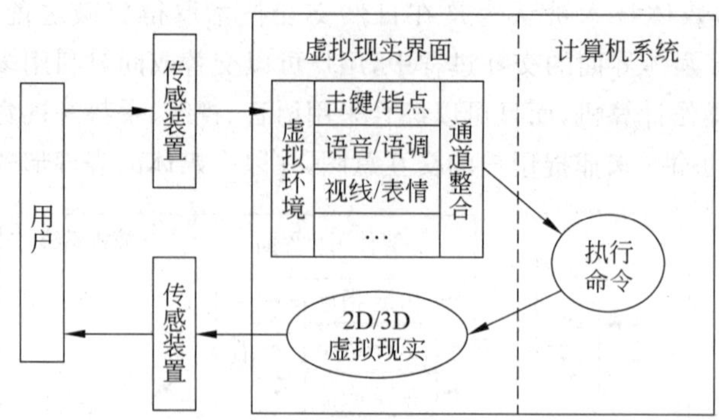

图 10.6　虚拟现实界面的交互过程

思考题

1. 传感器是否能分辨出人的感觉是爱还是恨？从物理学角度来看，这两种感觉的物理表现是一样的。

2. 现在的输入设备一般只能接收单一的输入方式，如键盘只能接收击键输入，麦克只能接收语音输入，鼠标只能接收点击输入，能不能有一种输入设备能同时接收人的语音、声调、表情、手势等输入信息？

阅读材料——如何预防计算机对人体健康的危害

在现代社会，计算机已经成为人们生活和工作中不可缺少的工具，计算机在给人们的生活和工作带来方便、快捷的同时，也在悄悄地危害人们的健康。对于长期使用计算机的专业人士来说，更要有自我保健意识。为了有效地预防计算机对人体健康的危害，在日常工作中需要注意以下几点：

① 合适的工作环境。室内光照要适中，为避免光线直接照射到屏幕反射出明亮的影像造成眼部疲劳，计算机不应该摆放在窗户的对面或背面。计算机的摆放高度要合适，将计算机屏幕的中心位置安装在与操作者胸部同一水平线上，最好使用可以调节高度的椅子。应有足够的空间伸放双脚，膝盖自然弯曲成 90°并维持双脚着地，不要交叉双脚以免影响血液循环。

② 坐姿正确。在操作计算机时尽可能保持自然的端坐姿势，将后背坐直并保持颈部挺直，两肩自然下垂，上臂贴近身体，手肘弯曲成 90°，操作键盘或鼠标尽量使手腕保持水平。与屏幕保持适当的距离，眼睛与屏幕的距离应在 40～50cm，使双眼平视或轻度向下注视屏幕，这样可以使颈部肌肉放松。

③ 防止肌腱劳损。敲击键盘不要过分用力，肌肉尽量放松。长时间操作计算机会导致手指关节、手腕、手臂肌肉、双肩、颈部、背部等部位出现酸胀疼痛，最好每隔 30 分钟就休息一下，或者做做工间操。在操作计算机的过程中应常闭上眼睛休息片刻，以调节眼部疲劳。

④ 保持皮肤清洁。计算机屏幕表面存在着大量静电，其积聚的灰尘可转射到脸部和

手部等皮肤裸露处，时间久了易形成色素沉着。计算机辐射也会对人的身体有影响，所以，房间应该经常通风，计算机要定期擦洗，摆放花草也可减少辐射。台式机的辐射主要来自于显示器，液晶显示器比一般的显示器要好很多。笔记本的辐射主要来自于机身，最好不要放在腿上使用。

⑤ 合理膳食。长期从事计算机操作的人员应该多吃一些新鲜的蔬菜和水果，同时增加维生素A、B1、C、E的摄入。维生素A可预防角膜干燥、眼干涩等，维生素B1可以加强神经细胞的营养、缓解神经紧张状态，维生素C可以有效抑制细胞氧化，维生素E可以清除身体垃圾、预防白内障。平时也可多饮些茶，茶叶中含有茶多酚等活性物质，有利于吸收与抵抗放射性物质。

习 题 10

一、选择题

1. 作为人机交互的参与者，以下说法正确的是(　　)。
   A. 人是交互的启动者，计算机是交互的响应者
   B. 计算机是交互的启动者，人是交互的响应者
   C. 计算机不能作为交互的启动者
   D. 人和计算机都可以作为交互的启动者和响应者
2. 人机交互的发展趋势是(　　)。
   A. 人适应计算机　　B. 计算机适应人
   C. 人和计算机相互适应　　D. 人和计算机相对独立，不用适应
3. 目前，人机交互界面以(　　)感知为主。
   A. 听觉　　B. 视觉　　C. 触觉　　D. 动觉

二、简答题

1. 什么是交互？什么是人机交互？
2. 人机交互有哪几种基本形式？
3. 用户界面分为哪几种？各有什么特点？

三、讨论题

1. 应用程序的用户界面直接影响着应用程序的使用效果。好的用户界面是如何设计出来的？应该遵循哪些基本原则？

2. Microsoft公司将文字处理软件Word、电子制表软件Excel、数据库管理软件Access和其他应用程序绑定在一个软件包中，这个软件包中的所有应用程序具有统一的风格界面，这样做有什么好处？

3. 在科幻电影中，常常可以看到人们和计算机交谈，宇宙飞船的船长可能会说“计算机，离我们最近的能治疗XX病的空间站是哪一个？这里有一个人病倒了。”计算机可能会回答“42号空间站，那里有专业医生。”科幻电影和现实的距离有多远呢？我们能不能与计算机流畅而无障碍地交流呢？

第11章 人工智能

CHAPTER

人工智能是研究、设计和建造智能机器或智能系统来模拟人类的智能活动，以扩展和延伸人类智能的科学。本章讨论的主要问题是：

① 什么是智能？什么是人工智能？为什么要研究人工智能？

② 如何实现人工智能？人工智能的主要研究方法是什么？

③ 目前，人工智能都应用在哪些领域？有成熟的应用吗？

【情景问题】 人与计算机的能力对比

如何判定计算机具有智能？能够对大整数进行快速计算？能够实现复杂的方程求解？能够在词典中进行快速查找？能够在几秒钟内记忆数千个电话号码？能够长期记忆大量数据？如果一个人可以做这些事情，这个人可能被认为具有“智能”，但这些事情对于计算机来说是微不足道的。

有些事情计算机能比人做得更好，例如，求 100 个 5 位数的和，虽然人用纸和笔也可以得出计算结果，但是要花费很长时间还可能出错，而计算机却只用不到 1 秒钟就能给出准确无误的计算结果；有些事情计算机还远远达不到人类的水平，例如，人可以识别出各种各样的桌子，即使是缺少一只桌腿的破桌子，人脑能够对那些残缺的、失真的、变形的信息进行快速识别，而计算机就很难做到这一点，小孩子都可以轻松地将图 11.1 中的字母按照 A 和 B 分类，但是这对计算机来说却很难。

B A B A B A B A B A B A A B

图 11.1 计算机很难识别不同字体和形状的字母

下棋、打牌等是非常能够体现人类智能的竞技性活动，但是，现在计算机能够像人类一样下棋、打桥牌、打麻将，甚至手机上一般都有诸如此类的游戏。如果一般的游戏者和计算机对弈，获胜的一方常常是计算机，这是否表示计算机也像人类一样具有智能？人工智能与人类智能有什么关系？如何判定机器是否具有智能？

11.1 什么是人工智能

11.1.1 人工智能的定义

要界定计算机是否具有智能必然要涉及什么是智能,《现代汉语词典》对智能的定义是:智慧和能力。这个定义太笼统了,进一步考查与智能相关的词语有智慧、智力、思维等。智慧是指辨析判断、发明创造的能力;智力是指人认识、理解客观事物并运用知识、经验等解决问题的能力,包括记忆、观察、想象、思考、判断等;思维是指在表象、概念的基础上进行分析、综合、判断、推理等认识活动的过程。从以上定义可以看出,智能是一个难以准确定义的概念,其根本原因在于人类智能的奥秘还没有完全被揭开,没有人确切地知道人脑是如何存储和处理知识,如何将事物之间的联系合成信息。

> 即使对于哲学家、心理学家和医生来说,智能也是很难被定义和理解的,它包括学习能力、理解能力、思维能力、判断能力、推理能力、感知能力、直觉能力、洞察能力、适应能力、下意识的能力,等等。智能需要针对具体情况,例如卓越的数学家也许没有政治远见,优秀的教师也许缺少交际能力,这也说明了智能具有多面性的本质。智能令人难以捉摸的特点,正是人类区别于其他物种的主要标志。

从字面上解释,人工智能就是人造智能,是指用计算机模拟或实现的智能。由于智能本身是一个难以准确定义的概念,所以,关于人工智能的严格定义,学术界还没有统一的认识。一般认为,**人工智能是研究如何使计算机具有智能或如何利用计算机实现智能的理论、方法和技术**。

对于如何判定计算机是否具有智能,学术界有两种观点:**弱人工智能**——人类和计算机在结果(即输出)上是等价的,但实现结果的方式可以不同;**强人工智能**——人类和计算机使用相同的内部过程来生成结果,也就是计算机能够以人类的思维方式(如理解、推理、判断、感知等)来处理信息。

弱人工智能的最著名实验就是**图灵测试**(参见2.2.1节),另一个著名实验是西尔勒的**中文屋子**。1980年,美国哲学家约翰·西尔勒(J. R. Searle)发表了论文《心、脑和程序》,文中他以自己为主角设计了一个假想实验。假设西尔勒被关在一个屋子里,屋子里有序地堆放着足够的汉字字符,而他对中文一窍不通。这时屋外的人递进一串汉语字符,同时还附了一本用英文写的处理汉字的规则(英语是西尔勒的母语),这些规则将递进来的字符和屋子里的字符之间的处理作了形式化的规定,西尔勒按照规则对这些字符进行处理后,将一串新的字符送出屋外。事实上,他根本不知道送进来的字符串就是屋外人提出的“问题”,也不知道送出去的就是“问题的答案”。又假设西尔勒很擅长按照规则娴熟地处理一些汉字符号,而编写规则的人又很擅长编写规则,那么,西尔勒的答案将会与一个地道的中国人做出的答案没有什么不同。但是,我们能说西尔勒真的懂中文吗?真的理解屋外人递进来的汉语字符串的含义吗?西尔勒借用语言学的术语非常形象地揭示了中文屋子的深刻寓意:形式化的计算机仅有语法,没有语义。因此,他认为机器永远也不可能代替人脑，而只是从功能的角度来判定机器是否具有思维，也就是从行为角度对机器思维进行定义。

与西尔勒的观点截然相反的是以西蒙(H. A. Simon)和纽厄尔(A. Newell)为代表的符号主义。符号主义认为：认知是一种符号处理过程，人类思维过程也可以用某种符号来描述。但是这种方法至少有三个关键问题很难解决：

① 许多人不知道怎样表达自己如何做事，人类的智能包含了下意识、瞬间的洞察力，以及其他一些人类很难理解或不能理解的智力活动。

② 人脑的结构与计算机的部件之间存在巨大的差别，人脑可以将复杂的工作分为许多细小、简单的部分，并同时完成这些简单的部分。这种并行处理的能力，即使是最强大的超级计算机也不能完全具备。

③ 机器做事情的最佳方法与人类做这些事情时所用的方法往往不同。例如，在怀特兄弟之前，所有发明家都没有能够制造出飞行器，因为他们只是试图模拟鸟类而没有发挥机器本身的特性。

由于人们对心理学和生物学的认识还很不成熟，对人脑的结构还没有真正了解，更无法建立起人脑思维完整的数学模型，此外，知识的复杂性、知识的不完整性、推理的时空爆炸性等困难限制了符号智能的发展。因此，到目前为止，思维就是符号计算的思想没有实质性的突破。

西蒙(Herbert A. Simon，1916—2001年)出生于美国密尔沃基，1936年获得芝加哥大学的学士学位，之后从事了几年编辑和行政工作，1943年获得芝加哥大学政治学博士学位。西蒙是一个博学多才的人，他的博士学位是政治学，他的诺贝尔奖是经济学，他在计算机科学、心理学和哲学等领域也有突出的贡献。1955年，西蒙和纽厄尔一起编写了集合定理证明程序，与此同时，他还致力于编写对人的感觉和记忆力建模的程序。1988年，ACM因为西蒙和纽厄尔在人类问题求解方面所做的贡献而授予他们图灵奖。

11.1.2 人工智能的研究意义

众所周知，计算机是迄今为止最有效的信息处理工具，以至于人们称它为“电脑”。既然计算机和人脑一样都可以进行信息处理，那么是否能让计算机同人脑一样也具有智能呢？这正是人们研究人工智能的初衷。事实上，如果计算机自身也具有一定智能的话，它的功效将会发生质的飞跃，将会在更高层面上扩大和延伸人类的智能。智能化是自动化发展的必然趋势，自动化发展到一定程度，再向前发展就必然是智能化。事实上，智能化是继机械化、自动化之后，人类生产和生活中的又一个技术特征，信息化社会的进一步发展，必须要有智能技术的支持。

随着计算机作为一个不可缺少的工具逐步深入人们的日常工作、学习和生活，人们对计算机寄予了更高的期望和要求，希望计算机能够更灵活、更好用、更有用。例如，人和计算机之间的交互应该更加友好、便捷和多样化，计算机能够代替人类或者作为人类的代理做一些更为复杂的工作。但是,现在的普通计算机系统的智能还相当低下,例如缺乏自适应、自学习、自优化等能力,缺乏社会常识和专业知识,只能被动地按照人们为它事先安排好的工作步骤进行工作,因而它的功能和作用受到很大限制,难以满足越来越广泛的社会需求。目前的程序必须告诉计算机干什么以及如何干,而如何干需要人给出算法并写出程序。换言之,人必须告诉计算机"做什么"以及"如何做",计算机系统才能正常运行向人们提供服务。人工智能程序只需要告诉计算机"做什么",只要把问题描述清楚,计算机就能自动实现问题求解,就可以向人们提供功能和服务,甚至可以自发地工作。

研究人工智能对探索人类自身智能的奥秘也可提供有益的帮助。利用计算机可以对人脑进行模拟,从而揭示人脑的工作原理、发现人类智能的内涵,揭示智能活动的机理和规律。事实上,在人工智能的许多研究项目中,心理学家和计算机科学家正在协同工作。一方面,计算机科学家乐于接受创造机器智能的挑战,另一方面,心理学家可以利用计算机技术深入研究人类智能。

思考题

1. Word 等应用软件可以记住用户的操作并允许用户撤销操作,这是否意味着这样的应用软件具有智能?

2. 人类的思维方式有理解、推理、判断、感知等,计算机能够以人类的思维方式进行信息处理吗?

11.2 人工智能的研究方法

人工智能是研究如何使计算机具有智能或如何利用计算机实现智能的理论、方法和技术,所以,人工智能属于计算机科学的一个前沿领域。随着人工智能的发展,围绕诸如人工智能的定义、目标、研究方法、学科体系以及人工智能与人类智能的关系等问题,由于存在不同的观点而形成不同的学派,不同的人工智能学派有着不同的基本理论和研究方法。

11.2.1 符号智能一枝独秀

我们知道,人的智能源于人脑,进一步研究发现,人脑的智能及其发生过程都是在其心理层面上可见的,即以某种心理活动和思维过程表现的。**符号智能**就是从人脑的宏观心理层面入手,以智能行为的心理模型为依据,主要通过逻辑推演,运用知识模拟人类的思维过程。符号智能的代表性理念是"物理符号系统假设",即认为人对客观世界的认知基元是符号,认知过程就是符号处理的过程。而计算机也可以处理符号,所以可以用计算机通过符号推演的方式来模拟人的逻辑思维过程,实现人工智能。因此,符号智能的主要研究内容包括知识获取、知识组织与管理、知识推理与运用等技术,这些技术构成了知识工程。

基于符号智能研究人工智能的学派称为符号主义学派,它源于数理逻辑,其代表人物有西蒙、纽厄尔、费根鲍姆(E. A. Feigenbaum)、尼尔逊(Nilsson)等。正是这些符号主义者在1956年首先采用"人工智能"这一术语,后来又发展了自动推理、定理证明、机器博弈、专家系统、知识工程等。符号主义曾经一枝独秀,为人工智能的发展做出重要贡献,尤其是专家系统的成功开发和利用,对人工智能走向工程应用具有重要意义,但在模拟人的视觉、听觉以及学习、适应能力等方面,却遇到了很大的困难。

11.2.2 计算智能异军突起

计算智能以数值数据为基础,主要通过数值计算,运用算法进行问题求解。1994年,IEEE召开了关于神经计算、进化计算和模糊计算三个专题的首届计算智能国际会议,标志着计算智能作为人工智能的一个新的研究途径正式形成。

神经计算是从人脑的生理层面入手,以智能行为的生理模型为依据,采用数值计算的方法,模拟人脑神经网络的工作过程,来研究和实现人工智能。基于神经计算研究人工智能的学派称为连接主义学派,又称生理学派,其代表人物有麦卡洛克(McCulloch)、皮茨(Pitts)、鲁梅尔哈特(Rumelhart)、霍普菲尔德(J. Hopfield)等。由于人脑是由大约$10^{11}\sim10^{12}$个神经元组成的神经网络,而且是一个动态的、开放的巨系统,人们至今对它的生理结构和工作机理还未完全掌握,因此,神经计算只是对人脑的近似模拟。目前,神经计算在机器学习、模式识别、联想存储、优化组合、智能控制、智能机器人等领域得到广泛应用。

进化计算(也称演化计算)是以生物进化为基础,模拟人与环境的交互和控制过程中表现出来的行为特性,如反应、适应、学习、寻优等,来研究和实现人工智能。基于进化计算研究人工智能的学派称为行为主义学派,又称为进化主义学派、控制论学派,它源于控制论。行为主义认为:智能取决于感知和表现,主张智能行为的"感知-行为"模式,沿着这一途径,从20世纪80年代开始,人们研制具有自学习、自适应、自组织特性的智能机器人,并进一步开展了人工生命的研究。从20世纪90年代开始,模拟生物群落的群体智能行为,又涌现出模拟蚂蚁群体觅食过程的蚁群算法、模拟鸟群飞翔的粒子群算法、模拟人体免疫细胞群的免疫算法等一批进化计算的新理论和新算法,进一步扩充了进化计算的内涵和外延,在解决组合优化、机器学习、网络安全、数据挖掘与知识发现等问题上表现出卓越的性能。

模糊现象是普遍存在的,如天气很冷,某人脾气很好等,人脑能在信息不完整不确切的情况下,进行模糊信息处理并做出判断和决策。**模糊计算**是以模糊数学为基础,运用数学手段,描述和处理人的思维存在的模糊性概念,来研究和实现人工智能。1965年,美国控制论专家扎德(L. A. Zadeh)在传统集合论的基础上提出了模糊集合的概念,基于模糊集合人们又发展了模糊逻辑、模糊推理、模糊控制等,形成了有别于传统数学的模糊数学。1991年,波兰数学家帕瓦莱柯(Pawlak)提出了粗糙集理论,进一步延伸了模糊数学。概括地讲,模糊数学是用来描述和处理事物具有模糊特征的数学。"模糊"是指它的研究对象,"数学"是指它的研究方法。模糊计算在智能模拟、智能控制、图像识别、市场预测等领域得到广泛应用。

11.2.3 智能Agent方兴未艾

20世纪80年代中期,智能Agent的概念被明斯基(Marvin Minsky)引入人工智能领域。简单地讲，**Agent 是一种具有智能的实体**，这种实体可以是软件、设备、机器人或计算机系统。Agent 的抽象模型是具有传感器和效应器，Agent 通过传感器感知环境，通过效应器作用于环境，并且能与其他 Agent 进行信息交流并协同工作。

> Agent 一词的含义有代理、代办、媒介、服务等，但在人工智能领域中 Agent 则具有更加特定的含义。简单地讲，这里的 Agent 指的是一种具有智能的实体，国内人工智能文献对 Agent 的翻译有智能体、主体、智能 Agent 等，现在则逐渐趋向于不翻译而直接使用 Agent。

20 世纪 90 年代以后，Agent 技术蓬勃发展，Agent 与 Internet 和 WWW 结合更是相得益彰。例如 Web Agent 是在智能 Agent 的基础上，结合信息检索、搜索引擎、机器学习、数据挖掘、统计等多个领域知识而产生的用于 Web 导航的工具。目前，有些 Web Agent 已经出现在人们日常访问的网站中。智能 Agent 创造了人工智能的新理念，关于 Agent 的研究方兴未艾，目前的研究热点主要集中在 Agent 理论模型、多 Agent 系统及其开发应用等方面。

随着 Agent 理论和技术研究的不断深入，出现了以 Agent 为核心的一组新概念。例如，基于 Agent 的计算、面向 Agent 的程序设计、面向 Agent 的软件开发等，产生了一系列重要的研究成果，在很多领域取得了一些成功的应用案例。与此同时，工业界开始介入 Agent 理论和技术的研究与应用，如 IBM 公司、Microsoft 公司、Toshiba 公司等企业纷纷加强在该领域研发资金的投入以及与学术界的合作，启动相关技术和产品的研发工作，并出现了一些产品化的研究成果。OMG 标准化组织开始致力于 Agent 技术的标准化工作并推出了一些重要的 Agent 技术标准，为 Agent 技术的大范围、工业化应用奠定了基础。

思考题

1. 目前，计算的概念已经被泛化为符号变换，将来可能扩展到计算就是思维吗？
2. 计算智能以数值计算为基础，人的推理、感知、理解等思维活动如何被数值化？

11.3 人工智能的研究与应用领域

人工智能的研究领域非常广泛，涉及的学科也很多。人工智能的研究在各个领域都取得了很大的成绩，构建了许多具有智能的计算机环境和应用系统。例如，实用的专家系统、可代替人做某些工作的机器人、能够战胜世界级国际象棋大师的计算机、实用的机器翻译系统，等等。下面介绍当前几个主要的研究和应用领域。

11.3.1 机器博弈

诸如下棋、打牌等一类竞争性智能活动称为**博弈**。机器博弈是人工智能最早的研究领域之一，而且一直经久不衰。博弈为人工智能提供了一个很好的实验领域，人工智能中的许多概念和方法都是从博弈中提取出来的。机器博弈是对机器智能水平的测试和检验，它的研究将有助于推动人工智能技术的发展。

1913年，数学家策莫洛(E. Zermelo)在第五届国际数学会议上发表的论文《关于集合论在象棋博弈理论中的应用》中，第一次把数学和象棋联系起来，从此，现代数学出现了一个新的理论——博弈论。1950年，香农发表了论文《国际象棋与机器》，第一次详细地阐述了用计算机编制下棋程序的可能性。

在人工智能中大多以下棋为例来研究博弈规律，并研制出一些很著名的博弈程序，如IBM公司研制的超级计算机“深蓝”于1997年5月与当时蝉联12年世界冠军的国际象棋大师卡斯帕罗夫对弈，结果“深蓝”获胜。2001年，德国的“更弗里茨”国际象棋软件击败了当时世界排名前10名棋手中的9位。

事实上，卡斯帕罗夫与计算机交过三次手。1996年2月，卡斯帕罗夫与IBM公司经过6年潜心研制的“深蓝”计算机首次对弈，结果卡斯帕罗夫以4比2取胜。1997年5月，卡斯帕罗夫与改进后的“深蓝”计算机第二次对弈，结果卡斯帕罗夫以2.5比3.5败北，引起世界轰动。2003年11月，卡斯帕罗夫与计算机第三次对弈，不过这回不是IBM的“深蓝”，而是以色列的“小深”计算机，经过一周的鏖战，卡斯帕罗夫的战绩是首场平、第二场负、第三场胜，结果双方以和局告终。

卡斯帕罗夫在赛后意味深长地说：“对于我来说，这不仅仅是一场国际象棋比赛，更是一场人脑和电脑的较量，最重要的是我们双方都在学习。”

实现机器博弈的关键是对博弈树的搜索。考虑你在国际象棋游戏中某一步要做的所有可能的走步，然后考虑你的对手可能作出的所有反应，这种描述博弈过程的树结构称为博弈树。博弈树对应一个棋局，树的根结点表示棋局的开始，树的分支表示棋的走步，树的叶结点表示棋局的结束。一个完整的博弈树包括每一步所有可能的走步，就国际象棋来说，有大约10^{120}个结点，围棋更复杂，有大约10^{768}个结点。由于这样的树太大，即使具备现代的计算能力，在合理的时间内，也只能分析博弈树的部分结点。

11.3.2 专家系统

专家系统是一个智能的计算机系统，它应用于某一专门领域，运用知识和推理来解决只有专家才能解决的复杂问题。换言之，任何解决问题的能力达到同领域人类专家水平的计算机系统都可以称为专家系统。

专家系统的第一个里程碑是费根鲍姆等人于1968年研制成功的世界上第一个专家系统DENDRAL，此后，各种不同功能、不同类型的专家系统相继建立起来。这一时期专家系统的特点是：求解专门问题的能力较强，但结构、功能不完整，缺乏解释功能。20世纪70年代中期，专家系统进入了第二阶段——技术成熟期，出现了一批成功的专家系统，其中代表性的是绍特里夫等人研制的用于诊断和治疗感染性疾病的医疗专家系统MYCIN，不但具有很高的性能，而且具有解释和知识获取功能，解决了一系列人工智能应用技术问题，包括知识获取、知识表示、搜索策略、人机接口等。进入20世纪80年代以来，专家系统的研制和开发明显趋于商品化，直接服务于生产企业，产生了可观的经济效益。例如，美国DEC公司与卡内基-梅隆大学合作开发的计算机配置专家系统XCON，用于为VAX计算机系统制订硬件配置方案，为公司节省了几千万美元的开支。

同一般的计算机应用系统（如数据处理系统）相比，专家系统具有下列特点。

① 从处理问题的性质看，专家系统善于解决那些不确定性的、非结构化的、没有确定的算法或虽有算法但在现有机器上无法实现的困难问题。例如，医疗诊断、地质勘探、市场预测等领域的问题。

② 从处理问题的方法看，专家系统是靠知识和推理来解决问题的，因而专家系统是基于知识的智能问题求解系统。

③ 从系统的结构来看，专家系统强调知识与推理的分离，因而系统具有很好的灵活性和可扩充性。

④ 从系统的运行过程来看，专家系统一般都具有解释功能。即在运行过程中，一方面能回答用户提出的问题，另一方面还能对最后的输出（即结论）或处理问题的过程作出解释。

⑤ 专家系统一般都具有自学习的能力，即不断对自己的知识进行扩充、完善和提炼，这一点是传统的软件系统所无法比拟的。

由于专家系统走出了实验室，能够解决现实世界中的实际问题，被誉为“应用人工智能”，因此，专家系统很快就成为人工智能研究中的热门课题，并受到企业界和政府的关注和支持。

11.3.3 数据挖掘与知识发现

随着数据库技术的迅速发展以及数据库管理系统的广泛应用，人们积累的数据越来越多。激增的数据背后隐藏着许多重要的信息，由于缺乏挖掘数据背后隐藏知识的手段，导致了“数据爆炸但知识贫乏”的现象，人们希望能够对这些数据进行更深层次的分析，从中发现更有价值的信息。

数据挖掘又称为数据库中的知识发现，是指从大量的、不完全的、有噪声的、模糊的、随机的数据中，提取隐含的、未知的、非平凡的、有潜在应用价值的信息或模式的处理过程。数据挖掘是一门交叉学科，数据库、人工智能和数理统计是研究数据挖掘的主要技术支柱。**数据挖掘可以理解为从数据中挖掘知识**，在人工智能领域习惯称知识发现，在数据库领域习惯称数据挖掘，现在有关文献中一般都把二者同时列出。

> 啤酒和尿布的故事　零售业巨头沃尔玛连锁店从大量销售数据中通过数据挖掘发现了婴儿尿布和啤酒之间有着内在的联系。在美国，一些年轻的父亲下班后经常要到超市买婴儿尿布，在购买尿布的年轻父亲们中，有30%～40%的人同时要买一些啤酒。超市随后调整了货架的摆放，把尿布和啤酒这两种本来毫不相干的商品摆放在靠近的货架上，明显增加了销售额。

一般来说，数据挖掘是一个利用各种分析方法和分析工具在大规模海量数据中建立模型和发现数据间关系的过程，这些模型和关系可以用来做出决策和预测。支持大规模数据分析的方法和过程，选择或建立一种适合数据挖掘应用的数据环境等，都是数据挖掘研究的重要课题。

数据挖掘分为定向和非定向两大类。定向数据挖掘的目的是解释或分类某个特定的目标域，例如将银行信用卡的申请者分为低、中、高风险；非定向数据挖掘的目的是在不设定目标域或确定类的前提下，找出在批量数据间的模式或相似性，例如将客户划分为具有相似购物习惯的人群。

随着人们对数据挖掘认识的深入，数据挖掘技术的应用越来越广泛，尤其是具有特定的应用问题和应用背景的领域最能够体现数据挖掘的作用。目前，数据挖掘在金融、保险、通信等行业的成功案例较多，在零售业、医疗保健、运输业、行政司法等领域都具有广阔的应用前景。

11.3.4 自然语言理解

自然语言理解是人工智能早期的、活跃的研究领域之一，由于它的难度很大，至今仍未能达到很高的水平。**自然语言理解采用人工智能的理论和技术将自然语言机理用计算机程序表达出来，构造能够理解自然语言的系统**。自然语言理解包括语音理解（即对口语的理解）和文字理解（即对书面语的理解）。文字理解需要用到语言学中的词汇、句法和语义等知识，而语音理解除了需要上述知识外，还需要音韵学以及口语中的二义性知识。二者相比较而言，文字理解较规范，容易用机器处理。

我们知道，语言是由语句组成的，所以，语句应该是自然语言理解的最小单位。然而，一个语句通常不是孤立存在的，往往是与该语句所在的环境（如上下文、场合、时间等）联系在一起才构成它的语义，这正是自然语言理解所遇到的困难之一。

在早期的一个实验中，计算机科学家让计算机系统先将英语翻译为俄语，再将翻译结果翻译为英语，结果是："精神是伟大的，而肉体是脆弱的"变成了"啤酒味道不错，但是肉却坏了"。这个实验说明了没有理解的翻译是不现实的，要准确翻译一个句子，翻译者必须知道句子的含义是什么。

自然语言理解所遇到的另一个困难是，究竟什么是理解几乎和什么是智能一样，至今还没有一个完全明确的定义，因而从不同的角度有不同的解释。目前，自然语言理解在下列场合获得广泛应用：

① 机器翻译。目前已研制出中、英、日等实用的翻译系统，正确率达80%。

② 篇章理解。机器阅读，在消化篇章内容的基础上生成摘要或回答有关问题。

③ 自然语言接口。用户直接采用自然语言和专家系统等应用程序对话。

但上述应用在准确度方面仍然无法与人类相媲美。自然语言理解是一个复杂的课题，对于人工智能的研究来讲，为了使智能系统更有效地获取人类知识，就必须有相当高的人机对话功能，必须具有较强的自然语言识别和处理能力。理解人类的自然语言，以实现人和计算机之间自然语言的直接通信，可以推动计算机更广泛的应用。因此，自然语言理解的研究是当今人工智能最热门的研究领域之一。

11.3.5 模式识别

识别是人和生物的基本智能信息处理的能力之一，事实上，我们几乎无时无刻不在对周围世界进行着识别。从一出生开始，婴儿就可以识别人类的面孔，尤其是母亲的面孔，即使是在一个嘈杂的房间里，母亲也可以分辨出自己孩子的声音，这些都是模式识别。**模式是提供模仿用的标本，模式识别就是识别出给定事物和哪一个模式相同或相似**。这里的事物一般指文字、图形、图像、声音及传感器信息等形式的实体对象，并不包括感念、思想、意识等抽象或虚拟对象，对后者的识别属于心理、认知和哲学等学科的研究范畴。

我们知道，被识别对象都具有一些属性、状态或特征。例如，图形有面积、颜色、边的个数和长度等特征，声音有音调的高度、频率的强度等特征，而对象之间的差异也就表现在这些特征的差异上。另一方面，从结构上看，有些被识别对象可以看作由若干个基本成分按一定的规则组合而成，例如，汉字是由若干基本笔划组成的，几何图形是由若干基本图元(如点、线、矩形、圆和椭圆等)组成的。因此，可以根据对象的结构或特征来进行识别。

计算机是代替人类进行模式识别的理想工具，为计算机配置各种感觉器官，使其可以直接接收外界的文字、声音、图像等信息，通过提取关键特征进行模式识别。目前，模式识别的研究主要集中在以下两个方面。

(1) 图形和图像识别。主要研究各种图形和图像的识别，如文字、符号、照片、工程图纸或其他视觉信息中的物体和形状等。虽然对于人类来说，图像识别非常容易，但是对于计算机来说，这一过程却十分困难。由于大量无关数据的存在、物体的某一部分被其他物体所遮挡、模糊的边缘、光源和阴影的变化、物体移动时图像的变化等众多复杂因素的干扰，图像识别程序需要强大的记忆和处理能力。目前，中、英、日等手写体识别的产品已进入市场，在医学领域识别白血球和癌细胞等专用软件已处于实用阶段。

(2) 语音识别。主要研究各种语音信号的分类识别。语音识别技术利用话筒等各种传感器接收外界信息，并把它转换成电信号，计算机进一步对这些电信号进行各种变换和处理，从中抽取有意义的特征，得到输入信号的模式，然后与已有的各个标准模式进行比较，完成对输入信息的分类识别。

11.3.6 机器人

机器人技术是适应生产自动化、原子能利用、宇宙和海洋开发等领域的需要，在电子学、人工智能、控制理论、系统工程、机械工程、仿生学以及心理学等各学科发展基础上形成的一种综合性技术。美国机器人研究院给机器人下的定义是：**机器人是一种可再编程的、多功能的操作装置**。机器人和其他类型计算机最重要的硬件区别是复杂的输入和输出设备，机器人并不是把输出传送到屏幕或打印机，而是发送命令给关节、手臂或其他可移动部件。现代机器人大都装有输入传感器，这些传感器允许机器人根据外界的反馈信息纠正或修改它们的行为。

> 机器人这一术语最初出现在 1923 年捷克剧作家卡雷尔·卡佩克所写的一个剧本中，机器人(rabota)在捷克语中是强迫劳力的意思。卡佩克笔下的机器人是能看、能听、有触觉、会移动并且可以根据常识做出判断的智能机器，但是这些充满智能的机器人最终背叛了它们的人类创造者。

机器人的发展经历了三个阶段：第一个阶段的机器人只有“手”，以固定程序工作，不具有外界信息反馈能力；第二个阶段的机器人具有对外界信息的反馈能力，即有了感觉，如力觉、触觉、视觉等；第三个阶段的机器人具有一定的自主性，有自学习、推理、决策和规划能力，即所谓的智能机器人。理论上，智能机器人至少应该具备以下 4 种机能：①感知机能——获取外部环境信息以便进行自我行动的感知机能；②运动机能——施加于外部环境的相当于人的手、脚的运动机能；③思维机能——求解问题的认识、推理、判断等思维机能；④通信机能——理解指示命令、输出内部状态，与人流畅地交换信息的通信机能。

由于智能机器人直接面向应用，社会效益强，所以，其发展非常迅速。事实上，近年来有关智能机器人的报道频频出现在各种媒体上，如工业机器人、太空机器人、水下机器人、机器人足球赛、机器人象棋赛等。机器人在澳大利亚被用来剪羊毛，在法国被用来油漆轮船船体，在波斯湾被用来排除地雷等。

智能机器人是人工智能技术的综合应用和体现，它的研制不仅需要智能技术，而且涉及许多学科领域，如物理、力学、数学、机械、电子、计算机、软件、传感器、网络、通信、控制等，所以，智能机器人是一个综合性的技术学科，其研究水平已经成为人工智能技术水平甚至人类科学技术综合水平的一个代表和体现。

思考题

1. 你认为用计算机进行模式识别的难点是什么？
2. 你玩过手机里的五子棋游戏吗？你赢得多还是机器赢得多？原因是什么？

阅读材料——人机共生

毫无疑问，人工智能的研究进展充满着造福人类的潜力，人们很容易变得热衷于、迷恋于这些潜在的好处。但是，对于未来同样隐藏着潜在的危险，隐藏着某些破坏性的后果。

20 世纪生物技术和信息技术相结合导致了生物信息学的产生和发展，生物信息学对有关基因的研究成果具有重要的理论价值和应用价值。有专家预测，到 2020 年的时候，生物时代会取代信息时代。加利福尼亚大学的研究人员试图把人类的进化过程表示成为数字，生物技术的最终目标是建造一个像自然界生命体一样的生物体。许多人工智能研究人员相信他们最终会获得成功，迪斯尼公司超级计算机的设计者丹尼·希力斯这样认为：“我们人类不是进化的最终产品，人类之后还跟随一些东西，我想象它们是一些奇妙的东西。但是我们可能不会理解这种事物，如同任何毛毛虫都不理解自己能变成蝴蝶一样。”那么，人造智能机器和生物有机体的界限到底是什么呢？

在人工智能、机器人、基因学、生物技术和微技术方面的成就或许有一天会使这些技术的界限全部消失。计算机和机器人毋庸置疑将会继续承担起更多原本应由人类来完成的工作，机器人可以一天24小时、一年365天地工作，并且没有假期、罢工、病假和休息时间，它们甚至可以生长并且利用人类生物学中的基因技术进行繁殖。如果它们能够变得足够智能以至于它们自己可以制造智能机器，那么所有的事情就是可能的了。

当生物和机器之间的界限变得越来越模糊时，我们的想象力会发生什么样的变化呢？这种预测又提出了关于人类和人类制造的机器之间的关系问题。不论是好是坏，我们都要与计算机共存，因此，下一个真正的技术进步将会是人类和机器的共生。我们社会的竞争本质使这种趋势几乎难以避免，哪一个公司或政府在知道竞争对手继续从事此类研究时，还会主动缩减在人工智能、计算技术和生化技术上的研究呢？如果比人类更聪明的生物出现了，他们与周围的较不聪明的人类是怎样的关系呢？这种思索并不容易得出答案，我们不得不重新审视人类在宇宙中所处的位置。

习　题　11

一、选择题

1. 研究、设计和建造智能机器或智能系统来模拟人类的智能活动，以扩展和延伸人类智能的科学是（　　）。

A. 人工智能　　B. 遗传算法　　C. 机器学习　　D. 模式识别

2. 模拟人类的听觉、视觉等感觉功能，对声音、图像、景物、文字等进行识别的研究领域是（　　）。

A. 专家系统　　B. 遗传算法　　C. 神经网络　　D. 模式识别

3. 计算智能包括神经网络、进化计算和（　　）。

A. 知识工程　　B. 模糊系统　　C. 遗传算法　　D. 语言理解

4. 模糊数学是用来描述和处理事物具有模糊特征的数学，“模糊”是指它的（　　）。

A. 研究对象　　B. 研究方法　　C. 推理过程　　D. 推理特点

5. 实现机器博弈的关键是（　　）。

A. 制定博弈策略　　B. 存储博弈树

C. 存储一个格局　　D. 对博弈树的搜索

二、简答题

1. 人工智能有哪些研究方法？其基本的研究思路是什么？

2. 什么是专家系统？它有哪些基本特征？

3. 机器博弈的关键问题是什么？

4. 介绍符号主义学派的几个代表人物。

5. 智能Agent是近年来计算机界比较热门的一个话题，列举几个成功的应用案例。

三、讨论题

1. 专家系统不像人那样容易衰老、疲劳、遗忘，易受环境、情绪等的影响，作为一种计算系统，专家系统继承了计算机快速、准确、不知疲倦的特点，可以始终如一地以专家级的高水平状态解决问题。从这种意义上讲，专家系统可以超过人类专家。以后人类专家的存在还有意义吗？

2. 对于人工智能，你最感兴趣的应用领域是什么？查找有关资料并进行讨论。

3. 有些人工智能研究人员断言：只有创造出了像人一样处理信息的机器，才可能实现真正的人工智能。你认为是否有可能创造出像人一样处理信息的机器？

第6部分　通　信　层

QQ、电子邮件、搜索引擎等是人们常用的网络应用，那么，这些应用背后的技术是什么？ 计算机之间是如何实现网络通信和资源共享的呢？ 通信层在计算机系统的位置如下图所示。

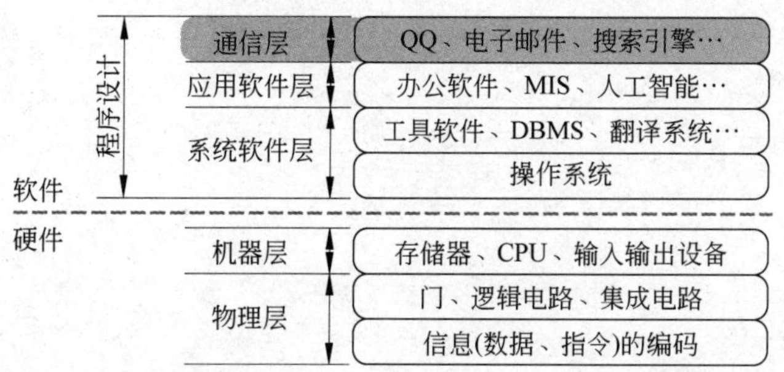

第12章介绍通信的起源和发展，介绍模拟信号、数字信号以及各种信道，使读者了解信息在传输过程中的信号形式；介绍信号在通信网络中的整个传输过程，使读者了解数据交换的基本方式；介绍寻址的基本过程和主要技术，使读者了解网络路由的基本过程。

第13章介绍计算机网络的定义、分类和拓扑结构；介绍计算机网络的基本组成，要实现计算机网络应该有哪些硬件支持和软件支持；介绍计算机网络的体系结构，数据在网络中进行传输的分解过程；最后介绍互联网的协议体系和网络服务。

第14章介绍网络安全的定义，列举常见的网络安全问题；讨论信息加密、数字认证、网络检测与防范等网络安全的主要措施。

第12章 计算机通信

CHAPTER

计算机通信是指利用计算机进行通信,计算机以及互联网的出现加速了现代通信技术的发展。计算机通信研究如何利用计算机将信息从源头传送到目的地的整个过程。本章讨论的主要问题是:

① 信息在传送中是什么样子?如何表示要传送的信息?

② 通信要将信息从源头传送到目的地,信息就必须通过各种中间设备,用什么样的线路和传送方式将信息从一个通信的节点传送到另一个节点?

③ 信息从源头进入通信网络,传送过程要经过很多中间节点,应该怎样寻找有效的网络路径,一步一步到达目的地?

【情景问题】 通信系统与物流系统

当你在互联网上享受冲浪的乐趣,或者夜半时分和密友"煲电话粥",你可曾想过,你正在进行的通信过程有多复杂?为了理解通信系统,日常生活中最好的类比就是物流系统。

现代社会有大量货物需要被运输,同时也有大量信息需要被传送。物流系统就好比通信系统,货物就好比通信系统中要传递的信息,交通工具就好比通信系统中传送的信号,道路就好比通信系统中的传输线路和信道,道路的交叉点就好比通信系统中的交换机、路由器等中间设备。在物流系统中,必须保证任何地点出发的交通工具都能安全、顺利、完整地到达目的地。在运输的源头需要将货物根据自身的特点拆分、打包,然后选择合适的交通工具,比如大型货车、小型货车、冷藏车等,在运输的目的地需要将货物拆包、组装,这就是通信系统中的编码、解码以及数据分组格式的选择。在运输过程中,有的包丢失一个两个没有关系,有的包不允许有任何丢失,一旦丢失就需要重新运输这个包。例如,如果运输的是一批煤,丢一包煤并不会影响其他煤的使用,如果运输的是一台数控机床,丢一个包就会造成整个机床无法使用,这就是通信系统中的监测和重发机制。交通工具在道路上行驶必须遵守交通规则，这就是通信系统中的通信协议。交通工具在行驶的过程中应该根据最新的路况信息来选择路径，这就是通信系统中的流量分析、路由选择。

形象地说，通信领域不断地进行着通信中的"道路"、"车辆"、"交通规则"、"交通设备"的标准定义、设计、开发、制造、建设和维修维护，并向有运输需求的人提供有偿服务。

12.1 概　　述

12.1.1 通信的起源和发展

所有人与人之间近距离的直接交流，要么通过面对面地说话，要么用肢体语言（如手势、表情等）表示。如果两个人之间隔着一定距离，可以把要表达的内容转换为文字、声音、图像等形式，再通过某种装置从一个地方传送到另一个地方，于是，从烽火台、信号灯、信鸽开始，发展到现代通信。

在古代，人类基于最原始的通信需求，利用自然界的基本规律和人的基础感官可达性建立了古代通信系统，最经典的就是"烽火传讯"。烽火是人类最早的、有记载的用于远距离通信的手段之一，用于发送烽火的设备就是烽火台。

19世纪40年代，电磁技术开始应用于通信领域。1844年，电报的发明使人类首次具有远程快速传递信息的能力。1876年，电话的发明使人类的通信能力扩展到语音模式。人们开始使用电话、电报、传真，到大规模地建设各种电信网络（如公众交换电话网PSTN），远程通信技术得到了长足的发展。

> 中国的电信网是从电话网开始的。1880年，由丹麦人在上海创办第一个电话局，开创了中国通信历史的重要一页。

计算机的发明在人类科学发展史上是一个重要的里程碑，电子技术开始应用于通信领域，开启了现代通信的篇章。通信机制从模拟通信进化到数字通信，通信成本的降低以及通信性能的提高加速了通信技术的发展和应用。现在，移动通信使得远程通信变得方便、快捷，互联网可以将信息瞬间传遍全世界，世界也随之发生了巨大的变化。技术变革更新了远程通信的原始定义，现在，远程通信意味着多种模式的远距离通信。

现代通信的高速发展有目共睹。通信与每个人关系最密切的应该就是各种通信终端，例如电话、手机、电视机，当然也包括计算机。自20世纪末开始，全国大部分城市的固定电话号码从6位数字升级到7位、8位，长途通话费一降再降。很多人都已经先后换了不止一部手机，蓝屏变成了彩屏，短信祝福取代了刚刚养成习惯的电话问候，手机还可以发送电子邮件，可以上网阅读、查找资料，甚至可以视频聊天。

12.1.2 计算机通信系统模型

在计算机通信系统中，**通信的源头称为信源，通信的目的地称为信宿**，信息以电子、电磁、光等不同形式的信号在信道上传输，计算机通信系统模型如图12.1所示。

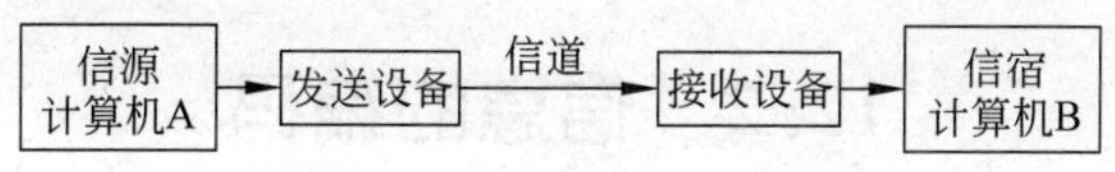

图 12.1 计算机通信系统模型

例如，有份邮件存放在计算机 A 中，现在要发送到计算机 B，我们已经知道，在计算机中所有信息都是二进制形式，而信息是以电磁信号在信道中进行传输的。因此，为了完成信息的传送，必须有发送设备和接收设备。发送设备将信息由数字形式变成电磁信号，接收设备将电磁信号还原为自然界的各种信息。

12.1.3 通信协议

任何情况下，直接连接两台通信设备是不现实的。就像要飞到欧洲的某个城市，中途要转好几次飞机一样，信号在传输过程中要经过许多中间交换设备才能从源地发送到目的地，如图 12.2 所示。计算机 A 要发送数据到计算机 B 中去，中间可能要经过节点 A、节点 B 和节点 C。

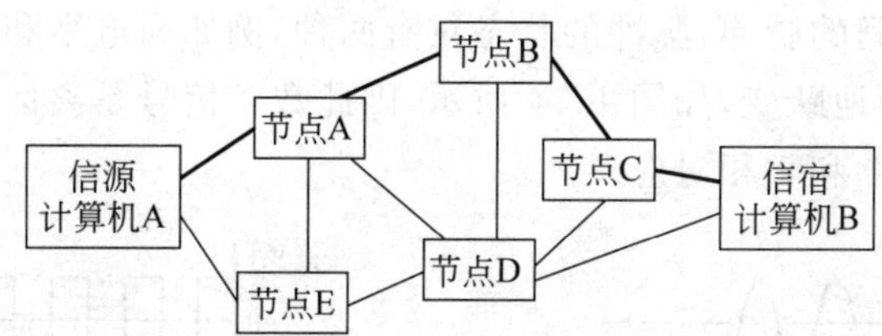

图 12.2 信号在传输过程中要经过许多中间节点

计算机通信系统由多个互联的节点组成，通信各节点之间传送的信号必须要有一些基本的规则。就像使用不同语言的人之间需要一种通用语言才能交流一样，网络节点之间的通信也需要一种通信双方都能理解的通用语言，遵守一些事先约定好的规则，这种通用语言和规则就是**通信协议**。现代通信虽然时间不长，但是通信协议非常多，例如，国际标准化组织的 OSI，国际电信联合会的 X 系列、V 系列以及 I 系列建议书，美国电气电子工程师学会的 IEEE 802 LAN 协议标准，以及美国电子工业协会的 RS 系列标准等都是著名的国际标准。

> 通信和数学的本质区别。数学是诠释大自然普遍规律的一门学科，任何定律，虽然是人发现的，但没有人感性的成分在里面。而通信则不同，通信中的大量协议是在科学的基础上人为定义的，通信协议符合科学规律，但却是人为规定的，所以就出现了在同一个技术规范下，不同的标准化组织可能会定义不同协议的情况。

思考题

1. 为什么会有那么多通信协议？如何保证这些协议是兼容的？

2. 利用计算机进行通信和利用电话机、传真机等其他设备进行通信有什么本质区别？

12.2 信息的编码

计算机通信是用电磁信号传递信息，那么通信的第一个要解决的问题就是，如何把文字、声音、图像等变成电磁信号，即信息的编码。通信中的每一种编码都必须有非常严格、规范的定义。

12.2.1 信号

信息必须转换为信号才能在通信系统里传输。不同的通信系统会使用不同形式的信号，可以将信号分成两大类：模拟信号和数字信号。

1. 模拟信号和数字信号

模拟信号是一种连续变化的波，模拟信号的基本特征是频率和振幅。图 12.3 所示的模拟信号，频率和振幅都没有变化，不能用来传递信息，但是经过调制后，可以搭载信息，所以称为载波信号。

数字信号是一系列的脉冲，脉冲的状态只有两种，例如高电平和低电平。因为不存在中间状态，脉冲在不断地跃变，如图 12.4 所示，因此数字信号是离散的。可以把脉冲的两种状态和二进制数字 0 和 1 相对应。

图 12.3 模拟信号　　　　图 12.4 数字信号

2. 信号的传送

不管是模拟信号还是数字信号，在传送过一段距离后都会有信号的衰减和畸变，强度会衰减，波形会走样。因此，需要有某种装置将失真的信号还原。

在传送模拟信号时，每隔一定的距离就要通过**放大器**来增强信号的强度，但与此同时，由噪声引起的信号失真也随之放大。传输距离增大时，多级放大器的串联会导致失真的叠加，从而使得信号的失真越来越大。例如，如果长途电话采用模拟信号传送，身在远方的家人可能都听不出是你在给他们打电话。

在传送数字信号时，每隔一定的距离就要通过**中继器**等中间设备来增强信号的强度，并且修复信号的波形，这样，重新产生的信号完全消除了前一段传输过程中信号的衰减和畸变，如图 12.5 所示。所以，远距离通信通常采用数字信号。例如，IP 电话采用数字信号传送，不管距离有多远，声音都不会失真。

> IP 电话又称网络电话，其基本工作原理是将语音转换成数字信号，通过计算机通信网络传输到对方，对方将接收到的数字信号还原成语音，通过计算机、普通电话都可以接听。IP 电话的优点不仅是声音不会产生失真，而且还有低廉的长途电话费用。

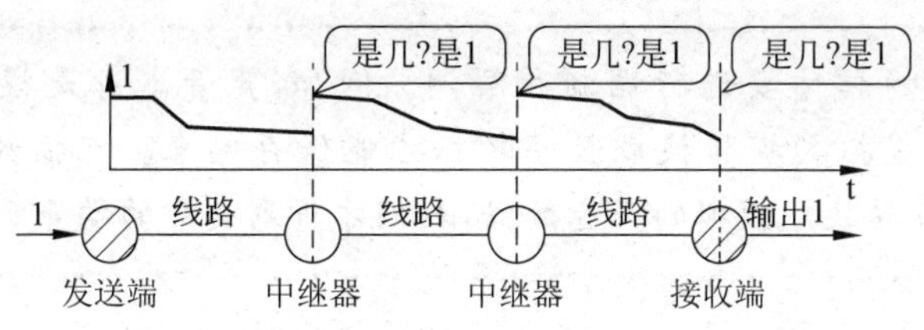

图 12.5 数字信号在线路上的传输

3. 调制与解调

在实际的通信过程中,往往需要在数字信号和模拟信号之间进行多次转换,例如,两台相隔很远的计算机,中间借助公用电话网相连接。电话网络是为传送语音设计的,只能传送模拟信号,所以,在发送端要**把数字信号转换为模拟信号**(**即调制**),接收端再**把模拟信号还原为数字信号**(**即解调**),如图 12.6 所示。**完成调制和解调的设备叫做调制解调器,也称为 Modem**。

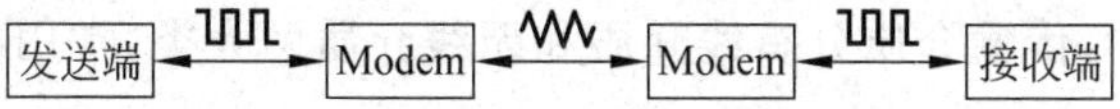

发送端 ⟷ Modem ⟷ Modem ⟷ 接收端

图 12.6 通信过程中信号的转换

> 中国人是乐观而富有创意的,很多动物都被赋予了 IT 的意义:猫——调制解调器;狗——正版软件监护;鼠——鼠标;驴——P2P 下载;电驴——P2P 高速下载。

调制是把信息“装载”到图 12.3 所示载波上的过程。有三种基本调制方法:调幅、调频和调相。**调幅是通过改变载波信号的振幅**,假设现在要传送数字信息,调幅是用振幅的变化来表示 0 和 1。例如,用振幅大的波表示 1,用振幅小的波表示 0,平时收听的 AM 广播就是用调幅的方法生成音频信号。**调频是通过改变载波信号的频率**,用频率的变化来表示 0 和 1,例如,用高频载波表示 1,用低频载波表示 0,平时收听的 FM 广播就是用调频的方法来生成音频信号。**调相是通过改变载波信号的相位变化**来表示 0 和 1,例如,如果载波一个周期的相位与前一个周期相比,相位发生了改变表示 1,没有发生改变表示 0。图 12.7 描述了对数字信息 011010 用调幅、调频和调相的方法进行调制后,得到的模拟信号对应的波形。

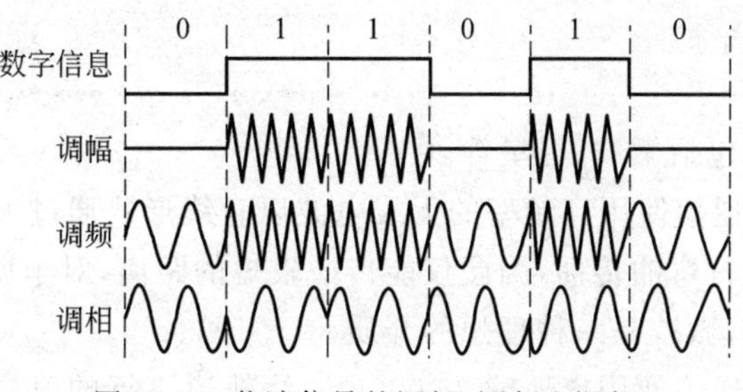

图 12.7 载波信号的调幅、调频和调相

并不是只有通信才要进行调制和解调。例如，声音本身是模拟数据，在形成mp3文件时要把模拟数据转换成数字数据才能保存起来。在播放一个mp3文件时，是将数字数据转换成模拟的声音数据，我们才听到美妙的歌声。

12.2.2 信道

两个通信设备之间必须由物理传输介质连接才能传送信号，**信道就是传送信号的通路，也就是传输介质**。信道本身可以是模拟的，也可以是数字的，用以传输模拟信号的信道称为**模拟信道**，用以传送数字信号的信道称为**数字信道**。不同的通信信道有不同的带宽和数据传输速率。**带宽指的是通信信道能够通过信号的频率范围**，其单位是Hz，**速率指的是每秒钟传输的比特数**，其单位是b/s。显然，带宽和速率成正比。

在计算机网络中，传输介质分**有线介质**和**无线介质**两大类，常用的有线介质包括双绞线、同轴电缆和光缆。

① 双绞线。双绞线由两根包有绝缘材料的铜线相互缠绕而成，两根绝缘导线按一定密度互相绞在一起，可降低信号的干扰程度。

② 同轴电缆。同轴电缆由一根空心的外圆柱体及其所包围的单根导线组成，柱体和导线之间用绝缘材料填充。同轴电缆的频率特性和屏蔽性能比双绞线好，能进行较高速率的传输。

③ 光纤。光纤是光导纤维电缆的简称，由一束光导纤维(一种传输光束的纤细而柔韧的介质)组成。光纤具有通信容量较大、传输距离较远、电磁绝缘性能较好、衰减较小等特点，是数据传输中最有效的一种传输介质。

我国著名的八横八纵通信干线，是前邮电部于1988年开始建设的全国性通信干线光纤工程，项目总长达3万多千米。

八横是：北京—兰州，青岛—银川，上海—西安，连云港—新疆伊宁，上海—重庆，杭州—成都，广州—南宁—昆明，广州—广西北海—昆明。

八纵是：哈尔滨—沈阳—大连—上海—广州，齐齐哈尔—北京—郑州—广州—海口—三亚，北京—上海，北京—广州，呼和浩特—广西北海，呼和浩特—昆明，西宁—拉萨，成都—南宁。

常用的无线介质包括微波、卫星等。

(1) 微波。微波通信使用高频率的无线电波以直线形式通过大气传播。由于微波不能沿着地球的曲率进行弯曲传播，因此仅能传播较短的距离，对于城市的建筑物之间和大型的校园中传输数据，微波是一种理想的介质。

(2) 卫星。卫星通信使用离地球36 000km、绕轨道飞行的卫星作为微波转播站。卫星通信能发送大量数据，但是它容易受天气的影响。

思考题

1. 分析中国移动的飞信业务进行信息传输时都使用了哪种形式的信号。
2. 美国和中国之间隔着浩瀚的太平洋，是通过什么信道进行数据传输的呢？

12.3　数据交换

数据交换是指信号在通信网络中的整个传输过程。数据交换的方式可以分为两大类：线路交换和存储转发交换。

12.3.1　线路交换

所谓**线路交换是在通信双方建立一条专用的通信线路**。最典型的线路交换是电话系统，拨号就是提出线路要求，对方拿起话筒，通信信道就建立起来了，随后双方所有的语音数据都在这条线路上传输。在通话过程中，线路是独占的，直到某一方放下话筒，表示通信结束，可以释放线路占用的通信资源。

就通信网络的公共资源利用率而言，线路交换方式的使用效率比较低，以电话为例，即使通信双方都不说话可线路依然被占用，所以，如果话筒没放好电信局继续收费是合理的。但是，一旦建立起通信线路，通信双方就能够以固定的传输率来传送数据，除了在线路上和中间交换设备上必须消耗的时间外，不会再有其他的延迟。因此，数据传输率比较高。

12.3.2　存储转发交换

在计算机通信系统中用作中间交换设备的是计算机，计算机具有数据存储和处理能力，可以根据发送的目的地和信道的当前状况，作出下一步的转发决策。最典型的存储转发交换是邮政系统，发信者将信件按一定的格式封装好，通过邮局的转发，最终投递到收信者。

常用的存储转发交换方式是分组交换，即把要传输的数据分割成比较小的一个个分组独立传送。按照分组在通信网络上传输的管理方式，可以把分组交换分为虚电路交换和数据报交换两种不同的交换方式。它们的主要区别在于，传输数据的所有分组是否沿着同一条线路传输。**虚电路交换首先建立一条连接源地和目的地的线路，每个数据分组都沿着这条线路传输，在中间交换设备不再进行路径选择**。虚电路交换类似于线路交换，但虚电路只是一条逻辑连接线路，并不独占物理信道，多个虚电路可以共享网络中的信道，数据分组在中间交换设备上仍需存储，等待在信道上传输。**数据报方式是一种无连接方式，各个数据分组可以沿着不同的传输路径到达目的地**，为此，每个分组都要附加控制信息，标识分组的源地址、分组所属标识等，以方便中间交换设备转发分组，以及在目的地把所有分组重新组装为原来发送的数据。

分组交换最大限度地利用了通信网络资源，提高了公共通信网的利用率，这就是 IP 电话比普通的长途电话要便宜的原因。

思考题

1. 古代的烽火采用哪种数据交换方式？

2. 在数据报交换方式中，所有分组一定能按发送顺序到达目的地吗？为什么？

3. 我们每天都用手机发送短消息（即短信），一条短信最多包含多少个汉字？为什么要限定字数？

12.4 寻　址

有了基本的数据传送方式和传送通道，接下来就是寻址，即如何从出发地顺利地到达目的地。

12.4.1 通信方向

寻址首先要寻找方向，以避免出现南辕北辙。所谓**通信方向是指两个网络节点设备之间的数据流向**，通常有以下三种通信方向，如图12.8所示。

① **单工**。信道上的数据流向是单方向的，数据只能向一个方向流动。通信时，一方只能发送，另一方只能接收。传统的电视系统就是典型的单工方式，电视台发送信号，电视机接收信号，通信方向不可逆转。

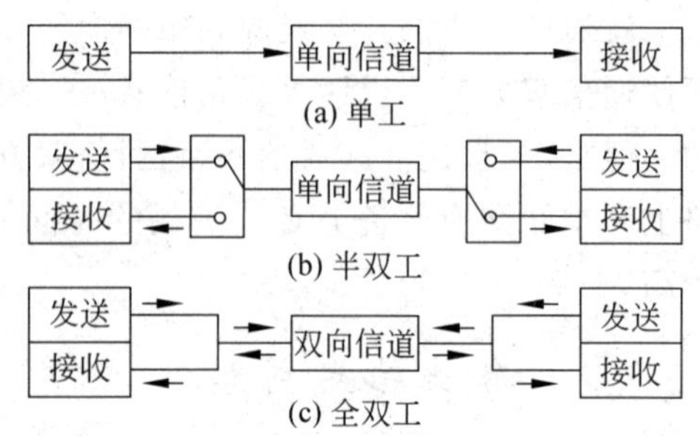

图12.8 信号传送的三种流向

② **半双工**。在同一时刻，通信双方只能有单一方向的数据流向，一方要么处于发送状态，要么处于接收状态，不能同时又发又收。可以将半双工看成是可切换方向的单工通信，从某一时刻看是单工的，从总体上看是双工的。步话机是典型的半双工方式，一方说话时另一方只能接收，双方可以轮流说话。

③ **全双工**。在同一时刻，通信双方有两个方向相反的数据流向，任何一方都可以一边发送数据一边接收数据，允许数据在两个方向上同时传输，在能力上相当于两个单工通信方式的结合。电话是典型的全双工方式，通话双方可以同时说话，两边都听得到对方说话。

显然，全双工方式是最有效、最快速的双向通信方式，但要求通信信道有足够的带宽。全双工通信在计算机通信系统中被广泛使用。

12.4.2 地址标识

要想寻址，必须要有地址，在任何一个通信网络上，每个节点都需要有规范的、可查询的地址标识。任何接入通信网络的终端A，如果需要从通信网络的另一个终端B获取信息，必须知道B所在的位置，这个位置就是地址。例如，要给某个人邮寄礼物，要知道对方的邮政编码和详细地址；要给某个人打电话，要知道对方的电话号码；要给某个人发邮件，要知道对方的邮箱地址；要浏览某个网站，要知道这个网站的WWW地址。在各种通信手段中，应用了各种各样的通信地址，如图12.9所示，相对应地就有各种各样的寻找地址的方法。

图12.9 各种地址表示方法

1. MAC地址

为保证信息传输的正常进行，网络中的每一个主机都有一个物理地址，也称为硬件地址或**MAC地址**(Media Access Address，介质访问地址)。MAC地址是一个全局地址，而且要保证世界范围内唯一。主机的MAC地址实际上是其连网所用的网卡上的地址，通常每一块网卡都带有一个全球唯一的6字节(48个二进制位)地址。为保证唯一性，网卡的生产厂商要向IEEE的注册管理委员会购买地址的前3个字节，作为生产厂商的唯一标识，后3个字节由生产厂商自行分配，并在生产网卡时固化在ROM中。

2. IP地址

IP地址是在Internet上某台主机(包括路由器和交换机)的唯一标识，IP地址的分配和管理由全球唯一的IP网地址管理机构——互联网名称和数字地址分配机构(ICANN)负责。IP地址是一个32位的二进制数字，用二进制直接表示IP地址非常繁琐和令人费解，于是，人们采用4段数字，每一段数字就是8位二进制数字，并且用十进制表示，就是0～255。例如，一个IP地址可以表示为211.99.34.33。

3. 域名地址

通过IP地址可以访问互联网上的任何主机，但记住这些数字串很令人头疼，于是互联网请了一个IP地址翻译将IP地址翻译成域名，这个IP地址翻译就是DNS(域名解析体系)服务器。**域名**类似于写信时写在信封上的地址，如省名、城市名、区名和门牌号等，有一定的层次性。DNS将IP地址自左向右分成3～4段，分别用字符表示主机名、网络名、机构名和最高域名。其中，最高域名是第一域名，一般是代表国家和地区的名称，如cn表示中国，uk表示英国，us表示美国。机构名称是第二级域名，通常是代表组织或城市名称，如com表示商业组织，edu表示教育机构，gov表示政府部门，org表示社会团体等。

12.4.3 路由

有了地址标识，还要有找到地址的方法。**数据从一个通信节点到达另一个通信节点的路径选择过程称为路由，完成路由选择的设备称为路由器**。数据到达路由器后，路由器从数据的分组结构中取出源地址和目的地址，与路由器中存储的路由表进行对照，定位出口并将数据传送到该出口。通常在路由表中，一个目的地址可能有多个出口，如图12.10所示，路由器会根据某个规则(注意，规则很多并且很复杂)实现转发机制，并实现负载均衡。

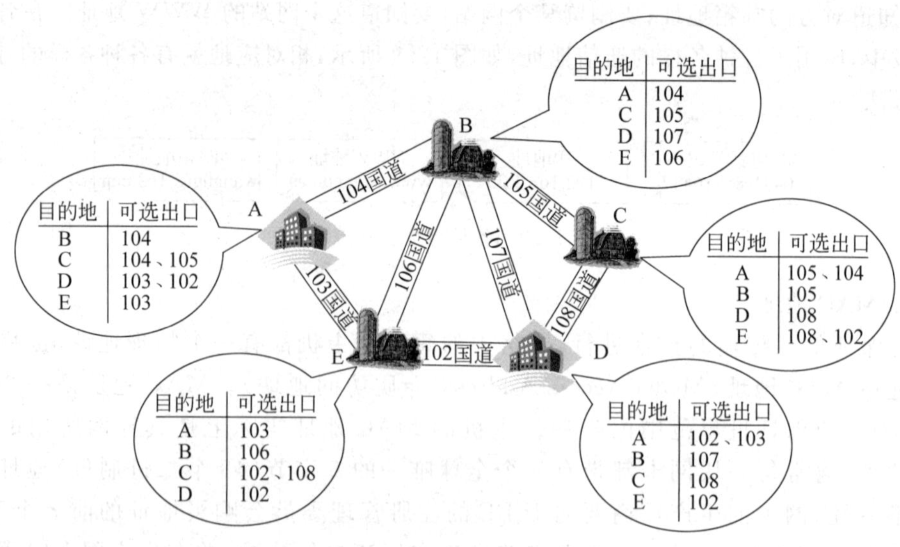

图12.10　路由选择的关键——路由表

思考题

1. 既然两台主机之间进行通信有了MAC地址，为什么还要设置IP地址？为什么上网浏览信息，还要用域名地址？为什么会有这么多地址？

2. 路由器中的路由表是静态生成的还是动态变化的？查阅资料证实你的想法。

阅读材料——未来通信

1996年，专家们提出了全球信息基础设施总体构思方案，通信网络进入网络融合发展的历程。随后，以思科公司为代表的设备制造商推出了UC(Uniform Communication，统一通信)的概念，越来越多的厂商宣布支持UC并提供UC的解决方案，通信大融合的时代悄悄到来了。

在融合和统一的主旋律下，3C(计算机、通信和消费电子)融合、三网(广电网、通信网和互联网)融合、ICT(信息技术和通信技术)融合、FMC(固网和移动网)融合、TMT(通信、媒体和新技术)融合……凡此种种，不一而足。

什么是统一通信？若干年来，人们一直沿用这种通信方式：用电话进行语音通信，用传真机收发传真，用计算机查看电子邮件，不同的设备和系统分别管理不同类型的通信方式。通信是人类与生俱来的需求，而且人类已经步入信息化社会，有没有可能改变以上烦琐的通信方式，让信息交流变得更加简单？设想一下：无论任何时间、任何地点，无论使用何种通信设备，都可以毫无限制地进行交流，而且将语音、电子邮件、手机短信、传真以及数据等形式的内容都集中到一起，可以使用手边的任何一款通信终端发送和接收信息。这个问题的提出和解决，是统一通信诞生和发展的原动力。

未来通信是一个大融合时代，未来的通信网络一定是朝着技术融合、业务融合的方向发展，并最终融入人类社会和生产生活的每一个角落。然而，未来通信究竟是什么样子？“道可道，非常道”，规律总是有的，是可以描述的，但需要我们用心去体会、去描述、去创造。

习　题　12

一、选择题

1. 在传送模拟信号时，每隔一定的距离就要通过(　　)来增强信号的强度。

A. 放大器　　B. 中继器　　C. 路由器　　D. 继电器

2. 在计算机通信系统中广泛使用的是(　　)方式。

A. 单工　　B. 半双工　　C. 全双工　　D. 以上都是

3. 调制是把信息装载到载波上的过程，基本的调制方法有(　　)。

A. 调频　　B. 调幅　　C. 调相　　D. 以上都是

4. 对于通信系统的数据交换方式，以下说法正确的是(　　)。

A. 线路交换的数据传输率较高

B. 虚电路交换在中间交换设备不进行路径选择

C. 虚电路交换和数据报交换都属于分组交换，每个分组都需要进行路径选择

D. 虚电路交换建立一条连接源地和目的地的线路，在中间交换设备无须存储转发

5. IP 地址是一个 32 位的二进制数，通常采用点分(　　)表示。

A. 二进制数　　B. 八进制数　　C. 十进制数　　D. 十六进制数

6. 通信网络上数据交换的规则称为(　　)。

A. 协议　　B. 通道　　C. 配置　　D. 传输

二、简答题

1. 什么是模拟信号？什么是数字信号？
2. 常用的传输介质都有哪些？
3. 固定电话曾经是人类远程语音通信的主要手段，请分析固定电话的通信过程。
4. 简述数据报方式的数据交换过程。
5. 什么是路由？简单说明路由的基本过程。

三、讨论题

1. 21 世纪什么都是数字的，电视——数字电视正在全面普及；手机——当然是数字的，中国的移动运营商早就向模拟网说了 Bye-bye；相机——数码的，数码就是数字，英文都是 Digital；空调——数控的，商家说，我这风是在数字信号的控制下吹出来的。你认为数字化的原因是什么？

2. 在 20 世纪 90 年代初，手持一部笨拙的“大哥大”是身份、财富、地位、阅历的象征，而现在，从老人到一年级的小学生，手机已经成为联络的必备工具，现代通信的高速发展有目共睹。你认为现代通信高速发展的原因是什么？

第13章 计算机网络

CHAPTER

计算机网络是计算机技术与通信技术相结合的产物，21世纪是一个以网络为核心的信息时代，计算机网络的应用已渗透到社会生活的各个方面，发挥着越来越重要的作用。本章讨论的主要问题是：

① 什么是计算机网络？计算机网络有哪些基本组成部分？

② 计算机网络包括多个网络节点，这些网络节点的拓扑结构是什么？

③ 计算机网络是极其庞大而复杂的，从系统思维的观点，如何用分层的方法构建计算机网络？

④ 互联网和计算机网络是什么关系？互联网提供了哪些服务？

【情景问题】 网络带来的变化

以Internet为代表的计算机网络是近20年来发展最迅速、使用最广泛的计算机技术，对当今社会政治、经济和文化产生了深远的影响，日益改变着人们的生活方式、工作方式和思维方式。电子邮件逐步取代了普通信函(图13.1是20世纪80年代通过信函约定约会的场景)，日记变成了博客，纸制书变成了eBook，网络新闻对传统的报刊发行量造成了很大的冲击……

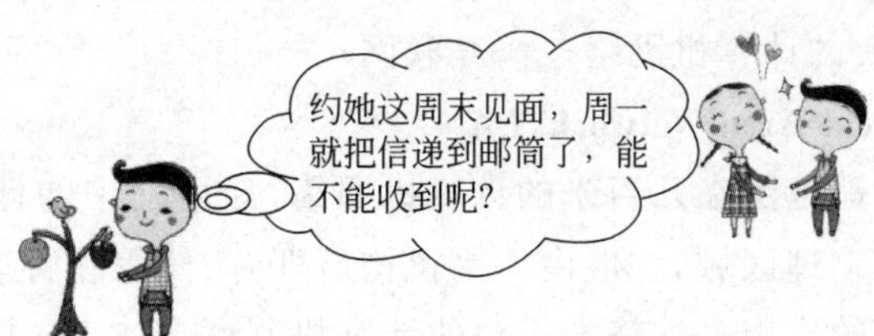

图13.1 20世纪80年代的约会

自古以来，距离引发了多少惆怅：“我住长江头，君住长江尾，日日思君不见君，共饮长江水”、“为伊消得人憔悴，衣带渐宽终不悔”……网络视频以可见的方式进行远程通信，现代人很难再有“一日不见，如隔三秋”的惆怅。

网络对青少年的吸引力更大,过去的孩子玩沙包、踢毽子、跳房子、跳皮筋,现在的孩子大把的时间用于网络游戏、QQ聊天、看电影、甚至忙着“偷菜”。

互联网是潘多拉的盒子,打开后未必都是好事。

13.1 什么是计算机网络

13.1.1 计算机网络的定义

计算机网络是把分布在不同地理位置的、具有自主功能的多个计算机系统通过各种通信介质和通信设备连接起来,实现信息交换、资源共享或协同工作的计算机集合。这个定义包含了三重含义:

① 一个计算机网络中包含了多台具有自主功能的计算机。所谓具有自主功能指的是这些计算机若离开了网络也能独立运行。

② 这些计算机之间是相互连接的,连接所使用的通信介质可以是有线的也可以是无线的,除了通信介质,连接还需要各种通信设备。

③ 连接计算机的目的是进行信息交换、资源共享或协同工作,可以使分散在不同地理位置的计算机之间相互通信,可以共享网络上的各种软硬件资源,可以借助网络中的多台计算机协作完成大型的信息处理任务。

> 人类社会发展过程中的几个关键的网络:水网——西亚的两河流域、古印度的两河流域、中国的黄河流域,孕育了光辉、灿烂的古代文明;路网——古代的驿路、驿站,当代的公路、铁路和航路,使人与人之间的沟通越来越容易;通信网——电话网、互联网等通信网的发展使人类进入新的历史阶段。

13.1.2 计算机网络的分类

根据用户不同的应用需求,可以组建不同类型的计算机网络。根据覆盖范围的大小,可以将计算机网络分为局域网、城域网、广域网,另外,当多个国家的计算机网络互联到一起时,就形成了更大的计算机网络——互联网。

1. 局域网(Local Area Network,LAN)

局域网是指覆盖范围在几百米的计算机网络,局域网中的计算机和外部设备通常位于一个相对封闭的物理区域,一般由一个机构所拥有、使用和管理,例如,网络教室、网吧、校园网等。局域网的作用是把终端用户的计算机互联起来,一方面解决本地用户之间的资源共享,另一方面为用户连接远程网络提供接入设施。

2. 城域网(Metropolitan Area Network,MAN)

城域网的覆盖范围相当于一座大城市的规模,主要用于局域网互联和主机之间的数据传输。例如,许多企事业单位可能在同一城市的不同位置拥有分支机构,城域网非常适合作为这些分支机构和总部之间的互联。

3. 广域网(Wide Area Network,WAN)

广域网的覆盖范围从几十千米到几千千米不等,可以连接若干个城市、地区,甚至跨越国家。广域网可以采用不同的通信技术,包括公用交换电话网、综合业务数字网、分组交换网、帧中继网、ATM网、数字数据网、移动通信网以及微型通信网等。

4. 因特网(Internet)

Internet可以说是当前世界上最大的计算机网络,更确切地说,Internet并不是一个单一的计算机网络,而是**由许多已经存在的网络互联而成,因而称为互联网**。互联网形成的大致过程是:首先组建局域网,然后使用连接技术把局域网连接起来形成广域网或城域网,最后通过高层协议把广域网或城域网互联成互联网。

13.1.3 计算机网络的拓扑结构

计算机网络的拓扑结构是指网络中的计算机、网络设备与通信线路之间的几何位置关系。常见的计算机网络拓扑结构可以分为总线型、环型、星型和网状型,实际使用的拓扑结构多是这四种结构及其衍生或组合。

总线型网络拓扑结构如图13.2(a)所示。所有网络设备都连接到一条公共传输线(称为总线)上。总线型结构的主要优点是结构简单、联网方便、易于扩充、成本低,缺点是实时性较差。

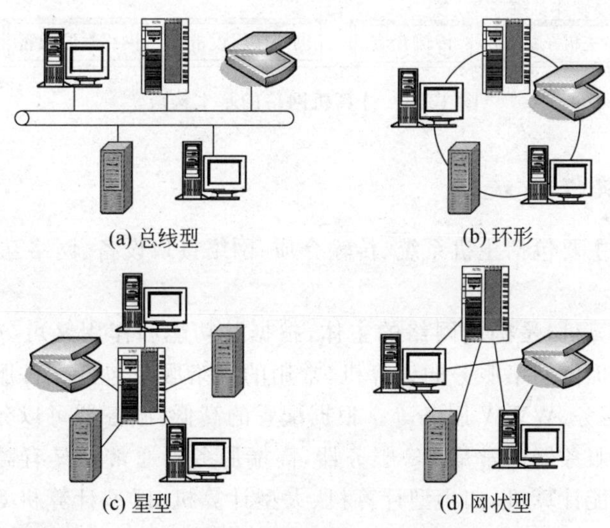

图13.2 计算机网络的拓扑结构

环型网络拓扑结构如图13.2(b)所示。所有网络设备构成一个闭合环,数据沿着一个方向绕环逐点传送。环型结构的主要优点是结构简单、路径选择方便,缺点是可靠性较差、网络管理较复杂。

星型网络拓扑结构如图13.2(c)所示。所有网络设备之间的通信都通过中心设备,通常用交换机作为中心设备。星型结构的主要优点是结构简单、联网方便、易于控制和管理,缺点是中心节点负担较重、可靠性较差。目前星型结构广泛应用在局域网中。

网状型网络拓扑结构如图13.2(d)所示。每个网络设备至少有两条线路和其他网络设备相连。网状型结构的可靠性高，即使一条线路出现故障网络仍能正常工作，但网络控制和管理较复杂，一般用于广域网。

思考题

1. 你所在学校的校园网采用哪种网络拓扑结构？
2. 在校园网上和在家里使用宽带访问互联网的资源，哪个速度更快一些？为什么？

13.2 计算机网络的基本组成

计算机网络有两个组成部分：网络硬件系统和网络软件系统，如图13.3所示。网络硬件系统是计算机网络的物质基础，包括主机系统、传输介质、网络接口设备、网络互联设备等硬件。网络软件系统包括网络操作系统、网络通信及协议、网络管理软件以及网络工具软件，另外，各种网络服务软件和应用软件也属于网络软件系统。

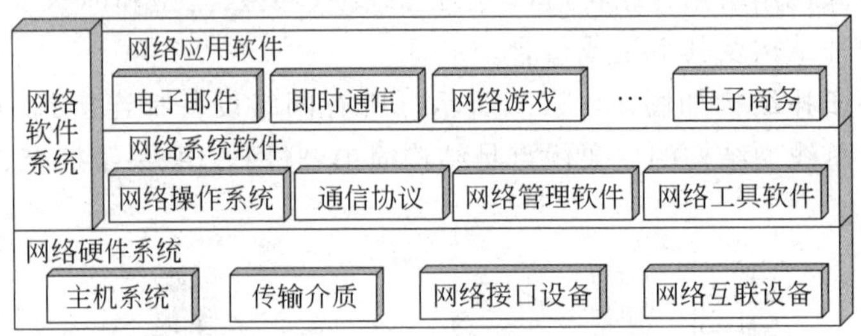

图13.3 计算机网络的基本构成

13.2.1 网络硬件系统

网络硬件系统主要包括主机系统、传输介质、网络接口设备、网络互联设备等硬件。

1. 主机系统

主机即各种计算机，是构成网络的主体，根据其功能和作用又可分为服务器和工作站。服务器是可以提供网络服务的计算机，常用的网络服务包括文件服务、打印服务、通信服务、电子邮件服务、WWW服务等。根据配置的高低，服务器可以分为低端服务器和高端服务器。低端服务器通常是PC服务器，高端服务器通常是具有高速处理能力和较大存储容量的高性能计算机，如小型计算机、大型计算机、巨型计算机等。工作站是用户使用的一般计算机，工作站不为其他计算机提供服务，但相互之间可以进行通信和信息交换。

> 就像许多计算机术语一样，对于不同的应用领域，术语的含义可能不一样。这里的主机指的不是分时系统的主机，工作站指的不是图形工作站等满足某种特殊用途的高性能计算机。

2. 传输介质

传输介质是将网络设备连接起来的通信线路，包括双绞线、同轴电缆、光纤等有线介质，以及卫星、微波等无线介质，不同传输介质的信号传播方式和速率不同。

3. 网络接口设备

① **网卡**。网卡给计算机添加了一个串行接口，是连接计算机与网线之间的硬件设备。网卡负责并行数据与串行数据的转换，控制网线上传输的数据流量，同时，将计算机的内部信号放大，以便信号可以在网络上传输。

② **调制解调器**。调制是将计算机输出的数字信号转换为适合公共通信网传输的模拟信号，解调是将模拟信号转换为数字信号后送给计算机处理，完成调制和解调的设备叫做调制解调器。

4. 网络互联设备

① **集线器**。集线器的主要功能是作为网络的集中连接点，因此，被形象地称为 Hub（Hub 在英语里是港湾的意思）。集线器是一个多端口的信号放大设备，当一个端口接收到信号时，集线器将该信号进行放大再转发到其他所有处于工作状态的端口。

② **交换机**。与集线器类似，交换机也是作为一种网络集中连接设备，但是交换机能够根据信号的目的地址将信号转发到指定端口，而且多个端口可以并发通信，能够进行软件设置实现较为复杂的网络管理功能。随着交换机价格的不断下降，集线器已经逐渐被交换机所取代。

③ **路由器**。将不同的网络进行连接构成更大的计算机网络，就需要使用路由器作为网络互联设备。一个网络中的信息要传送到另一个网络，必须借助路由器的转发。路由器是处理路由的专用设备，实际上也是一个计算机。它和普通计算机的不同之处在于：路由器运行一个专用程序，决定收到的信息向哪个路由器转发，这也是路由器这个术语的由来。

13.2.2　网络软件系统

与软件和硬件的关系一样，如果没有网络软件，网络硬件的存在就毫无价值。网络软件是实现网络功能不可缺少的部分，主要包括网络操作系统、各种网络协议、网络管理软件和网络应用软件等。

网络操作系统是网络用户和计算机网络之间的操作接口，也就是说，用户通过网络操作系统使用计算机网络资源。网络操作系统除了具有单机操作系统的功能外，还应该支持网络通信、网络资源共享以及其他网络服务功能。目前常用的网络操作系统有 Windows、UNIX、Linux 和 NetWare 等。

网络协议是计算机网络中各部分之间传输信息所必须遵守的一组规则和约定，如 TCP/IP、IEEE 802 等。

网络管理软件负责监视和控制网络的运行情况，对网络资源进行管理和分配，包括性能管理、配置管理、故障管理、计费管理、安全管理、运行状态监视与统计，如设备和线路是否正常、网络流量及拥塞程度等。

网络应用软件是为各种网络应用而开发的软件，可以提供专门的服务，例如支持访问共享资源的软件，包括访问万维网、远程登录服务、访问网络文件等；支持远程通信的软件，包括电子邮件、即时通信、IP 电话、网络会议等；支持网上事务处理的软件，包括电子商务、电子政务、电子银行、远程教育、远程医疗等。

思考题

1. 计算机和网线之间为什么设置一个接口?这个接口与其他接口设备(如I/O接口)有什么不同?

2. 网吧的网络管理软件有哪些具体功能?你认为还应该有哪些功能?

13.3 网络体系结构

13.3.1 网络体系结构的分层原则

计算机网络是一个十分庞大而复杂的系统,从系统思维的角度,将一个复杂系统分解为若干个容易处理的子系统,然后分而治之,这是计算机学科的典型方法。

网络体系结构是层次化的系统结构,其实质是将大量的、各种类型的协议合理地组织起来,并按功能进行逻辑分层,相邻层之间提供接口,每一层都通过接口直接使用其低层提供的服务,完成自身的功能,然后向其高层提供“增值”服务。在网络体系结构中,每一层都对上层屏蔽如何实现协议和服务的具体细节,这样,网络的体系结构就能做到与具体的物理实现无关,哪怕连接到网络中的主机或终端的型号和性能各不相同,只要它们共同遵守相同的协议就可以实现相互通信,从而构成开放的网络系统。

著名计算机科学家坦南鲍姆(A. S. Tanenbaum)举了一个生动的例子,很好地帮助我们理解网络体系结构以及对等层的虚拟通信、协议、相邻层间的接口和提供的服务这些抽象的概念。一位肯尼亚的哲学家和一位印度尼西亚的哲学家之间进行通话,他们位于最高层,例如第三层。由于他们使用不同语言不能直接通话,因而,他们各自请了一个翻译,将他们各自的语言翻译成两个翻译都懂的第三国语言。因此,翻译在哲学家的下一层,也就是第二层,他们向第三层提供语言翻译服务。两个翻译使用共同的语言进行交流,但是,他们一个在非洲,一个在亚洲,还是不能直接对话。于是,两个翻译各需要一个工程技术人员,按事先约定的方式将交谈的内容转换成电信号通过物理传输介质传送至对方。因此,工程技术人员就在最下一层,即第一层,他们都知道如何按约定的方式将语言转换成电信号,为上一层的翻译人员提供传输服务,如图13.4所示。

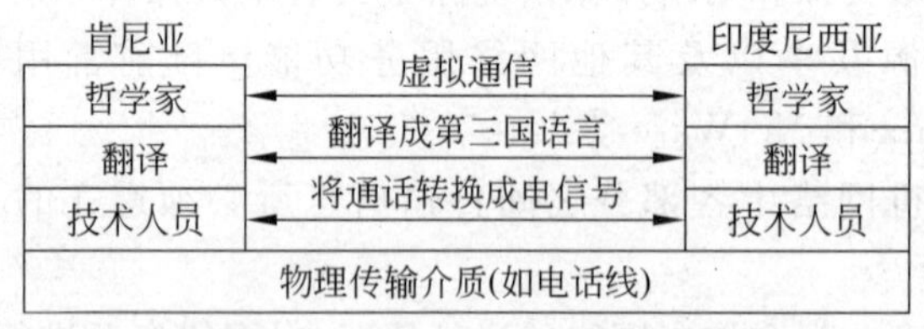

图13.4 网络体系结构的分层模型

在这个例子中有三个不同的层次,从下至上不妨称为传输层、语言层和认识层。在认识层上对话的两个实体,即两个哲学家,只意识到他们之间在进行通话,这种通话能够进行的前提是他们对所交谈的内容有共同的兴趣和认识,抽象地说就是遵循共同的认识层协议,但是,他们之间的交谈并不是直接进行的,所以称为虚拟通信。这种虚拟通信是通过语言层的翻译提供的语言翻译服务以及翻译之间的交谈来实现的,抽象地说,就是上一层的虚拟通信是通过下一层接口提供的服务以及下一层的通信来实现的。语言层的两个翻译都必须将通话翻译成共同懂得的第三国语言，这个第三国语言就可以看成是语言层的协议，抽象地说，就是对等层的通信必须遵循协议。翻译之间的通信也是虚拟的，是通过传输层的工程技术人员提供的服务以及传输层的通信来实现的。传输层的工程技术人员之间也需要遵循他们之间的协议将语言转换为电信号，真正的通信是由电信号在物理媒体上进行的。

13.3.2　OSI 参考模型

开放系统互联参考模型 OSI 由国际标准化组织制定，是一个标准化的、开放的计算机网络层次结构模型。OSI 由 7 层组成，自下而上依次为物理层、数据链路层、网络层、传输层、会话层、表示层和应用层，如图 13.5 所示。各层的主要功能为：

① **应用层**：提供与用户应用有关的功能，如网络浏览、电子邮件等。

② **表示层**：为应用层提供服务，向应用层解释来自会话层的数据，解决格式和数据表示的差异，如数据格式转换、代码转换等。

③ **会话层**：进行高层通信控制，在逻辑上负责数据交换的建立、保持和终止，为不同计算机上的用户建立会话关系并负责纠正错误，如出错控制、会话控制等。

④ **传输层**：从会话层接收数据，为会话层的请求创建网络连接，把报文(一次网络传输的任务)分成较小的单元进行传输，并确保到达对方的各单元信息准确无误。

⑤ **网络层**：将报文进行分组，并确定每一分组从源端到目的端的路由选择和流量控制。

⑥ **数据链路层**：建立、维持和释放数据链路，它将网络层的分组组成若干数据帧并负责将数据帧无差错地进行传递。

⑦ **物理层**：为数据链路层实体之间的物理连接提供、维护和释放物理线路所需的机械、电气及功能特性。

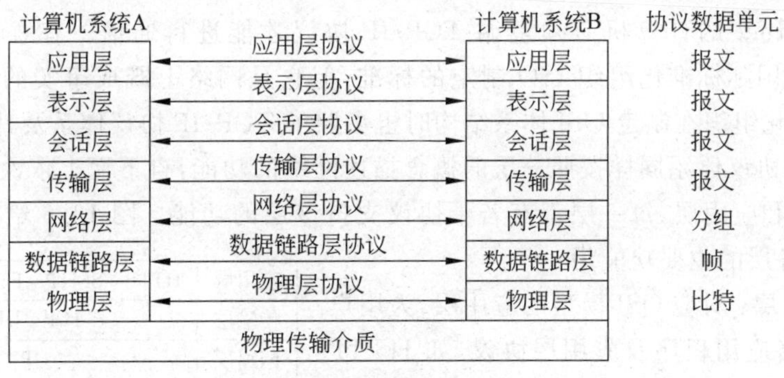

图 13.5　OSI 网络体系结构示意图

思考题

1. OSI 参考模型为什么将网络体系结构分为 7 层？分层越多越好吗？
2. 以发送邮件为例，分析传输邮件在经过 OSI 的七层结构时都完成了哪些工作。

13.4 互 联 网

13.4.1 互联网的起源和发展

Internet原来叫做互联网,后来由国家名词委员会正式定名为因特网,不过公众和学术界还是习惯称之为互联网。Internet起源于ARPANET,由美国国防部高级研究计划资助。冷战时期的美国军事家有一种假设:敌人可能会对美国政府的通信进行攻击,所以国防部需要有一个即使部分损坏也能正常工作的通信网络。1969年,美国国防部给罗伯特泰勒等科学家资助了100万美元用于建造一个小型实验网络,这就是ARPANET(Advanced Research Projects Agency Network)。

ARPANET建造在两个非正规理论的设想之上:①**网络本身是不可靠的**,因此它必须能够克服自身的不可靠性;②**对等网络原理**:网络中的计算机与其他计算机在通信功能上是等效的。1972年,在首届国际计算机通信会议上首次公开展示了ARPANET的分组交换技术,很快,ARPANET就发展成为拥有几百家军事机构和大学网站的国际性网络。1973年,英国和挪威加入ARPANET,实现了ARPANET的首次跨洲连接。

1984年,国际标准化组织制定了"开放系统互联参考模型OSI",标志着新一代计算机网络——Internet的诞生。进入20世纪90年代,计算机网络向互联、高速、智能化方向发展,特别是1993年美国宣布建立国家信息基础设施,全世界许多国家纷纷制订和建立本国的信息基础设施,从而极大地推动了计算机网络技术的发展。目前,全球以Internet为核心的高速计算机互联网络已经形成,计算机网络进入实用阶段。

13.4.2 TCP/IP分层模型

TCP/IP协议起源于美国ARPANET,因两个主要协议TCP协议和IP协议而得名。实际上,TCP/IP协议是众多独立协议的集合。TCP/IP协议是Internet赖以存在的基础,连入Internet的计算机必须遵循TCP/IP协议才能进行通信。有意思的是,尽管TCP/IP不是国际标准化组织ISO制定的标准,但它是网络上既成事实的工业标准,所以,国际标准化组织在制定OSI体系结构时也参照了TCP/IP协议体系及其分层思想。

TCP/IP协议体系同样按照分层的概念描述网络的功能,自下而上依次为物理层、网络层、传输层和应用层,每一层都有若干协议支持该层的功能。图13.6给出了TCP/IP的协议集。各层的主要功能为:

应用层	HTTP、SMTP、FTP、Telnet…
传输层	TCP、UDP
网络层	IP
物理层	LAN、MAN、WAN

图13.6 TCP/IP协议集

(1) **应用层**:对应OSI模型的应用层,为用户提供各种网络应用程序及应用层协议,如HTTP协议实现Web文档的请求和传送,STMP协议实现电子邮件的传输,FTP协议实现文件传输等。

(2) **传输层**:对应OSI模型的表示层、会话层和传输层,提供应用层之间的通信,使两个网络节点之间可以进行会话。主要包括TCP协议和UDP协议,TCP协议提供可靠的面向连接的传输服务,UDP协议提供简单高效的无连接服务。

(3) **网络层**：对应OSI模型的网络层，解决两个不同的计算机之间的通信问题。网络层是TCP/IP分层模型的关键部分，IP协议是TCP/IP协议的核心，IP协议定义了IP数据包的格式以及若干路由协议。

(4) **物理层**：对应OSI模型的数据链路层和物理层，负责接收数据并把数据发送到指定网络上，可以支持各种采用不同拓扑结构、不同传输介质的底层物理网络。

采用TCP/IP协议的通信过程是：计算机A中的应用程序将本机的信息代码按照一定的标准格式进行转换，并将其传送到传输层；传输层通过TCP协议将应用程序的信息分解打包，并将这些包发送到网络层；网络层将收到的数据装配成IP包，然后通过IP协议、IP地址和IP路由将IP包传送给与之通信的计算机B；计算机B收到IP包后根据IP协议将IP包中的数据传送给传输层；传输层根据TCP协议取出数据，送给计算机B的应用程序。这样，通过TCP/IP协议就实现了双方的通信。

13.4.3 互联网提供的服务

计算机网络提供的应用功能通常称为服务。最常见的网络服务就是邮件服务，此外，文件和打印服务、网络电话、网络传真、即时通信、网上购物、电子商务、网络游戏、网络聊天、博客等都是互联网衍生的各种应用。

1. 电子邮件

电子邮件是第一个吸引人们进入计算机网络的应用程序，它使得不常使用计算机的人也可以轻松地收发邮件。要实现电子邮件功能，首先需要有一个邮件账号，也称为邮箱地址，其形式为name@domain.xxx。其中name为个人的姓名标识；domain为域标识，对企事业单位而言是单位名称，如microsoft、ccut；对ICP而言是ICP的名称，如163、263；xxx是组织或企业，如net、com。

编辑方便、传送速度快、无纸化、成本低是电子邮件相比于纸介质邮件的最大特点。由于几乎没有传递成本，于是也变成了广告推销、信息发布的上选平台，全世界30%的邮件都是企业或个人群发的广告邮件，其中大部分是垃圾邮件。

2. 文件和打印服务

文件服务是指使用文件服务器提供数据文件和磁盘空间的共享功能。文件服务是网络的最初应用，至今仍是网络的基础应用。文件服务由FTP应用程序提供，遵循TCP/IP协议中的文件传输FTP协议。

打印服务是指使用打印服务器来共享网络上的打印机。打印服务可以使高质量的、价格很昂贵的打印机同时为整个部门提供打印服务。

3. 即时通信

自ICQ开始，网络上流行着诸如MSN、QQ、淘宝旺旺之类的软件，用户需要下载该软件，并注册一个账号。登录到网络中以后，可以添加好友、和好友文本聊天，还可以视频聊天、群聊等，这类软件就是即时通信。现在流行的即时通信软件还带有其他信息频道，如游戏、购物、广告等。QQ是中国的腾讯公司提供的，前身是OICQ，在美国版的ICQ前面加了个字母O。OICQ的意思是："Oh, I Seek You!"。QQ是全球用户最多的即时通信软件。

由于肢体语言在网络上无法传输，于是就出现了用“图释”的文本来代替肢体语言的表情记号。:-)代表一张笑脸，表明一种赞扬；;-)代表眨眼一笑，表示一种讥笑或讽刺的表情；:-(代表皱眉头，表示或许是先前的话惹怒了他；:-|表示冷漠；:->表示极度的讽刺。

4. WWW 服务

WWW 的中文名为万维网，简称为 Web，是 Internet 技术发展中一个重要的里程碑，WWW 服务使得即使一个人只会在计算机屏幕上点击鼠标，也能漫游于 Internet。万维网由互相连接的被称为网页的文档组成，每个网页都有一个单独的地址，称为 URL(统一资源定位符)，一个典型的网站是围绕一个主页来组织的，主页是一个网站的入口，是这个网站上其他网页的进入点。一旦进入了网站，就可以通过点击这个网站上的超链接跳转到不同的网页。超链接方式能够让人们按各自的不同需求来浏览和获取信息而不是按照传统的“从头到尾”的线性方式。

提姆·伯纳李(Tim Berners-Lee)是麻省理工学院计算机科学研究室的第一任 3Com(Computer Communication Compatibility，计算机通信兼容性)主席，被美国《时代》杂志评为 20 世纪 100 名最重要的人物之一。1984 年，他获得了日内瓦的欧洲核子研究中心 CERN 提供的经费，从事科学数据的远程调用系统和分布式实时系统的开发。1990 年，他提出了万维网，并创建了一套技术规则和构建格式化文档的 HTML 语言，以及能让用户访问全世界站点上文件的浏览器。

5. 远程登录服务

远程登录服务又称为 Telnet 服务，它允许一个用户通过 Internet 登录到一台计算机上，使自己的计算机成为远程计算机的一个仿真终端。具体地说，用户在本地运行 Telnet 客户程序，然后客户程序与远程计算机服务程序建立连接，链路一旦建立，用户在本地输入的命令或数据可以通过 Telnet 程序传输给远程计算机，而远程计算机的输出通过 Telnet 程序显示在本地计算机的屏幕或其他输出设备上。

6. 信息检索

网络上有一句流行语“知之为知之，不知 Google 知”。搜索引擎是 Internet 上的一个 WWW 服务器，其主要任务是在 Internet 中主动搜索其他 WWW 服务器中的信息并对其自动索引，将索引内容存储在可供查询的大型数据库中，用户可以利用搜索引擎提供的分类目录和查询功能查找所需要的信息。常用的搜索引擎有 Google、百度等。

思考题

1. TCP/IP 不是国际标准化组织制定的标准，但它是网络上既成事实的工业标准，这说明了什么？

2. 互联网应该提供哪些服务？你想到的应用互联网都提供了吗？哪些服务还可以

做得更好？"脸谱"网站比其他类似网站好在哪里？

阅读材料：我国 Internet 的起源和发展

1989 年，中科院、清华大学、北京大学经过竞争，获得世界银行贷款，分别建设中科院、清华、北大网。1990 年 4 月，启动中关村地区教育与科研示范网 NCFC，1992 年该网建成，实现了中科院与北京大学、清华大学三个单位的网络互联。1994 年 4 月，NCFC 通过美国 SPRINT 公司以 64Kb/s 连入国际 Internet，NCFC 是连入 Internet 的第 71 个国家级网。从此，我国开始了大规模的信息化建设和 Internet 级的对外开放。到目前为止，中国接入 Internet 的四大主干网分别是面向教育和科研单位的 CERNET、面向商业用户和一般个人用户的 ChinaNET、面向科研机构的 CSTNET 和面向国家公用经济信息用户的 ChinaGBN。

1994 年 10 月，以清华大学为首的 100 个大学联合，启动了组建中国教育和科研计算机网 CERNET，1995 年 12 月完成建设任务。CERNET 建成包括全国主干网、地区网和校园网在内的三级层次结构的网络，全国网络中心位于清华大学，分别在北京、上海、南京、广州、西安、成都、武汉和沈阳 8 个城市设立地区网络中心。CERNET 是为教育、科研和国际学术交流服务的非盈利性网络。

1995 年 11 月，邮电部(信息产业部)委托美国信亚有限公司和中讯亚信公司承建中国公用计算机互联网 ChinaNET，1996 年 6 月在全国正式开通。ChinaNET 是基于 Internet 网络技术的中国公用 Internet 网，是中国具有经营权的 Internet 国际信息出口的互联单位。ChinaNET 是面向社会公开开放的、服务于社会公众的大规模的网络基础设施和信息资源集合，它的基本建设就是要保证内通外联，即保证大范围的国内用户之间的高质量的互通，进而保证国内用户与国际 Internet 的高质量的互通。

1995 年，在 NCFC 和中科院网 CASnet 的基础上，建成了中国科技网 CSTNET。CSTNET 拥有科学数据库、科技成果、科技管理、技术资料和文献情报等科技信息资源，向国内外用户提供科技信息服务。

中国金桥网(即国家公用经济信息网)ChinaGBN 以光纤、卫星、微波、无线移动等多种信息传播方式，和传统的数据网、电话网和电视网相结合并连入 Internet。

自 1993 年起，按照纵向业务系统的需要，我国启动了一系列的"金"字工程，如信息产业部的"金桥"工程、金融系统的"金卡"工程、公安系统的"金盾"工程、海关系统的"金关"工程、税务系统的"金税"工程、卫生系统的"金卫"工程，等等，这些金字工程都是以计算机网络作为信息基础设施。

习　题　13

一、选择题

1. 计算机网络最突出的优点是(　　)。

　A. 运算精度高　　B. 内存容量大　　C. 运算速度快　　D. 共享资源

2. 下述对广域网的作用范围叙述最准确的是(　　)。

A. 几千米到几十千米　　B. 几十千米到几百千米

C. 几十千米到几千千米　　D. 几千千米以上

3. 互联网的基本含义是(　　)。

A. 计算机与计算机互联　　B. 计算机与计算机网络互联

C. 计算机网络与计算机网络互联　　D. 国内计算机与国际计算机互联

4. 在OSI参考模型中,处于数据链路层与传输层之间的是(　　)。

A. 物理层　　B. 网络层　　C. 会话层　　D. 表示层

5. 按照TCP/IP协议,接入Internet的每一台计算机都有一个唯一的地址标识,这个地址标识是(　　)。

A. 主机地址　　B. 网络地址　　C. IP地址　　D. 端口地址

二、简答题

1. 什么是计算机网络?根据覆盖范围的大小,可以将计算机网络分为哪几类?

2. 为什么网络体系结构要采用分层模型?

3. 简单说明TCP/IP的协议集。

4. 网络互联设备的作用是什么?有哪些网络互联设备?

5. Internet服务主要有哪些?你能够熟练使用其中的哪些服务?

三、讨论题

1. 你每周花费多少时间徜徉在互联网上?都做些什么?那些时间值得付出吗?网络改变了你的社会活动了吗?谈谈你对网络的看法。

2. 照片有多大的所有权?假定一个人把他的照片放到了一个网站上,有人把照片下载并进行了修改,然后再传播到网上,使得照片所有者的名誉受损。那么,这张照片的所有者如何维护他的名誉?

第14章 网络安全

CHAPTER

随着计算机技术的不断发展和计算机网络的广泛应用，网络安全问题已经从一个单纯的技术问题上升到关乎社会经济乃至国家安全的战略问题，上升到关乎人们的工作和生活的重大问题。本章讨论的主要问题是：

① 什么是网络安全？常见的网络安全问题有哪些？

② 为了达到保护信息的目的，可以将信息进行加密，什么是信息加密？具体加密过程是怎样的？

③ 计算机系统的安全性常常取决于系统能否正确识别用户的身份，计算机系统如何对用户的身份进行确认和鉴别？

④ 如何将安全问题阻挡在网络之外？如何检测网络系统是否被入侵？

【情景问题】 在互联网时代还有个人隐私吗

启动浏览器并登录 www. google. com 网站，在 search 框中输入你的名字，你能猜测到会出现什么吗？恐怖的“人肉搜索”令人触目惊心也令法学界争论不休。人们不禁怀疑：在互联网时代还有个人隐私吗？

1990 年，美国 Epson 公司的雇员发现老板将雇员的电子邮件打印出来，随后递交了集体诉状，控告 Epson 公司未经允许监听雇员的电子邮件。而 Epson 公司认为公司有权对任何通过公司计算机存储、发送和接收的信息进行处置。法庭判决 Epson 公司胜诉。

1995 年，美国政府通过立法规定数字电话系统必须包括额外的交换机进行电子监听，这个法案在损害个人隐私的情况下保证了 FBI 享有窃听的权力。政府坚持认为窃听是与有组织的犯罪活动进行斗争的一个重要武器。

数据库中存储的大多是个人信息，而本人却对它几乎没有任何控制权，具有讽刺意味的是，将我们从日常生活中解放出来的数据库技术，同时也是剥夺了我们个人隐私的工具。当黑客侵入银行数据库时，银行的每一位客户的隐私就处于危险之中。

毫不夸张地说，计算机已经威胁到我们的隐私，在我们不知道也不愿意的情况下，企业和政府机构的数据库收集和共享大量关于我们的个人信息，互联网检测软件可能记下了我们在网上的活动，黑客可能窃取了我们的账号和密码，邮件传输系统可能阅读了我们的电子邮件……

14.1 什么是网络安全

14.1.1 网络安全的定义

网络安全是指为保护网络不受任何损害而采取的所有措施的综合，一般包含网络的保密性、完整性和可用性等三方面的内容。**保密性**是指网络能够阻止未经授权的用户读取保密信息；**完整性**包括资料的完整性和软件的完整性，资料的完整性是指在未经许可的情况下，确保资料不被删除或修改，软件的完整性是指确保软件程序不会被误操作、怀有恶意的人或病毒修改；**可用性**是指网络在遭受攻击时确保得到授权的用户可以使用网络资源。

14.1.2 常见的网络安全问题

随着计算机网络特别是 Internet 的不断普及，网络安全问题越来越严重。黑客阵营的悄然崛起，使得像美国国防部这样安全措施非常周密的网络系统都会遭受攻击。网上传播的病毒时时刻刻都在威胁着用户数据和计算机系统。系统的安全漏洞已经不再被为数不多的专业人士知道。常见的网络安全问题有以下几类。

1. 病毒

计算机病毒是一种人为蓄意制造的、以破坏为目的的程序，它寄生于其他应用程序或系统的可执行部分，通过部分修改或移动程序，将自我复制加入其中或占据宿主程序的部分而隐藏起来，在一定条件下发作，破坏计算机系统。之所以称为病毒，是因为它具有生物病毒的某些特征——破坏性、传染性、寄生性和潜伏性。

病毒与计算机相伴而生，Internet 更是病毒滋生和传播的温床。从早期的小球病毒到引起全球恐慌的梅丽莎和 CIH，病毒一直是计算机系统最直接的安全威胁。

2. 木马

木马（全称为特洛伊木马）是在执行某种功能的同时进行秘密破坏的一种程序。木马程序经常在共享网络上传递，当一个不知情的人下载和运行木马程序时，可能会删除文件、改变数据、将一些重要的文件发送出去、在当前主机上设置一些后门或产生其他破坏作用。木马可以完成非授权用户无法完成的功能，也可以破坏大量数据。

> 特洛伊木马这个名词来源于古希腊神话。希腊攻打特洛伊城，由于特洛伊军队骁勇善战，希腊人一直无法打败他们。经过一场激烈的战斗后，希腊人假装撤退，并留下一只大木马。特洛伊人将木马当成战利品抬入城内。到了夜晚，当特洛伊人庆祝胜利时，躲在木马中的希腊勇士趁大家不注意打开城门，大批的希腊军队蜂拥而入，打败了特洛伊军队。

3. 黑客

在20世纪70年代末，斯坦福大学和麻省理工学院的分时系统吸引了一个由计算机狂热者组织的非正式的社会团体，这些人自称为黑客(hacker)，他们喜欢研究计算机系统的细节并针对系统漏洞编写程序。黑客极度聪明、偏执、狂热，但不会破坏计算机系统，事实上，许多早期的黑客实际上都是微型计算机体系结构的设计者。骇客(cracker)是指怀着不良企图，闯入甚至远程破坏计算机系统的人。骇客利用获得的非法访问权拒绝合法用户的服务请求，窃取或破坏重要数据，甚至进行网络敲诈。有些人可能既是黑客也是骇客，这种人的存在模糊了对这两类群体的划分，在多数人看来，黑客就是骇客。因此，一般情况下，**黑客是指通过网络非法进入他人系统，截获或篡改计算机数据，危害信息安全的计算机入侵者或入侵行为**。随着计算机网络在政府、军事、金融、医疗、交通、电力等各个领域发挥的作用越来越大，黑客的各种破坏活动也随之猖獗。

4. 系统的漏洞和后门

操作系统和网络软件不可能完全没有缺陷和漏洞，TCP/IP协议中也可能有被攻击者利用的漏洞，这些缺陷和漏洞恰恰是黑客进行攻击的首选目标。另外，软件的后门通常是软件公司编程人员为了自便而设置的，一般不为人所知，而一旦后门被打开，造成的后果将不堪设想。

5. 内部威胁和无意破坏

事实上，大多数威胁来自企业内部人员的蓄意攻击，大部分计算机罪犯是那些能够进入计算机系统的职员。此外，一些无意失误，如丢失密码、疏忽大意和非法操作等都可能对网络造成极大的破坏。据统计，此类问题在网络安全问题中的比例高达70％。

思考题

1. 你认为编程人员为了自便而设置后门是否合理？这些后门是否应该记录在文档中？

2. 黑客都是掌握较高计算机技术的高手吗？为什么？

14.2　信息加密

14.2.1　什么是信息加密

所谓**信息加密就是使用数学方法来重新组织、变换数据**，使得除了合法的接收者之外，其他任何人都不能恢复被加密的信息，从而达到信息隐藏的作用。换言之，即使被加密信息被窃取，非法用户得到的是一堆杂乱无章的数据，而合法用户通过解密处理，可以恢复被加密信息。任何一个加密系统都是由明文、密文、密钥和加密算法组成的。加密前的信息称为**明文**，加密后的信息称为**密文**。**加密**是将明文变成密文的过程，**解密**是将密文变成明文的过程，加密和解密所采取的变换方法称为**加密算法**。为了有效地控制加密和解密过程的实现，在处理过程中要有通信双方掌握的专门信息的参与，这种专门的信息称为**密钥**。

信息的保密性可以根据信息的重要程度及保密要求分为不同的密级。例如,国家根据秘密泄露对国家经济、安全利益等产生的影响(或后果)不同,将国家秘密分为秘密、机密和绝密三个等级。

按照收发双方密钥是否相同,可以将加密算法分为对称加密(也称为单钥密码体制)和非对称加密(也称为双钥密码体制)。

14.2.2 对称加密

在对称加密中,信息的加密和解密使用同一密钥,如图 14.1 所示。对称加密的优点是安全性高、加密速度快。缺点是密钥的传输和管理,尤其在网络上很难做到在绝对秘密的安全信道上传输密钥,而且在网络上无法解决消息确认和自动检测密钥泄露问题。

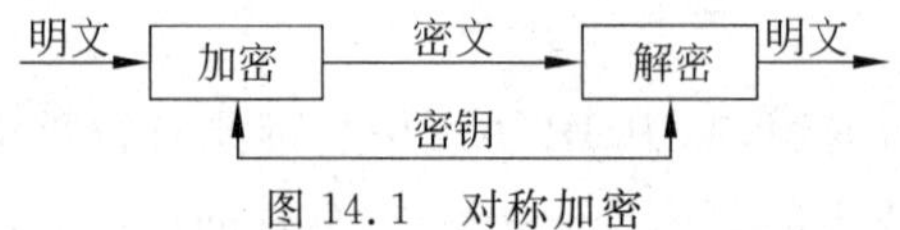

图 14.1 对称加密

一种简单的对称加密算法是恺撒加密,因朱迪斯·恺撒在其政府的秘密通信中使用而得其名。恺撒加密的基本思想:是给定一个字母表和一个密钥 key,将明文中的每个字母在字母表中向后移动 key 个位置得到密文。例如,假设字母表为英文字母表,key 等于 3,则将明文 computer systems 加密为 frpsxwhu vbvwhpv。恺撒密码的解密是逆向的加密,也就是将密文中的每个字母在字母表中向前移动 key 个位置即可得到明文。例如,用同一个密钥 key 将密文 frpsxwhu vbvwhpv 解密为 computer systems。

比较常用的对称加密算法有美国的 DES 及其各种变形和欧洲的 IDEA。DES 是一种分组加密,将明文分为 64 位的分组,使用 64 位的密钥,对每一个分组反复使用替代和换位技术实现加密过程。

1972 年和 1974 年,美国国家标准局(NBS)先后两次向公众发出了征求加密算法的公告。1977 年 1 月,美国政府采纳了 IBM 公司设计的数据加密方案 DES 作为非机密数据的正式数据加密标准,后来又被国际标准化组织采纳为国际标准,是世界上最早的实用密码算法标准。

14.2.3 非对称加密

在非对称加密中,信息的加密和解密使用不同密钥,参与加密过程的密钥公开,称为公钥,参与解密过程的密钥为用户专用,称为私钥,两个密钥必须配对使用,如图 14.2 所示。

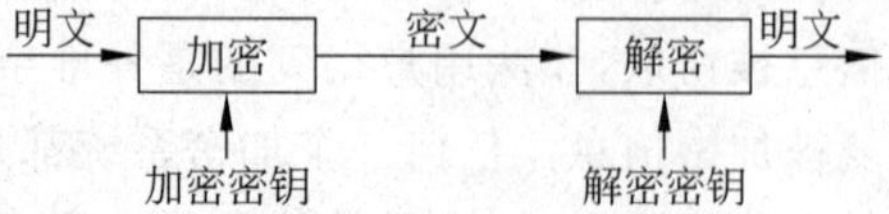

图 14.2 非对称加密

比较常用的非对称加密算法有 RSA、背包算法等。RSA 算法的工作原理如下:首先取两个质数,如 $p=11$,$q=13$,计算 $n=p\times q=143$;其次计算 $z=(p-1)\times(q-1)=120$;再

选取一个与 z 互质的数 e，如 $e=7$；计算 d，满足 $(e\times d) \bmod z=1$，如 $d=103$。则 (n, e) 和 (n, d) 分别为公钥和私钥。

设 X 要将信息 $s=85$ 传送给 Y，X 已经知道 Y 的公钥是(143, 7)，于是 X 计算加密后的信息值 $c=s^e \bmod n=85^7 \bmod 143=123$，然后将 c 传送给 Y，Y 用只有自己知道的私钥(143, 103)计算 $s=c^d \bmod n=123^{103} \bmod 143=85$，得到明文。

Y 向公众提供了公钥，密文 c 又是通过公用信道传送的，其安全性何在？回答是：只要 n 足够大，例如 512 比特，p 和 q 的位数差不多，任何人只知道公钥是无法计算出私钥的，RSA 算法基于一个十分简单的数论事实：将两个大素数相乘十分容易，但是将这个乘积分解因子却极端困难，因此可以将乘积公开作为加密密钥。

> 非对称加密算法 RSA 是由 R. Rivest、A. Shamir 和 L. Adleman 于 1978 年提出的，RSA 就是来自于这三位发明者姓的第一个字母。1982 年，他们创办了以 RSA 命名的公司和实验室，该公司和实验室曾经在双钥密码体制的研究和商业应用推广等方面占有举足轻重的地位。

思考题

1. 对称加密的安全性取决于密钥是否被泄露，是否能以猜测的方式猜出对称加密的密钥？

2. RSA 的安全性取决于从公钥 (n, e) 计算出私钥 (n, d) 的困难程度，也就是从 n 中找出它的两个质因数 p 和 q，这很难吗？为什么？

14.3 数字认证

数字认证既可用于对用户的身份进行确认和鉴别，也可用于对信息的真实可靠性进行确认和鉴别，以防止冒充、抵赖、伪造、篡改等问题。数字认证技术涉及身份认证、数字签名、数字时间戳、数字证书和认证中心等，下面介绍身份认证和数字签名。

14.3.1 身份认证

身份认证是一种使合法用户能够证明自己身份的方法，是计算机系统安全保密防范最基本的措施。主要的身份认证技术有以下三种。

1. 口令验证

口令验证是常用的一种身份认证手段，使用口令验证的最大问题就是口令泄露。口令泄露可以有多种途径，例如，登录时被他人看见，攻击者可以从存放口令的文件中读取，口令可能被攻击者猜测出，等等。

> 根据美国贝尔实验室的研究发现，用户一般都会选择自己居住的城市名或街道名、门牌或房间号码、汽车号码、电话号码、出生年月日等作为口令，这些口令被猜测出来的可能性超过 85%。

2. 身份标识

身份标识是用户携带用来进行身份认证的物理设备,例如,存储用户身份的磁卡存储着关于用户身份的一些数据,用户通过读卡设备向联网的认证服务器证明自己的身份。

3. 生物特征标识

人类的某些生物特征具有很高的个体性和防伪造性,如指纹、视网膜、耳廓等,世界上几乎没有任何两个人是相同的,因而这种验证方法的可靠性和准确度极高。

14.3.2 数字签名

签名主要起到认证、核准和生效的作用,例如日常生活中从银行取款等事务的签字等,传统上都采用手写签名。手写签名有两个作用:一是自己的签名难以否认,从而确定已签署这一事实;二是因为签名不易伪造,从而确定了事务是真实的这一事实。随着信息技术的发展,人们可以通过计算机网络进行快速、远距离的事务活动,数字签名应运而生。数字签名与日常生活中的手写签名效果一样,它不但能使信息接收者确认信息是否来自合法方,而且可以为仲裁者提供信息发送者对信息签名的证据。

数字签名主要通过加密算法和证实协议实现。例如,利用 RSA 算法进行数字签名的过程如下。

假设 Y 要向 X 发送能够证明 Y 身份的信息 m,必须让 X 确信该信息是真实的,是由 Y 本人发出的。为此,Y 用自己的私钥(n, d)计算 $s=m^d \bmod n$,建立了一个数字签名,通过公用信道发送给 X,X 使用 Y 的公钥(n, e)对收到的 s 进行解密 $s^e \bmod n=m$,这样 X 经过验证,知道信息 s 确实代表了 Y 的身份,只有他本人才能发出这一信息,因为只有他自己知道私钥(n,d),其他任何人即使知道 Y 的公钥(n,e)也无法猜测或计算出 Y 的私钥来冒充他的签名。

思考题

1. 用户自己设置口令往往容易被猜测出来,能不能在用户的参与下由计算机系统自动生成随机口令呢?

2. 数字签名是由用户操作计算机来完成的,如果一个非法用户操作计算机完成数字签名,这个合法用户该如何澄清真相呢?

14.4 网络检测与防范

14.4.1 防火墙

防火墙是一种用来加强网络之间访问控制的特殊网络互联设备,它对网络之间传输的数据包和链接方式按照一定的安全策略进行检查,以此决定网络之间的通信是否被允许。防火墙能有效地控制内部网络与外部网络之间的访问及数据传送,从而达到保护内部网络的信息不受外部非授权用户的访问和过滤不良信息的目的,防火墙对内部网络的保护作用如图 14.3

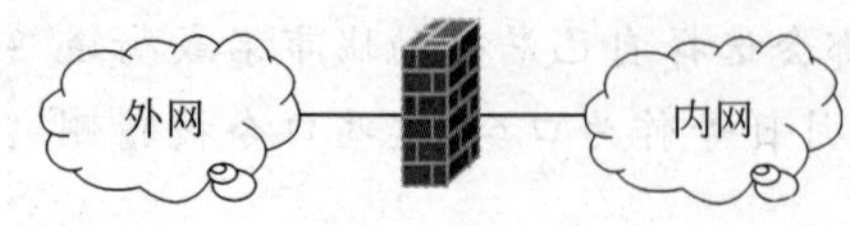

图 14.3 防火墙对内网的保护作用

所示。防火墙作为内部网络和外部网络之间的一道安全屏障，应该具有以下特性。

(1) 所有在内部网络和外部网络之间传输的数据必须经过防火墙；

(2) 只有被授权的合法数据，即防火墙系统中安全策略允许的数据可以通过防火墙；

(3) 理论上说，防火墙本身应该不受各种攻击的影响。

防火墙这个术语源于生活中的一项安全措施。古时候，人们常在寓所之间砌起一道砖墙，一旦发生火灾，这道砖墙能够阻止火势蔓延到别的寓所。

防火墙的工作原理是：如果外网的用户要访问内网的 WWW 服务器，首先由分组过滤路由器来判断外网用户的 IP 地址是不是内网所禁止使用的。如果是禁止进入节点的 IP 地址，则分组过滤路由器将会丢弃该 IP 包；如果不是禁止进入节点的 IP 地址，则这个 IP 包不是直接被送到内网的 WWW 服务器，而是被送到应用网关，由应用网关来判断发出这个 IP 包的用户是不是合法用户。如果该用户是合法用户，该 IP 包才能被送到内网的 WWW 服务器去处理；如果该用户不是合法用户，则该 IP 包将会被应用网关丢弃。这样，就可以通过设置不同的存取控制策略来实现不同的网络安全策略。

14.4.2　入侵检测

入侵检测是指主动地从计算机网络系统中的若干关键点收集信息并分析这些信息，确定网络中是否有违反安全策略的行为和受到攻击的迹象，并有针对性地进行防范。入侵检测的结果可以帮助发现网络系统中存在的脆弱性，便于安全策略的修正。可见，入侵检测是对入侵行为的发觉，它的作用是发现那些已经穿过防火墙进入到内网或是内部的黑客，而不是阻止黑客的攻击。

1980 年，Anderson 为美国空军做了一场题为《计算机安全威胁监控与监视》(Computer Security Threat Monitoring and Surveillance)的技术报告，第一次详细地阐述了入侵检测的概念，并首次为入侵检测提出了一个统一的架构。

完成入侵检测的软硬件系统就是入侵检测系统，它被设置在防火墙的后面，作为外网与内网之间的第二道屏障，如图 14.4 所示。

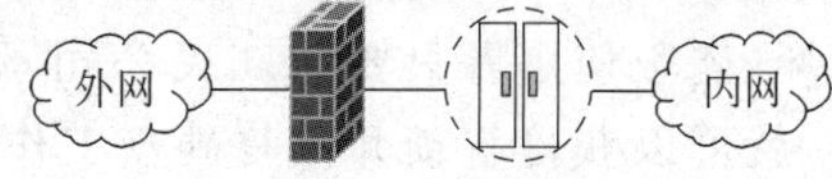

图 14.4　入侵检测的位置

入侵检测技术主要基于误用检测和异常检测。误用检测也称特征检测，是按照预先模式搜寻与已知特征相悖的事件，因此，误操作引起的事件很容易被发现。异常检测是将正常用户的行为特征轮廓与实际用户进行比较，并标识出正常和异常的偏离，因此，异常事件很容易被发现。此外，还有免疫系统法、遗传算法、基于代理检测和数据挖掘等方法。

思考题

1. 如何定义系统(或用户)的某些行为是否异常？异常行为容易被检测出来吗？

2. 既然防火墙能够保护内部网络，为什么内部网络还会病毒泛滥？还会频繁地遭受黑客的攻击？

阅读材料——逻辑炸弹

中国计算机学会编的《英汉计算机词典》对逻辑炸弹给出的定义是："所谓逻辑炸弹是指在计算机内有意安排的插入程序，并在一定的时间或特定的条件下执行，有可能使整个系统瘫痪或大量信息被删除。"例如，一个程序员可能设计这样一个逻辑炸弹，当他的名字从公司文件中删除时，就运行程序破坏数据文件。一个特定的使用者登录，一个特定的编码被输入到数据库中，或者使用者执行特定顺序的操作，都可能引发逻辑炸弹的爆炸。

1997年9月8日，北京市公安局就KV300 L++版反病毒软件设置"逻辑锁"事件，以故意输入有害数据、危害信息系统安全为由，作出了对北京江民新技术有限公司罚款3000元的行政处罚决定。虽然"逻辑锁"事件已经过去很多年了，但是此案在我国软件界、知识产权界和计算机安全界存在着很大的争议和分歧，分析、思考和总结经验教训是十分重要的。

1. 背景资料

北京江民新技术有限公司的KV300杀毒软件，在当时是一个颇有名气的优秀软件，连续几年在联邦排行榜上都名列前茅。据王江民先生介绍，有一个免费网页"毒岛论坛"（是通过美国一家公司的服务器建立在互联网上）公然下载包括KV300在内的国内主要杀毒软件的解密工具软件，使得一度有所收敛的盗版活动死灰复燃。江民公司在KV300 L++版中设置逻辑锁是不惜以绵薄之力奋起抗争。

2. 逻辑炸弹还是逻辑锁

江民公司被指控在杀毒软件中设置逻辑炸弹，江民公司予以否认。江民公司是这样陈述的：北京江民新技术有限公司在KV300 L++版中加入的逻辑锁，是一个具有智能判断能力的反盗版程序，程序的机制是在盗版者使用"毒岛论坛"提供的解密复制盗版盘并上机运行时，其逻辑锁判断程序即可准确识别出盗版盘来，立即启动锁死盗版者的电脑硬盘，迫使电脑停止工作，硬盘数据无法使用。所以，这个逻辑锁对正版KV300的使用者决不会有任何误锁，再说，逻辑锁对硬盘数据没有进行任何破坏，盗版使用者只要向江民公司承认其盗版行为，经江民公司向有关部门登记备案，就可以获得解锁并恢复硬盘工作。王江民先生说："盗版使用者一旦使用盗版软件，逻辑锁马上将这部计算机的存储器锁住，就像小偷被反锁在屋里，只有版权人才能用'钥匙'解开。"江民公司认为，逻辑锁锁住后可以用钥匙打开，而被逻辑炸弹炸毁将不可修复。

对照逻辑炸弹的定义，找不到"不可修复"这一要件或附加条件。将江民公司设置的技术行为与逻辑炸弹的定义相对照，可以得出结论：该行为确实是设置了逻辑炸弹的行为，这应当是学术上的结论。但是，"逻辑锁"在专业词典中没有定义，因此，逻辑锁的说法只能是一种比喻，不能当成技术术语。

3. 公共利益优先还是著作权优先

如何认识社会公共秩序与著作权人的利益之间的冲突,各界认识也不尽统一。通常,著作权法的基本思想是保持作者和其他著作权人利益之间的冲突,在著作权人和广大公众的利益之间,尤其是教育、研究和获得信息的利益之间的平衡。注意这里提到的"广大公众的利益",一个社会应当保持正常的公共秩序,这是公共利益的重要内容,也是国家健康发展、民众安居乐业的起码条件。公共社会秩序相对于某个人或某个单位的著作权权益来说,前者是"公利益",后者是"私利益"。

为了认识江民公司设置逻辑炸弹的社会危害性,理解公安部门的处理决定,不妨作个假设:按照江民公司的做法,为了维护自己的著作权就可以在自己的软件中设置逻辑炸弹,那么,我们的计算机系统还有什么起码的安全可言?国家还有什么正常的社会秩序可言?如果一定要作比喻的话,就像家家安装防盗门,但是,如果有人给防盗门通电防盗,就可能会产生严重后果,一是通电安装者无权实施这种可能危害公共安全的行为;二是无论是无辜受害者还是小偷,安装者都无权处置,这是任何法制社会的法律常识。

从这一案例中读者可以看出计算机法律问题的复杂性和立法的艰巨性。所以,计算机法律问题绝不仅仅是作出某些简单的规定就能够解决的,而是需要从计算机与法律两个不同的角度对复杂的新事物进行深入的分析,进而梳理出新的思路和解决办法。

习　题　14

一、选择题

1. 黑客行为是指(　　)。

   A. 非法闯入计算机系统　　B. 测试计算机系统的极限

   C. 非法拷贝软件　　D. 制造计算机病毒

2. 关于计算机病毒,正确的说法是(　　)。

   A. 计算机病毒可以烧毁计算机的电子器件

   B. 计算机病毒是一种传染力极强的生物细菌

   C. 计算机病毒是一种人为制作的具有破坏性的程序

   D. 计算机病毒一旦产生便无法清除

3. 大部分计算机罪犯是(　　)。

   A. 黑客　　B. 学生　　C. 职员　　D. 软件设计者

4. 防止内部网络受到外部网络攻击的主要防御措施是(　　)。

   A. 防火墙　　B. 杀毒软件　　C. 数据加密　　D. 数据备份

二、简答题

1. 举例说明信息加密的过程。
2. 常见的网络安全问题有哪些?如何避免这些网络安全问题?
3. 什么是防火墙?它的主要功能是什么?

三、讨论题

1. 你认为是什么原因促使某些人开发计算机病毒和其他带有破坏性的程序？调查几种病毒的产生过程来证实你的猜测。

2. “熊猫烧香”是用Delphi编写的蠕虫病毒，《瑞星2006安全报告》将其列为十大病毒之首，主犯李俊被判刑4年，李俊获减刑出狱后，杭州一家公司想以百万年薪聘请他。你如何看待这个问题？

3. 数字水印技术是图像加密的最新技术，请上网查找相关技术及其使用案例。

第 7 部分　职业道德篇

任何一个职业都要求其从业人员遵守一定的职业和道德规范，同时承担起维护这些规范的责任。虽然这些职业和道德规范没有法律法规所具有的强制性，但遵守这些规范对行业的健康发展至关重要。

第 15 章介绍与计算机技术有关的专业岗位；讨论道德与法律的不同，以及在遇到两难境地时如何进行道德选择；介绍 IEEE 制定的工程师道德规范，以及 IEEE-CS 和 ACM 联合制定的软件工程师道德规范；讨论由于计算机和互联网的广泛应用带来的新的法律问题，介绍与计算机相关的法律法规。

第15章 职业与职业道德

CHAPTER

任何一个职业都要求其从业人员遵守一定的职业和道德规范，计算机从业人员也需要遵守基本的道德规范、道德准则和职业道德。本章讨论的主要问题是：

① 信息时代需要什么样的计算机人才？与计算机技术有关的专业岗位有哪些？

② 当你在学习、工作和生活中遇到道德上的两难境地时，如何进行道德选择？

③ 计算机从业人员应该遵守哪些职业道德？软件工程师应该遵守哪些职业道德？

④ 如何保护计算机软件的知识产权？与计算机相关的法律法规都有什么？

【情景问题】 谁来为软件错误负责

软件作为一种思维产品和其他产品相比，有着很多不同的特性，几乎所有的软件在特定条件下都会有意想不到的行为。我们这个社会已经过于依赖计算机技术，如果一个计算机系统出现了软件错误导致了某种严重的后果，谁应该为这个软件错误负责？谁应该为这个严重后果负责？

如果一个程序员帮助开发了一个暴力性的计算机游戏，那么他对这个游戏的任何后果要负多大的责任？假如这个暴力性的计算机游戏是一个大型的软件系统，需要很多人一起开发，但是只有少数人掌握整个系统的完整情况。对于一个员工来说，他不了解全部情况却为这个项目编写了程序，那么他对这个游戏的任何后果要负多大的责任？

当专家系统做出决策时，谁应该对这个决策负责？例如，如果一名医生利用专家系统协助手术但手术失败了，谁应该承担这个责任？是医生、程序员、软件公司还是其他人？在计算机技术不断发展的同时，消费者、律师、立法者和技术人员将不得不面对这类问题。

开发计算机软件的过程是将思想转化为可以工作的计算机程序的过程，是人类所做的最具智力挑战的活动之一，因此，没有一个计算机系统是绝对安全的。即使最好的程序员也会写出有错误的程序，但是，程序员应该明白哪些错误是可以谅解的，哪些错误是由于程序员的疏忽造成而不可原谅的，从而尽量避免错误。一个尽责的程序员应该尽可能做好本职工作，配合大家对代码进行多次复查以确保每一个程序尽可能正确，尽可能排除错误隐患。

15.1 专业岗位

当今世界已经迈入信息时代，信息技术与信息产业成为推动社会进步和社会发展的主要动力。拥有足够数量的、高素质的计算机专业人才是实现信息化社会的保证。在信息化社会中所需要的计算机人才是多方位的，不仅需要研究型、设计型人才，也需要应用型人才；不仅需要开发型人才，也需要维护型、服务型、操作型人才。

15.1.1 信息时代对计算机人才的需求

从20世纪中期开始的信息技术革命是迄今为止历史上最为壮观的科学技术革命，它以无比强劲的冲击力、扩散力和渗透力，在短短几十年的时间里迅速改变了世界，人类文明由工业时代进入了信息时代。

人类文明史上三次里程碑式的变革

1. 农业时代。原始时代的人类大多从事狩猎和采集食物等活动，过着群居的游牧生活。随着人口的增长，人类开始学习驯养动物，种植谷物，使用犁等农业工具，形成了在农场居住和工作，在城镇交换商品和服务的农业社会。

2. 工业时代。在工业时代，越来越多的人进入城市的工厂，工厂的工作为增长的人口提供了较高的物质生活标准。但是，当城镇发展成为城市的时候，犯罪、污染和其他问题也同时在增长。

3. 信息时代。在今天的信息时代，文职人员多于工人，并且越来越多的人通过文字、数字和创意谋生。信息时代迎来了社会改革的浪潮，它可以和以往任何一次改革相媲美。

在人类文明史上三次里程碑式的变革中，劳动力的活动历程从农场到工厂再到办公室，技术是变革的核心。农业经济来自于种植，工业经济来自于机器，信息经济依靠的是计算机，以至于信息时代被称为计算机时代。

在信息时代，大量的信息、技术和知识的产生、传输及服务不仅可以与工业、农业、服务业相并列，而且信息产业的发展速度要远远高于其他产业，信息产业将成为世界上规模最大的产业，信息资源将成为一个国家最重要的战略资源。一个国家如果缺乏高素质的信息人才，没有构建良好的信息环境，缺乏信息资源，将是一个贫穷落后的国家。因此，信息产业发展的关键是相应人才的拥有量。

在信息化社会中所需要的计算机人才是多方位的，从计算机专业毕业生所从事的工作性质来划分，大致上可以将计算机人才分为三类：

① **研究型人才**：主要从事计算机基础理论、新一代计算机及其软件核心技术与产品等方面的研究工作。对这类人才的要求是理论基础扎实、了解科学前沿、研究能力较强、能创造性地应用乃至发展计算机科学理论与技术。研究型人才能主动抓住所从事领域每一时期的发展趋势，同时创造条件，做出一流的研究成果，而不是人云亦云，只会做一些修修补补、缺乏创新精神的、也不知应用前景在何处的学术论文。

② **工程型人才**：主要从事计算机软硬件产品的开发和实现等工程性工作。对这类人才的要求是技术原理的熟练应用，在性能等诸多因素之间、性能和代价之间的权衡能力。工程型人才能够对计算机学科的发展趋势有相当的把握，能游刃有余地、自主地学习掌握工作所必需的新原理、新技术、新工具，而不会被层出不穷的新技术、新产品、新工具所迷惑。

③ **应用型人才**：主要从事企事业与政府信息系统的建设、管理、运行、维护，以及在计算机企业中从事系统集成、售前/售后服务等信息化类型工作。对这类人才的要求是熟悉多种计算机软硬件系统的工作原理，能够从技术上实施和解释信息化系统的构成和配置。

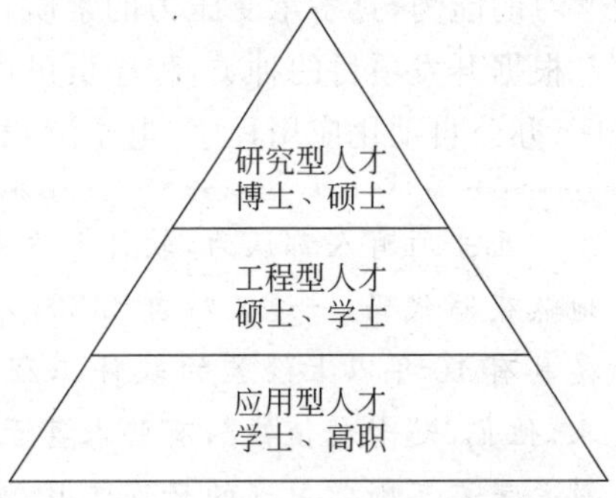

图 15.1　计算机人才的金字塔结构

信息社会对这三种人才的需求呈金字塔结构，如图 15.1 所示。塔尖的领军人物是计算机科学技术发展的灵魂，他们是少数精英人才；塔形结构的中间部分是从事软件生产的程序开发人员和管理人员，他们是计算机科学技术的实现者；塔形结构的基础部分是大量的信息化人才，他们在各种企事业单位承担信息化建设的核心任务。

> 麻省理工学院教授 Michael Cusumano 总结了全球软件产业的三大方向代表：在欧洲，以研究科学的“优雅”态度来开发软件，结果是产生了许多先进的理论，甚至于可以把界面设计得相当完美；在印度，把软件业看成制造业，虽然基础教育和程序员的投入力度都很大，但始终没有摆脱工厂模式，因此无法很好地满足用户的需求；在美国，把软件看成是满足客户需求的产品，结果获得了巨大的成功。所以，尽管欧洲有先进的软件理论，印度有全球最好的软件工人，但几十年过去了，全球最好的软件公司如 Microsoft，IBM，Oracle，Google 等依然是在美国。

15.1.2　有关职位

与计算机科学与技术专业相关的职位很多，在 IT 企业中的有关职位如下。

① **系统分析员**。对系统分析员的要求很高，要求具有比较丰富的项目开发经验，能和有关人员一起做出该企业的需求分析并设计满足这些需求的计算机系统的各项配置，

能组织开发人员并和开发人员一起实现这个计算机系统。

② **Web 网站管理员**。Web 网站管理员的职责主要是设计、创建、监测以及评估更新公司的网站。随着网络的扩展,越来越多的企业使用 Internet 和公司内部局域网,Web 网站管理员的重要性和需求一直在不断增加。Web 网站管理员如能在 Internet 的应用中结合一些美工特长,会更受欢迎。

③ **数据库管理员**。数据库管理员负责企业级数据库的创建、整理、连接以及维护内部数据库,此外,还要存取和监控某些外部(包括 Internet 数据库)数据库。作为一个数据库管理员,还需要掌握一些比较专业的数据库技术,如联机分析技术等。

④ **程序员**。程序员的工作是开发一个软件和修改现有软件,书写技术文档等。许多系统分析员往往是从程序员做起的。对程序员的要求是实践和动手能力强,有独立解决问题的能力,对计算机操作工具和方法的应用技术非常熟练,具备沟通、合作精神,具备持续学习的能力,具备承受压力的素质。

根据开发项目的种类,程序员可以细分为 Web 服务和组件、电子商务应用、移动应用程序、办公自动化应用程序、电子游戏、电脑动画、嵌入式系统等不同的开发方向。

> 几乎所有人都认为,软件开发是年轻人的职业,程序员们一边挥洒着汗水,辛苦地熬夜写代码,一边又对自己 30 岁以后的职业发展充满惶恐。实际上,我国最缺的是具有 10 年以上经验的软件工程师。在印度,在美国,项目经理都是三四十岁的人,他们“越老越值钱”,有些人甚至拥有超过 20 年的行业经验。为什么中国的程序员总是在不断学习新的开发工具、钻研程序代码,而不能逐步提升自己的视野、思维和经验?

⑤ **软件测试工程师**。软件测试工程师负责解释软件产品的功能要求,并对其进行测试,检查软件有没有错误,是否具有稳定性,并写出相应的测试规范和测试文档。由于软件测试是保证软件质量的关键步骤,因此软件测试在软件开发中所占的比重逐渐增大,各软件企业急需优秀的软件测试工程师。

⑥ **网络管理员**。网络管理员应能确保当前通信系统正常运行以及构建新的通信系统时能提出切实可行的方案并监督实施,此外,还要确保计算机系统的安全和个人隐私。在大多数企业中,随着 Internet 在企业通信方面作用的增强,这类职业的重要性也日趋增强。计算机网络衍生的职业还有网络经销师、网络律师、网络安全师等。

⑦ **认证培训师**。许多计算机公司就其产品提供了各种证书,只要通过了这些公司所指定的考试课程就可以获得这些公司授权的机构颁发的证书。例如,微软公司、Cisco 公司、Oracle 公司等都可以颁发认证证书,这些公司本身也有培训师岗位。计算机认证培训师需要对该公司的产品有深入的了解和丰富的使用经验,同时也应该具有一定的教学经验。

其他能够体现专业特色的职位还有系统架构师、需求工程师、质量保障工程师、产品发布工程师、网络安装调试员、办公自动化应用人员、图形图像制作人员等。

思考题

1. 虽然刚走进大学的校门,你想过下列问题吗:大学毕业后能达到一个什么状态?

大学毕业后是找工作还是考研？找工作应该掌握哪些知识具备什么能力？考研应该学好哪些专业课？

2. 在信息化社会中所需要的计算机人才是多方位的，你所在学校的人才培养定位是什么？成功的学长们是如何安排大学的学习生活的？

15.2 职业道德

由于计算机在人类社会的生活中发挥着越来越重要的作用，作为计算机专业人员，在本专业领域的处世行事中都会遇到由于计算机系统的开发和使用而带来的一些特殊的道德问题。因此，计算机从业人员需要遵守基本的道德规范、道德准则和职业道德。

15.2.1 道德选择

道德准则是一定社会调整人与人之间以及个人和社会之间关系的行为规范的综合，它以善与恶、正义与非正义、公正与偏私、诚实与虚伪等道德概念来评价人们的各种行为，通过各种形式的教育和社会舆论的力量，使人们逐渐形成一定的信念、习惯、传统而发生作用。**道德选择**就是在处理与道德相关的事务时，以道德准则为根据，以与道德准则一致为标准，对可能的道德观点和行为进行选择的过程。在今天这个不断变化的社会中，道德选择不是那么容易就做到的，往往要承受来自经济的、职业的和社会的压力，有时这些压力会对我们所信守的道德准则提出挑战。

道德不同于法律，法律面前人人平等，由法庭依据法律进行判决并强制执行，而道德是个人的，在道德判断中因为立场不同，可能没有统一的对错标准，也不能强制执行。当你在学习、工作和生活中遇到道德上的两难境地时，下面方法也许能帮助你做出正确的道德选择：

①了解法律和法规。许多法律法规都是道德尺度的反映。例如，几乎所有人都认为剽窃是错误的，在学校，这种行为属于严重地违反校规，同样，如果未经版权人允许而复制其作品，这种剽窃行为就侵害了他人的版权，是一种违法的行为。

② 法律法规没有严格界定什么是对的，什么是错的，当我们在道德选择产生不一致时，就需要用良心来衡量自己的行为。

③ 利用假定来思考。在许多情况下，同时存在多种不同的价值观和不同的利益，就需要仔细考虑每种选择会带来什么样的后果。

④ 用自己的颜面来衡量。如果你看到你的行为出现在媒体(如报纸、网络)上，你的感觉会如何？如果你会感到尴尬或害羞，那你就应该放弃这种行为方式。

⑤ 记住为人的准则。尽量预防和制止对他人造成危害，并主动做对他人有益的事。此外，“己所不欲，勿施于人”这一普遍原则在每个领域和环境下都是通用的。

15.2.2 工程师的道德规范

IEEE(美国电气电子工程师协会)是一个工程师的组织，它不局限于计算机方面，因此其道德规范涉及的范围比较广，但基本原理是通用的。IEEE 对工程师的道德规范如下。

① 始终如一地以公众的安全、健康和财产作为工程决议的出发点，并及时公布那些可能危及公众和环境的要素；

② 在任何情况下都要避免真实存在的或可察觉的利益冲突，并且在它们出现时要及时地告知受害方；

③ 在发表声明或者对现有数据进行评估的时候，要诚实、不浮夸；

④ 拒绝各种形式的贿赂；

⑤ 提高对技术、应用及各种潜在后果的了解；

⑥ 保持并提高自己的技术竞争力，只有在经过培训和实践取得资格，或者在有关限制安全公开的条件下，才替他人承担技术性任务；

⑦ 探索、接受和提出技术工作的真实评价，承认并改正错误，正确评价他人的贡献；

⑧ 不因他人的种族、宗教、性别、残疾和国籍而出现不公平待遇；

⑨ 不以恶意的行为来影响他人的身体、财产、声誉和职业；

⑩ 在工作中，协助同时并监督工程师遵守该规范。

15.2.3 软件工程师的道德规范

任何一个职业都要求其从业人员遵守一定的职业和道德规范，同时承担起维护这些规范的责任。虽然这些职业和道德规范没有法律法规所具有的强制性，但遵守这些规范对行业的健康发展至关重要。计算机职业也不例外，在计算机日益成为各个领域及各项事务的中心角色的今天，那些直接或间接从事软件设计和软件开发的人员，有着既可以从善也可以从恶的极大机会，同时还影响着周围其他从事该职业的人员。为了能够使软件工程师致力于使软件工程成为一个有益的和受人尊敬的职业，1988年，IEEE-CS和ACM联合特别工作组在对多个计算机学科和工程学科规范进行广泛研究的基础上，制定了《软件工程师资格和专业规范》。该规范不代表立法，它只是向软件工程师指明社会期望他们达到的标准，以及同行们共同追求和相互的期望。该规范要求软件工程师要坚持以下8项道德规范：

① 公众。从职业角色来说，软件工程师应当始终关注公众的利益，按照与公众的安全、健康和幸福相一致的方式发挥作用。

② 客户和雇主。软件工程师应当有一个认知，什么是其客户和雇主的最大利益，他们应该总是以职业的方式担当他们的客户或雇主的忠实代理人和委托人。

③ 产品。软件工程师应尽可能地确保他们开发的软件对于公众、雇主、客户以及用户是有用的，在质量上是可接受的，在时间上要按期完成并且费用合理，同时尽可能没有错误。

④ 判断。软件工程师应完全坚持自己独立自主的专业判断并维护其判断的声誉。

⑤ 管理。软件工程的管理者和领导者应当通过规范的方法赞成和促进软件管理的发展与维护，并鼓励他们所领导的人员履行个人和集体的义务。

⑥ 职业。软件工程师应提高他们职业的正直性和声誉，并与公众的兴趣保持一致。

⑦ 同事。软件工程师应公平合理地对待他们的同事，并应该采取积极的步骤支持社

团的活动。

⑧ 自身。软件工程师应在他们的整个职业生涯中，积极参与有关职业规范的学习，努力提高从事自己的职业所应该具有的能力，以推进职业规范的发展。

职业责任的另一个方面是保守公司的秘密。计算机专业人员有机会接触公司的数据以及操作这些数据的设备，专业人员也具有使用这些数据的知识，而大多数公司几乎都没有检查措施。因此，要保持数据的安全和正确，在一定程度上依赖于计算机专业人员的道德素质。此外，计算机专业人员在离开工作岗位时不应该带走本人为公司开发的程序，也不应该把公司正在开发的项目告诉别的公司。

思考题

1. 在近几年的用人单位调查中发现，学生毁约的现象比较严重，你是怎样看待毁约行为？

2. 一般情况下，计算机专业人员复制本人为公司开发的程序不会被人发现，这是否增加了此类事情发生的概率？

15.3 计算机法律法规

15.3.1 新的法律问题

随着计算机尤其是 Internet 的普及，计算机技术革命在当今世界发展中发挥着重要的作用，在计算机产业带给人类社会巨大效益和便利的同时，也使得社会过去的许多差异变得模糊，甚至于向道德、原则和法律提出了挑战，新的法律问题也随之而来。

在电子商务、在线营销等应用中，数字签名、第三方证人以及电子水印构成依法判决的依据，因为常用的手写签字很容易被复制、剪切和粘贴。2005 年 4 月 1 日，中国首部有关电子商务的法律《电子签名法》正式实施，20 年前根本就不会考虑的事情现在正变得很普遍。

信息时代出现了一种新的犯罪形式：计算机犯罪。例如，窃贼使用计算机或其他工具来盗取信用卡账号、驾驶证号、社会保险账号等其他证明身份的信息，然后再冒充他人，甚至以他人的名义实施犯罪活动，或者盗取信贷记录、购物清单、财产记录等，然后实施网上诈骗、网上敲诈等活动。**计算机犯罪**的概念是 20 世纪 50 年代在美国等计算机科学技术比较发达的国家首先提出的，国内外对计算机犯罪的定义都不尽相同。美国司法部从法律和计算机技术的角度将计算机犯罪定义为："因计算机技术和知识起了基本作用而产生的非法行为"，欧洲经济合作与发展组织将计算机犯罪定义为："在自动数据处理过程中，任何非法的、违反职业道德的、未经批准的行为都是计算机犯罪行为"。

信息时代出现了一些前所未有的法律问题，但是法律还没有跟上技术的发展。现在，世界各国面临的一个共同难题就是如何制定和完善网络相关的法律法规，包括如何在计算机空间里保护公民的隐私，如何规范网络言论，如何保护知识产权，如何保障网络安全等。

15.3.2 软件知识产权

在法律上，知识产权是指在艺术、科学以及工业上从事的智力活动的成果。例如，著作权法保护文学、艺术和自然科学、社会科学、工程技术等作品，专利法保护创造发明，合同法保护商业秘密不受侵犯。计算机软件作为人类智力劳动的创造性成果，具有开发难、复制易等特点，由于计算机软件易于仿制和假冒，从而使知识产权保护成为广大软件开发者、所有者、经营者、使用者特别关心的问题。计算机软件知识产权是指公民或法人对自己在计算机软件开发过程中创造出来的智力成果所享有的专有权利，包括著作权、专利权、商标权和制止不正当竞争的权利等。对计算机软件知识产权加以保护是为保护智力成果创造者的合理权益，以维护社会的公正，维护软件开发者的成果，鼓励软件开发者的积极性，推动计算机软件产业及整个社会经济文化的尽快发展。

按照知识产权保护法规，软件设计人员对其智力成果（设计的软件）享有相应的专利权。但由于各国的法律有所不同，对软件保护的形式有不同之处。一般认为，计算机软件的权利人可以拥有以下知识产权。

1. 计算机软件的著作权

著作权又称为版权，是指作品作者根据国家著作权法对自己创作的作品的表达所享有的专有权。我国《著作权法》规定，计算机软件是受著作权保护的一类作品。2002年1月起实施的《计算机软件保护条例》作为著作权法的配套法规，对计算机软件（计算机程序和有关文档）给予了充分的保护，是保护计算机软件著作权的具体实施办法。我国的法律和有关国际公约认为：计算机程序和相关文档、程序的源代码和目标代码都是受著作权保护的作品。具体地说，软件开发者在一定期限内对自己软件的表达（例如程序代码、文档等）享有的专有权利，包括发表权，开发者身份权，以复制、展示、发行、修改、翻译、注释等方式使用其软件的使用权，使用许可权和获得报酬权以及转让权。

需要说明的是，著作权法只保护作品的表达，即作品本身，不保护作品的构思，对软件著作权的保护不能扩大到开发软件所用的思想、概念、发现、原理、算法、处理过程和运行方法。因此，参照他人程序的设计技术，独立地编写出表达不同的程序的做法并不违反著作权法。但是，对软件进行修改属于软件权利人的专有权利，如果在他人程序著作权有效期内，擅自对他人的程序进行修改，所产生的程序并没有改变他人程序设计构思的基本表达，在整体上与他人程序相似，则虽然在代码文字表达方面存在不同，仍属于侵害他人程序著作权行为。

2. 计算机软件的专利权

专利权是由国家专利主管机关根据国家颁布的专利法授予专利申请者和其权利继受者在一定的期限内实施其发明以及授权他人实施其发明的专有权利。各国的专利法普遍规定，能够获得专利权的发明应当具备新颖性、创造性和实用性。一般来说，计算机程序代码本身不可以作为申请发明专利的主题，而是著作权法的保护对象。但是，同设备结合在一起的计算机程序可以作为一项产品发明的组成部分，同整个产品一起申请专利。此外，一项计算机程序无论是否同设备结合在一起，如果在其处理问题的技术设计中具有发明创造，这些与计算机软件相关的发明创造可以作为方法发明申请专利。例如，有关地址定位、虚拟存储、文件管理、信息检索、程序编译、多重窗口、图像处理、数据压缩、多道运行控制、自然语言理解、程序编写自动化等方面的发明创造已经获得了专利，在我国，有关将汉字输入计算机的发明创造也已经获得了专利。

在美国，软件不仅能被授予专利，而且申请条件比较宽松，所以美国每年的软件专利数量很多，2001 年就多达 1 万项。与美国相比，欧洲各国对软件申请专利的条件就比较严格。在我国，软件只能申请发明专利，申请专利的条件比较严，一般软件通常用著作权法来保护。

3. 计算机软件的反不正当竞争权

如果一项软件的技术设计没有获得专利权，而且尚未公开，这种技术设计就是非专利的技术秘密，可以作为软件开发者的商业秘密而受到保护。一项软件的尚未公开的源程序清单通常被认为是开发者的商业秘密，有关一项软件的尚未公开的设计开发信息，如需求规格、开发计划、整体方案、算法模型、组织结构、处理流程、测试结果等都可以被认为是商业秘密。对于商业秘密，其拥有者具有使用权和转让权，也可以将之向社会公开或申请专利。我国 1993 年 9 月颁布的《反不正当竞争法》规定，商业秘密的拥有者有权制止他人对自己商业秘密从事不正当竞争行为，这里所谓的不正当竞争行为包括以不正当手段获取他人的商业秘密，使用以不正当手段获取到的他人的商业秘密，接受他人传授或透露了商业秘密的人（如商业秘密拥有者的职工、合作者或商业秘密拥有者许可使用的人）违反事前约定，滥用或者泄露这些秘密。

4. 计算机软件的商标权

所谓商标是指商品的生产者或经销者为使自己的商品同其他人的商品相互区别而置于商品表面或商品包装上的标志，通常用文字、图形或者两者兼用。

目前，国际软件行业十分重视商标的使用。有些商标用语表示提供软件产品的企业，如“IBM”、“HP”、“联想”、“CISCO”、“MS”等，它们是对应企业信誉的标志。有些商标则用于表示特定的软件产品，如“UNIX”、“OS/2”、“WPS”等，它们是特定软件产品的名称，是特定软件产品的功能和性能的标志。一般情况下，一个企业的标识或一项软件的名称未必就是商标，然而，当这种标识或者名称经商标管理机关获准注册、成为商标后，在商标的有效期内，注册者对它享有专用权，未经注册者许可不得使用它作为其他软件的名称，否则，就构成冒用他人商标、欺骗用户的行为。

事实上，当提及软件知识产权时，没有人能够明确指出法律到底保护软件的哪些方面。制造和销售一个程序的拷贝明显触犯法律，但是如果一个程序具有另一个程序的形式和外观呢？软件公司销售一种模仿其他程序的界面设计和菜单命令的软件是合法的吗？微软的 Windows 操作系统是 Macintosh 操作系统的一种翻版吗？Borland 公司在它的电子制表软件中是否盗用了 Lotus 1-2-3 的命令结构？目前，关于软件的法律系统还不完善，无论是处理盗版问题、界面问题还是垄断问题，立法者都必须在发明、产权、自由和进步这些难题中徘徊，而且这些问题在很长一段时间内可能会依然存在。

15.3.3 其他法律法规

我国知识产权方面的立法开始于20世纪70年代,目前已经形成比较完善的知识产权保护法律体系,主要包括《中华人民共和国著作权法》、《中华人民共和国专利法》、《中华人民共和国商标法》、《出版管理条例》、《电子出版物管理规定》、《中华人民共和国反不正当竞争法》、《中国软件行业基本公约》等。

在网络管理方面的法规有《互联网IP地址备案管理办法》、《中国互联网络域名注册暂行管理办法》、《中文域名注册管理办法(试行)》、《网站名称注册管理暂行办法》及《网站域名注册管理暂行办法实施细则》、《互联网电子公告服务管理规定》、《互联网信息服务管理办法》、《中华人民共和国电信条例》等。

关于反盗版,政府和企业至今仍没有很好的解决方法,中国目前已成为世界上盗版率最高的国家之一,但这不意味着国家可以容忍盗版。政府早已认识到盗版问题的严重性,为了促进正版软件市场的发展,打击盗版软件,整顿和规范软件市场秩序,中国政府不断出台一系列政策措施。2001年6月,国务院颁发了《关于印发鼓励软件产业和集成电路产业发展若干政策的通知》;2001年8月,国家版权局、国家计委、财政部、信息产业部联合发出《关于政府部门应带头使用正版软件的通知》;2001年12月,国务院修订后的《计算机软件保护条例》正式公布;2002年6月,九届人大常委会审议通过了《政府采购法》。在一年多的时间里,政府先后出台了若干政策措施,其发展正版、打击盗版的决心可见一斑。全民正版意识提高了,反盗版才会有良好的群众基础,盗版软件才会无处藏身。

思考题

1. 你使用过盗版软件吗?你复制过他人程序吗?做这些事情时你有什么感想?

2. 在Windows环境下开发的应用软件应该尽量与Windows的界面风格一致,这样用户才能轻松上手使用,这是否侵犯了软件的知识产权?

阅读材料——QQ与360之战

2010年的秋天,互联网上尽人皆知的两大IT企业腾讯QQ和360发生火并,而且战争不断升级。

口水战:9月27日,360发布隐私保护器,专门曝光窥私软件,当时该软件仅支持监控QQ。腾讯当天对外发布声明回应称,腾讯QQ软件绝对没有窥探用户隐私的行为。9月28日,腾讯发文称360浏览器涉嫌借色情推广已被调查。

弹窗战:10月12日,腾讯QQ向1亿多在线用户大规模弹窗称“被某公司诬蔑窥视用户隐私”。10月13日,360回应称QQ涉嫌扫描用户隐私是长期存在的历史问题。10月14日,腾讯宣布正式起诉360,要求奇虎及其关联公司停止侵权。当天,360声明称将反诉。

挟持战:10月29日,360宣布推出“扣扣保镖”。腾讯当天发声明强烈谴责。11月3日,腾讯称将在装有360软件的电脑上停止运行QQ软件。随后360号召QQ用户停用3天以示抗议和抵制。

我们已经进入了网络丛林时代，我国的计算机行业还没有建立起有效的、健全的竞争规则，由于没有法律和政府政策的有效约束，强强厮杀、以强欺弱的丛林法则就会一直上演下去。但互联网企业之间的相互竞争，绝对不能为了一己之私而损害用户的利益，更不能通过恶劣手段来打压竞争对手。否则，在这场战役中，谁都不会是赢家。

习　题　15

一、选择题

1. 讨论一种行为是否正确应该属于(　　)的研究范畴。

A. 标准　　B. 道德　　C. 原则　　D. 以上都不是

2. 在国内外具有较高学术水平的期刊上发表的高质量的学术论文一般都属于(　　)层次的创新研究成果。

A. 原始创新　　B. 一般创新　　C. 应用创新　　D. 工程创新

3. 根据计算机软件著作权，(　　)不是受著作权保护的范围。

A. 程序和相关文档　　B. 程序的源代码

C. 程序的目标代码　　D. 程序的设计思想

二、简答题

1. 为什么职业道德对于计算机专业人员来说非常重要？

2. 程序员职业责任包含哪些内容？程序员职业责任这个问题是怎样提出的？

3. 软件工程师应遵循哪些基本的道德规范？

4. 计算机软件的权利人可以拥有哪些知识产权？

三、讨论题

1. 软件工业一直面临着软件盗版的问题，即非法复制和销售软件，你认为谁应该为盗版软件的泛滥负责？盗版软件的制造者、使用者还是贩卖者？这种现象能否得到控制？

2. 社会和职业问题是 CC2004 和 CCC2002 知识体系的重要组成部分，但是很多高校都没有为计算机专业的学生开设这方面的课程。你认为是否有必要掌握这些知识？掌握这些知识对自己的职业人生会有哪些积极的影响？

3. 刚进入大学校门的学生应该了解本专业的就业情况，请浏览求职网站(如高校毕业生求职中心)，了解有关计算机专业的职位有哪些，各个职位有哪些要求。

4. 很多人认为软件开发是年轻人的职业，程序员们一边挥洒着汗水辛苦地熬夜写代码，一边又对自己 30 岁以后的职业发展方向充满惶恐。你是如何看待软件开发这个职业的？你将如何规划你的职业人生？

参考文献

1. George Beekman. 计算机通论——探索明天的技术. 杨小平，张莉等译. 北京：机械工业出版社，2004.

2. J. Glenn Brookshear. 计算机科学概论. 余嘉惠，方存正译. 北京：清华大学出版社，2005.

3. Nell Dale, John Lewis. 计算机科学概论. 张欣等译. 北京：机械工业出版社，2005.

4. Frederick Brooks. 人月神话. 汪颖译. 北京：清华大学出版社，2003.

5. Larry L. Constantine. 人件集——人性化的软件开发. 谢超，刘颖等译. 北京：人民邮电出版社，2004.

6. 吴鹤龄，崔林. ACM图灵奖——计算机发展史的缩影. 北京：高等教育出版社，2000.

7. 董荣胜. 计算机科学导论——思想与方法. 北京：高等教育出版社，2008.

8. 刘坤起，赵致琢. 计算科学导论教学辅导. 北京：科学出版社，2005.

9. 教育部高等学校计算机科学与技术教学指导委员会. 高等学校计算机科学与技术专业发展战略研究报告暨专业规范(试行). 北京：高等教育出版社，2006.

10. 教育部高等学校计算机科学与技术教学指导委员会. 教育部高等学校计算机科学与技术专业公共核心知识体系与课程. 北京：清华大学出版社，2008.

11. 黄思曾主编. 计算机科学导论教程. 北京：清华大学出版社，2009.

12. 袁方，王兵，李继民. 计算机导论. 北京：清华大学出版社，2004.

13. 黄国兴，陶树平，丁岳伟. 计算机导论. 北京：清华大学出版社，2004.

14. 翟中，熊安萍，杨德刚，薛峙. 计算机科学导论. 北京：清华大学出版社，2007.

15. 张海藩. 软件工程导论. 北京：清华大学出版社，2004.

16. 廉师友. 人工智能技术导论. 西安：西安电子科技大学出版社，2007.

17. 李新社. 离散数学. 北京：国防工业出版社，2006.

18. 俸远祯，阎慧娟，罗克露. 计算机组成原理. 北京：电子工业出版社，1998.

19. 王宝智. 计算机网络工程概论. 北京：高等教育出版社，2004.

20. 胡明，王红梅. 程序设计基础——从问题到程序. 北京：清华大学出版社，2010.

21. 王红梅，胡明，王涛. 数据结构(C++版). 北京：清华大学出版社，2005.

22. 王红梅. 算法设计与分析. 北京：清华大学出版社，2006.

普通高校本科计算机专业特色教材精选

计算机硬件

MCS 296 单片机及其应用系统设计　刘复华　ISBN 978-7-302-08224-8
基于 S3C44B0X 嵌入式 μcLinux 系统原理及应用　李岩　ISBN 978-7-302-09725-9
现代数字电路与逻辑设计　高广任　ISBN 978-7-302-11317-1
现代数字电路与逻辑设计题解及教学参考　高广任　ISBN 978-7-302-11708-7

计算机原理

汇编语言与接口技术(第 2 版)　王让定　ISBN 978-7-302-15990-2
汇编语言与接口技术习题汇编及精解　朱莹　ISBN 978-7-302-15991-9
基于 Quartus Ⅱ的计算机核心设计　姜咏江　ISBN 978-7-302-14448-9
计算机操作系统(第 2 版)　彭民德　ISBN 978-7-302-15834-9
计算机维护与诊断实用教程　谭祖烈　ISBN 978-7-302-11163-4
计算机系统的体系结构　李学干　ISBN 978-7-302-11362-1
计算机选配与维修技术　闵东　ISBN 978-7-302-08107-4
计算机原理教程　姜咏江　ISBN 978-7-302-12314-9
计算机原理教程实验指导　姜咏江　ISBN 978-7-302-15937-7
计算机原理教程习题解答与教学参考　姜咏江　ISBN 978-7-302-13478-7
计算机综合实践指导　宋雨　ISBN 978-7-302-07859-3
实用 UNIX 教程　蒋砚军　ISBN 978-7-302-09825-6
微型计算机系统与接口　李继灿　ISBN 978-7-302-10282-3
微型计算机系统与接口教学指导书及习题详解　李继灿　ISBN 978-7-302-10559-6
微型计算机组织与接口技术　李保江　ISBN 978-7-302-10425-4
现代微型计算机与接口教程(第 2 版)　杨文显　ISBN 978-7-302-15492-1
智能技术　曹承志　ISBN 978-7-302-09412-8

软件工程

软件工程导论(第 4 版)　张海藩　ISBN 978-7-302-07321-5
软件工程导论学习辅导　张海藩　ISBN 978-7-302-09213-1
软件工程与软件开发工具　张虹　ISBN 978-7-302-09290-2

数据库

数据库原理及设计(第 2 版)　陶宏才　ISBN 978-7-302-15160-9

数理基础

离散数学　邓辉文　ISBN 978-7-302-13712-5
离散数学习题解答　邓辉文　ISBN 978-7-302-13711-2

算法与程序设计

C/C++ 语言程序设计　孟军　ISBN 978-7-302-09062-5
C++ 程序设计解析　朱金付　ISBN 978-7-302-16188-2
C 语言程序设计　马靖善　ISBN 978-7-302-11597-7
C 语言程序设计(C99 版)　陈良银　ISBN 978-7-302-13819-8
Java 语言程序设计　吕凤翥　ISBN 978-7-302-11145-0
Java 语言程序设计题解与上机指导　吕凤翥　ISBN 978-7-302-14122-8
MFC Windows 应用程序设计(第 2 版)　任哲　ISBN 978-7-302-15549-2
MFC Windows 应用程序设计习题解答及上机实验(第 2 版)　任哲　ISBN 978-7-302-15737-3
Visual Basic. NET 程序设计　刘炳文　ISBN 978-7-302-16372-5
Visual Basic. NET 程序设计题解与上机实验　刘炳文

Windows 程序设计教程　杨祥金	ISBN 978-7-302-14340-6
编译设计与开发技术　斯传根	ISBN 978-7-302-07497-7
汇编语言程序设计　朱玉龙	ISBN 978-7-302-06811-2
数据结构(C++版)　王红梅	ISBN 978-7-302-11258-7
数据结构(C++版)教师用书　王红梅	ISBN 978-7-302-15128-9
数据结构(C++版)学习辅导与实验指导　王红梅	ISBN 978-7-302-11502-1
数据结构(C语言版)　秦玉平	ISBN 978-7-302-11598-4
算法设计与分析　王红梅	ISBN 978-7-302-12942-4

图形图像与多媒体技术

多媒体技术实用教程(第2版)　贺雪晨	
多媒体技术实用教程(第2版)实验指导　贺雪晨	

网络与通信

计算机网络　胡金初	ISBN 978-7-302-07906-4
计算机网络实用教程　王利	ISBN 978-7-302-14712-1
数据通信与网络技术　周昕	ISBN 978-7-302-07940-8
网络工程技术与实验教程　张新有	ISBN 978-7-302-11086-6
计算机网络管理技术　杨云江	ISBN 978-7-302-11567-0
TCP/IP 网络与协议　兰少华	ISBN 978-7-302-11840-4

计算机基础

计算机学科概论(第2版)　胡明　王红梅	ISBN 978-7-302-25360-0